ビデオゲームの語り部たち

日本のゲーム産業を支えたクリエイターの創造と挑戦

黒川文雄

FUMIO KUROKAWA

協力
4Gamer

DU BOOKS

過去に目をつむる者は、
現在にも盲目であり、
未来も同じ過ちを犯すだろう。

リヒャルト・フォン・ヴァイツゼッカー

はじめに——ゲーム考古学の必要性

本書は、90年代前半から現在に至るまで、私が関わったビデオゲーム産業、エンターテインメント産業の断片史にすぎないが、テクノロジーとクリエイティブがせめぎあい、輝きに満ちていた時代を象徴するコンテンツと、そこに関わる人々にフォーカスしたものだ。

ここ数年を振り返ればビデオゲームをベースにしたコンテンツがキャラクターグッズ、スマートフォン向けコンテンツ、さらには劇場用映画として展開されるものが増えてきた。皆さんの記憶に新しいものには、２０２３年4月に公開された「ザ・スーパーマリオブラザーズ・ムービー」があるだろう。本書を執筆している時点で、世界興行収入が13億ドルを超え、歴代のアニメーション作品として史上2位にランキングしている。おそらく、歴代1位の「アナと雪の女王」の記録を塗り替えることは間違いない。

２０２２年8月には「ソニック・ザ・ムービー／ソニックVSナックルズ」が公開された。どちらも映画や技術は最新だが、初めて、マリオがビデオゲームのキャラクターとして登場したのは、１９８1年の「ドンキーコング」でのことだ。そして、実際にマリオという名前が掲げられるビデオゲーム「マリオブラザーズ」の発売は１９８3年、今から40年前に遡る。「ソニック」のビデオゲーム「ソニック・ザ・ヘッジホッグ」の誕生も、１９９1年で32年前になる。ゲームが生まれて約50年、半生記を経て、新しいカルチャーとしての評価は確固たるものになった。

１９７８年に登場した「スペースインベーダー」を体験したハタチの青少年は現在60歳代のなかばである。当時、高校生だった私も含めて、今では国民の大半がビデオゲームと何らかの接点を持っていると言っても過言ではない。

ビデオゲームは日本に限らず世界を席巻するものとなり、指先と五感を研ぎ澄ますことで人々を熱狂させてきたのだ。２０１６年8月21日、リオデジャネイロオリンピックの閉会式で、故・安倍晋三元総理がマリオの扮装で登場したことからも、その影響力と認知度がうかがい知ることができる。

この書籍の元連載の発想の原点は、日本におけるビデオゲームの導火線になった「スペースインベーダー」のルーツを取材することから始まった。その点に関しての詳細な経緯は「あとがき」に記したい。そして、そのルーツから始まったこの連載は「ビデオゲーム」開発の歴史であるとともに、そこに関わった人々の歴史である。

私は、エンターテインメントの世界に関わって、人やコンテンツと出会い、別れ、それを生業として40年が経過する。ここで紹介した人物やその成果物を記したのは、エンターテインメントという産業に、自分なりに何かお返しできるものがないだろうか、ということを模索した結果でもある。

生きることは、得るものと、失うものをトレードしながら過ごすこと。

Foreword はじめに――ゲーム考古学の必要性

ビジネスに関して言えば、商談がうまくいくこともあれば、うまくいかないこともある。実人生では、友だちや恋人と別れることもあれば、新しい友だちや恋人と巡り逢うこともある。何かを得ることは何かを手放すことになり、手放すことで得るものもある。

古い技術を鑑みて、新しい技術を取り入れることで生まれるものがある。技術という文字を人と入れかえてもいいかもしれない。「温故知新」と、先人たちはよく言ったもので、古いもののなかに新しきもの、未来を見ること、知ることがある。

本書はネットのゲームニュース媒体4Gamerのライターとして取材し、記事化し、エピソードとして連載された初期のものの中から、特に反響のあったものをピックアップし、書籍化にあたり加筆修正を行ったものである。日本のビデオゲームの側面史、ゲーム考古学の一助となれば幸いである。

黒川文雄

Contents

ビデオゲームの語り部たち

Chapter 01

焦土に生まれた「池袋ロサ会館」『スペースインベーダー』から始まったエンターテインメント

語り部

伊部季顕
（いべ・すえあき）

伊部知顕
（いべ・さとあき）

伊部季顕

1945 年、焦土と化した東京池袋の地に開業し、今なお愛される「ロサ会館」のオーナーで社長と、同社の取締役である子息。

なお、創業者は先代の伊部禧作（いべ・きさく）。映画館事業を展開し、瞬く間に戦後のエンターテイメントの主役に躍り出た同社。しかし、映画館ビジネスが飽和と淘汰を迎える時代の変化のなかで、1968 年に、総合エンターテインメントビル「ロサ会館」として第二創業期を迎える。ゲームセンターが姿を消しつつある現在でも、未来を見据えて、今なおその経営に奔走する「ロサ会館」の創業とこれからとは——。

ATARI GAME OVER

第二次世界大戦が終結した１９４５年、焦土と化した東京池袋の地に、現在のロサ会館の基になる「シネマ・ロサ」が開業した。創業者は伊部禧作《いべきさく》。配給映画の大半はハリウッドが製作した戦勝国の民主主義プロパガンダ映画であったが、瞬く間に戦後のエンターテインメントの主役に躍り出た。「シネマ・ロサ」の成功により、伊部禧作は「シネマ・セレサ」[※1]「シネマ・リリオ」[※2]「シネマ東宝」[※3]を開業し成功を収めた。しかし、映画館ビジネスが飽和と淘汰を迎える時代の変化のなかで、１９６８年に、総合エンターテインメントビル「ロサ会館」を開館。第二創業期を迎える。その軌跡のなかでビデオゲームが果たしたエンターテイメント、ロサ会館と池袋の未来とは何か……。池袋ロサ会館のオーナー伊部季顕《すえあき》とその子息、伊部知顕《さとあき》に話を聞いた。

２０１５年、私は、老舗の映画会社である日活と共同で「ATARI GAME OVER」[※4]（アタリ ゲームオーバー）という映像ソフトの販売権利を獲得し、日本語字幕版ＤＶＤ発売への準備に入っていた。

ATARI GAME OVERは、アメリカのゲームメーカー・ATARIの創業から没落（いわゆるアタリショック）までを追った良質なドキュメントムービーである。しかし、同じものが海外の動画サイトで視聴できるということもあって、日本語版には独自の特典を用意したいと思い、

※１　シネマ・セレサ…シネマ・ロサ（現在のロサ会館）の場所にあった映画館
※２　シネマ・リリオ…同様にシネマ・ロサ（同上）の場所にあった映画館
※３　シネマ東宝…池袋駅西口前のみずほ銀行のあたりにあった映画館

ＡＴＡＲＩ創業者の１人で、現在もエンターテイメントやＩＴの分野でアグレッシブに活躍するノーラン・ブッシュネルの独占インタビューの収録を考えた。

苦労を重ねた末にようやく彼に話を聞くことができたのだが、私がそのとき72歳のブッシュネルを前にふと思ったのは、「彼はあと何年現役でいるのだろうか？　もしくはかつての記憶をこのように語ることができるだろうか？」ということだった。彼は80歳になった今も元気に活躍されているのだが、伝説的な人物に直接インタビューするというめったにない機会に恵まれて、あと何年現役で活躍できるか……ということが気になってしまったのだ。

人間は生まれ、そして死を迎える。その繰り返しのなかで、知るべきもの、聞くべきもの、残すべきものがある。ブッシュネルのような著名な存在でなくとも、ビデオゲームの歴史のなかで、話を聞いておくべき人々や、記録しておくべき場所があるだろうと思い至ったのだ。それがこの企画の原点になっている。

その後、私は２０１６年の春に「スペースインベーダー[※5]」の開発を巡る物語を個人的に取材し始めた。このような開発エピソード取材については、一般的なビデオゲーム専門誌などが開発現場の取材を積極的におこなっているが、ゲームは遊ばれてこそ、そこに命が吹き込まれ、新しい躍動を感じることができるのではないか。そして、プレイされた場所、かつて存在したゲーム喫茶、ゲームセンターからもアプローチし、ビデオゲームの歴史の一端として残しておくべきだと感じていた。

しかし、スペースインベーダーがゲームセンターに導入され始めた１９７８年から45年が過ぎ

※4　ATARI GAME OVER…1972 年に創業したアメリカ合衆国のビデオゲーム会社 ATARI（アタリ）の栄枯盛衰を描いたドキュメンタリー。同社は 84 年に分割・売却された。なお、字幕版 DVD【写真右】は 2015 年 9 月 16 日発売

※5　スペースインベーダー…株式会社タイトーから 1978 年に、アーケード向けにリリースされたシューティングゲーム。日本におけるビデオゲームブームの火付け役

ようとしている今、かつては、あちらこちらにあった通称「インベーダーハウス」（スペースインベーダーを置いた喫茶店）は跡形もない。そもそも昭和の香りを漂わせる喫茶店すら少なく、お茶をしたり暇つぶしをするお店のほとんどは外資系のカフェに様変わりした。

そんな中で、私が知る限りではあるが、池袋西口にあり、立教大学などを擁する学生街であるとともに、社会人を対象にした歓楽街で古くからゲームセンターを営み、当時から変わらぬ業態と、昭和を感じさせる佇まいを持った池袋のロサ会館が取材対象に浮かんだ。そして幸運にも、当時のことを良く知るロサ会館のオーナー経営者、伊部季顕に、日本のビデオゲーム・シーンの中で欠かすことのできない狂乱のスペースインベーダー・ブームとロサ会館の歴史について話を聞くことができた。

終戦後、焦土の中に娯楽を生んだシネマ・ロサ

多くの死者を出した第二次世界大戦は、1945年8月15日に終戦を迎えた。

焦土に残された日本の国民が、苦しく厳しい環境の中でも希望を失うことなく、明日を夢見ていたときに、季顕の父である伊部禧作は、ロサ土地株式会社（現・ロサラーンド株式会社）を創業し、ロサ会館の前身となる映画館、シネマ・ロサを開業した。季顕は家族から当時の話をよく聞いたという。

池袋ロサ会館のオーナー伊部季顕。1942 年 10 月 13 日生まれ。80 歳（2023 年時点）

現在のロサ会館、再開発計画が進んでいるとのことで、この姿もいずれ消える

「父は山之内製薬（現・アステラス製薬）の重役でした。母方の実家は池袋東口のほうで鋳物工場を経営していたと聞いています。当時の記録はほとんど残っていないのですが、鋳物工場は、当時の社会情勢から察するに戦争（第二次世界大戦）の特需で景気がよかったのではないかと思います」

「しかし終戦後、鋳物工場は接収されてしまいました。戦後の日本はすべてがなくなったような状態で、区画整理や用地買収なども進められていましたから、残っていた土地なども売却したと聞いています」

当時は、多くの人が「これからどのようにして生きていくか」ということに悩んでいた時代だった。

「そんなときに父は、映画関係に詳しい友人から『敗戦でみんなが下を向いて落ち込んでいる中、社会復興として映画娯楽の商売を始めるのがいいのではないか』というアドバイスをもらったようです。そこで土地を売って得た資金で、現在のロサ会館がある場所に映画館を開業したと聞いています」

開業当時の写真が手元にある。

20世紀フォックス、ワーナー・ブラザース、ユニバーサルといった映画会社のロゴや、「American Movie Theater」という切り文字が飾られた外観は、今でもアメリカの田舎町で見かけそうな雰囲気があり、当時としては最先端のデザイン建築だった。何もない場所に生まれたシネマ・ロサは驚きを持って迎えられたはずだ。

当時の映画は戦勝国であるアメリカのプロパガンダ的側面もあったようだが、シネマ・ロサの登場によって、周辺の人々が送っていた〝娯楽のない日常〟は終わった。伊部禧作はさらに「シネマ・セレサ」「シネマ・リリオ」「シネマ東宝」と、池袋駅周辺に次々と映画館をオープンさせる。シネマ・ロサをはじめとする映画館経営は、伊部家とその親戚である尾形家、松田家が三分の一ずつ出資する完全なファミリービジネスだった。現在のロサ会館も、その資本構成は大きく変わっていないという。

代表権を持っていた伊部禧作は、季顕が語ったように山之内製薬の重役でもあった。

シネマ・ロサ開業当時の写真

ロサ会館竣工式での伊部禧作（一番右の人物）

しかし、当時の製薬業界で事件や訴訟が相次ぎ、山之内製薬が経営的に厳しくなったこともあって、禧作は200人ほどの社員を連れて新たな製薬会社を創業する。その会社は現在、栄養ドリンク「ヘパリーゼ」で有名なゼリア新薬工業となっているのだから、禧作の慧眼ぶりを感じざるを得ない。

話が少々横道にそれてしまったが、そういった事情もあり、禧作が映画館ビジネスにタッチすることはほとんどなかったようだ。ただし、会社の腹心を金庫番にしていた。今で言うところのCFOだろう。また管理部長には消防、防犯面に配慮し、地元の消防署の副署長をあてがったという。

アミューズメントの殿堂、ロサ会館の誕生

そんなシネマ・ロサを前身とする総合レジャービルのロサ会館は1968年にオープンしたが、そこに至るまでには何があったのか。終戦直後ほどではないとはいえ、当時の記録は風化しつつある。季顕は、当時のことを噛みしめるように振り返った。

「シネマ・ロサが戦後の日本におけるエンターテインメントビジネスの先鞭をつけたことは申し上げましたが、その後、都内各地に映画館が雨後のタケノコのようにできました。23区それぞれに、小さいものから大きいものまで2～3館くらいはあったと思います。板橋区の上板橋にも映

画館がありましたね。今は病院になってしまいましたが……。

当時のエンターテインメントビジネスではパチンコもブームで「行くなら映画館か、パチンコか?」くらいの勢いで新規参入業者が絶えなかったという。

「しかし、当然ながら映画館がたくさんできれば、お客様が分散します。徐々に映画館ビジネスは斜陽化していきました。そんなときに父は『映画だけでなく、娯楽の殿堂のようなアミューズメントビルを創ろう』と言い出したんです。それがロサ会館への業態転換の始まりですね」

こうして、シネマ・ロサはロサ会館として生まれ変わることになったが、季顕には心残りがあるという。

「竣工の前年に祖母が亡くなったんです。祖母はシネマ・ロサの時代からずっと父と一緒にやってきたので、ロサ会館の竣工を見せられなかったのは残念でした」

季顕はロサ会館のオープン直後をこう振り返る。

「ロサ会館のフロア面積は約1万5000平方メートルです。当時、この規模のアミューズメント複合施設は都内に他にありませんでしたし、親族経営でしたから、ロサ会館のような業態のビル経営の経験もなかったんです。だから、開業直後はなかなかテナントが埋まらず、先代社長(禧作)

ロサ会館竣工記念パーティーの様子

池袋ロサ会館開業を案内するチラシ

が親戚一同に『このままテナントが入らないと経営破たんする』『みんなでアイデアを出せ、出さないと大変なことになるぞ』と話していたのを覚えています」

その頃の季顕はロサ会館ではなく、アパレルの卸し関連の仕事に就いていた。

禧作からは「早く家業にこい」と言われていたそうだが、ロサ会館がゲームセンタービジネスと出会い、ピンチを脱出するきっかけは、季顕の取引先から生まれるのだから、何か運命のようなものを感じさせる。

「当時、私の取引先に東京プリンスホテルのショッピングアーケードのマネージャーである本多さんという方がいました。いつもピシっとした身なりで、大きな蝶ネクタイをして、とてもオシャレでしたね。あるとき、その本多さんにロサ会館の経営不振の話をしたんです。そうしたら『じゃあ、いい人を紹介しよう』という話になって、お目にかかったのが太東貿易のミハエル・コーガンさんでした」

太東貿易は後の株式会社タイトーで、ミハエル・コーガンは同社の創業者である。

「当時、コーガンさんはゲームマシンの開発だけでなく、海外からスロットマシンやジュークボックスなどを輸入して、六本木や赤坂界隈の社交場に納めるような商売をやっていたと思います。社名の太東貿易は『太い』に『東』と書きますが、これは極東のユダヤ人という意味で、ユダヤ人のコーガンさんが迫害を受け、ウクライナ、満州を経由して神戸に来たことに由来していたようです。コーガンさんに、ロサ会館の1階にテナントが入らず、幽霊ビルみたいな状態になっていることを話すと、『じゃあ、そこにゲームを入れてみよう』ということになりました。

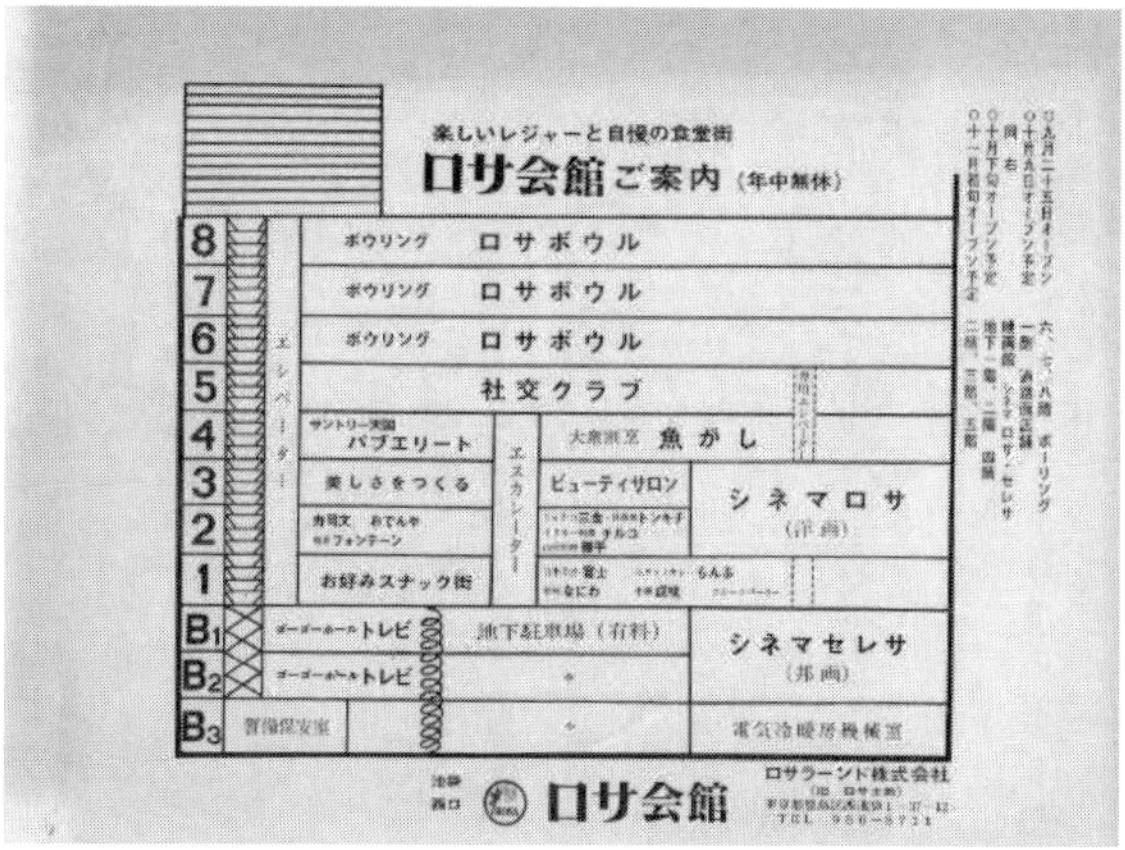

竣工当時のロサ会館案内図。まだゲームコーナーは見当たらない

昭和43年10月1日

日刊建設工業新聞

ロサ会館完成

池袋西口に娯楽センター

設計、施工の利点生かす

輝く無災害記録62万時間

池袋発展に微力捧ぐ

豪華、ユニークな構造美

施主 ロサラーンド株式会社

設計施工 清水建設株式会社

ロサ会館の完成を伝える日刊建設工業新聞

とはいえ、当時は「ゲームセンター」という業態は存在すらしていない。

「私から先代社長に『ともかく、どんな商売になるかは分からないけど、一度置いてみましょう。ロサ会館側の設備投資は必要ないし、ゲームマシンを並べて、一階のあたりを賑やかにすれば、お客さんは集まって来るでしょう』と説得しました」

ゲームマシンといっても、当時はまだピンボールやエレメカ※6が大半だったが、ロサ会館はこうして新しい業態へと転換し、経営危機を脱することになる。

「タイトーさんが、ロサ会館の発展に対してご尽力くださったんです」

「スペースインベーダー」の熱狂

そんな状況の中で、1978年に「スペースインベーダー」のブームが到来する。

「当時のロサ会館は、あまりテナントも入ってないということで、毎晩、閉店とともに1階の正面入口のシャッターを下ろしていたのですが、いつの頃からか、開店間近になると、その前に『スペースインベーダー』待ちのお客さんが並ぶようになったんです。そしてシャッターが上がると、我先にとテーブル筐体の前に座って、100円玉をバーッと積んでからプレイを始める……。

そうなってからは、営業時間よりもすこし早めにシャッターを開けていました。ブームの一端を思わせるような風景って、そんな感じじゃないでしょうか」

※6　エレメカ…エレクトロニクスとメカトロニクスを併せた造語。ビデオゲームが生まれる以前、機械的なモーターやギアなどを活用して入力をゲームに反映させるものの総称。昭和 40 年代頃のデパート屋上の遊技コーナー、遊園地などに数多く見られたマシン

その後、スペースインベーダーのブームに乗じて、さまざまな業種の会社がゲームマシンをロサ会館に持ち込んできたという。

「おそらく、当時のロサ会館は、今でいうところのベンチャー企業じゃないですかね。『とにかくゲームコーナーにゲームマシンを置いてください』という感じだったようです。当時は携帯電話もありませんでしたが、ロサ会館の情報があっという間に伝わって、全国から『ぜひ、うちのゲームマシンを置いてほしい』という提案が寄せられたようです」

スペースインベーダーのヒットは、ロサ会館のほかのフロアにも好影響をもたらした。

「1階にそれだけ人が集まって賑やかになると、必然的にどんどんテナントが入ってくるわけです。そういう意味では、まさに好循環と言いますかね。78年頃から、あっという間にテナントが埋まって……。そういう意味では『スペースインベーダー』が、うちの会社を作ったと言いますか……。あれがなかったら、経営が破綻していたかもしれないですね」

ちょうどその頃、季顕は家業を継ぐことを決め、1980年にロサラーンドに入社した。

「私が入社した80年代の初頭は、『スペースインベーダー』のブームが冷めやらぬなかで、セガ、ナムコ、タイトーの三大メーカーが切磋琢磨し、どんどん新しいゲームを開発していくような時代でした」

入社当時、季顕の日課はビデオゲームとともにあったという。

「私が会社に入った頃の仕事に、ゲームマシンの売り上げを回収し、100円玉の枚数をカウンターで確認してから頭陀袋《ずだ》に入れて、台車に載せて近くのときわ相互銀行（現・東日本銀行）に運ぶというものがありました。距離的には100メートルくらいですが、袋はいくつもありましたし、セキュリティなども考えていませんでしたから、今考えたら、いつ襲われてもおかしくないですね」

　なんとも景気の良い話だが、この頃にはスペースインベーダーの熱狂は収まりつつあったはずなので、その後に続いたナムコの「ゼビウス」や「パックマン」、セガのレースゲームなどの貢献も大きいだろう。実際、季顕もこう語っている。

「1980年代に入ると、『スペースインベーダー』をはじめとしたタイトーさんだけでなく、ほかのメーカーさんの存在感も大きくなってきました。もちろん、タイトーさんとは現在に至るまで、長くお付き合いさせていただいていますが……」

　季顕はロサ会館とタイトーの歴史を「切っても切れないもの」だと言う。

「当時は中西さん（元・タイトー代表取締役社長、現・ミッドウエスト相談役の中西昭雄《あきお》）にずいぶんと良くしてもらって、『ほかの店にはあってうちには納入されていないゲームマシンがあるから入れてくれ』といった無理なお願いを聞いてもらったりもしました。そういったこともあって、タイトーのヒット商品を常に期待していましたが、さきほどお話ししたように、ナムコやセガといったほかのメーカーさんのがんばりも印象に残っています」

　そして季顕が何より驚いたのは、かつて身を置いたアパレル業界では考えられないような〝横のつながり〟だったという。

「当時のゲーム業界は不思議なもので、ほかのメーカーに対しての敵対心が感じられませんでしたね。他社のマシンであっても自社のゲームセンター（アーケード施設）に置くことに抵抗がなかったことには驚きました」

当時の事を、取材を通して聞くと、ゲームを扱う仕事そのものが長続きする業種ではないという意識があったようで、一過性の産業、商品と位置付けていたと思われるが、新規の機種導入が進み、収益基盤が固まってくるうちに、ゲーム業界全体が盛り上がり、戦後の映画産業と同様に新規参入が相次ぐことになる。

「もともとは空きテナントの活用で始めたゲームビジネスが、いつの間にかロサ会館のメインビジネスになっていました。その頃になると、ゲームの収益性が高いということに気づく人もでてきて、東口のサンシャイン60（1978年開業）の地下に大きなゲームセンターができるなど、ゲームセンターというビジネスが賑やかになっていきましたね」

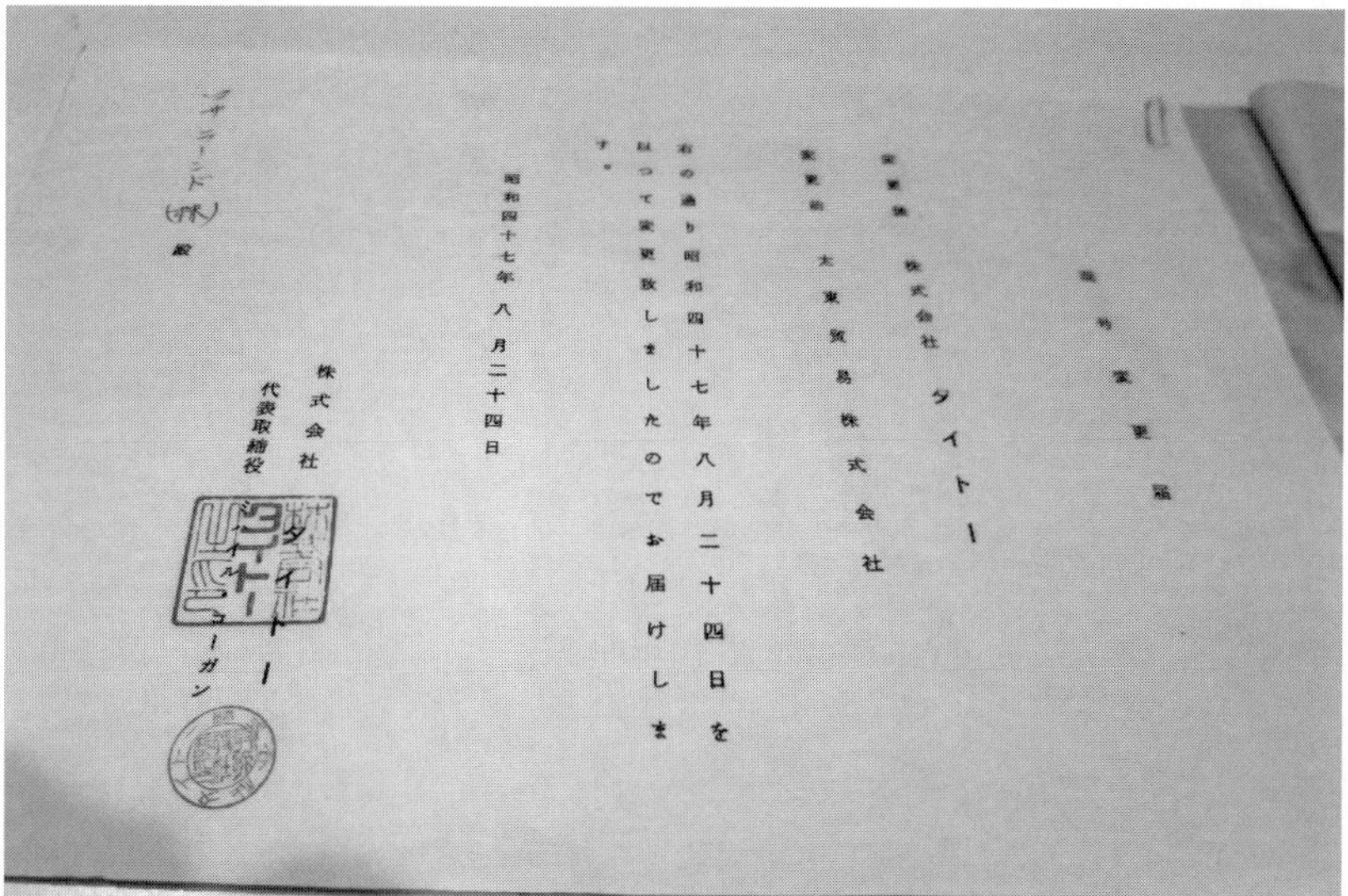

商号変更届

変更後　株式会社　タイトー
変更前　太東貿易株式会社

右の通り昭和四十七年八月二十四日を以って変更致しましたのでお届けします。

昭和四十七年八月二十四日

株式会社　タイトー
代表取締役

殿

太東貿易からタイトーへの商号変更届。日付は昭和 47 年（1972 年）8 月 24 日

ロサ会館のこれから

ゲームセンタービジネスの草分けとなったロサ会館は、開業から50年以上経た現在でも、常にその先を見据えているという。

「ゲームセンターは３Ｋ〝暗い〟〝恐い〟〝汚い〟のような場所として、不良少年のたまり場のように言われてきました。なので、私は常に店内を明るくし、健全性を大切にしないといけないと思っています」

現在は女性の店長を起用し、「雛まつり」などの装飾を展開するなど、誰にでも親しみやすい店内の雰囲気作りを現場に任せているという。

「ロサ会館に来るということを目的にしてもらいたいと思い、シニアのご夫婦や家族連れにもやさしい雰囲気作りを目指しています。屋上で子供向けのサッカークラスをやっていますが、クラスが終わった後、子供たちがお迎えの家族と一緒にゲームを楽しんでいるのを見ると嬉しいですし、我々の理想を感じます」

そして現在、ロサ会館の経営には季顕の子息である三代目の伊部知顕も参画している。アメリカのアミューズメントビジネスを見聞してきた知顕は、ロサ会館の将来像をこう語る。

「アミューズメントでは、コミュニケーションの場所がポイントだと思うんです。そのような場所をいかに演出するかということが、家族や友人との絆を認識することにつながります。加えて、非日常体験をどのように演出するか、ナイトタイム・エコノミーの充実といったところも重要になるでしょう」

しかし、2022年初め、セガ（正式にはセガサミーホールディングス株式会社）が、長年自社保有してきたGIGO※7ブランドのアーケード施設を株式会社GENDA（ジェンダ）に売却し事業撤退するなど、ゲームセンタービジネスを取り巻く現在の状況は穏やかではない。

季顕はここ数年の状況をこう振り返る……

「1999年代後半、ガラケー端末が普及し始めた頃、アミューズメント部門の売り上げが大きく減衰しました。その後、いったん回復しかけたんですが、今度は2010年くらいからでしょうか。スマートフォンが普及し始めると、完全にその部分での収益のリカバリーができなくなりましたね」

しかし、季顕が注目するのは、ゲームセンターでしかできない体験だ。

「ライフスタイルの変化は致し方ありません。弊社の会議でよく話すのですが、スマホなどの小さい画面で満足しないお客様がゲームセンターに来ているはずですから、メーカーさんには大型のマシンやバーチャルリアリティ体験など、家庭で味わえない臨場感が楽しめるものを開発してほしいと思います」

※7　GIGO…セガのゲームセンターブランドの総称。1960年代から50年以上にわたり経営してきたアミューズメント施設

そして、ロサ会館自体の再開発プロジェクトも動いているという。

「池袋の街自体に再開発の計画がありまして、その中で検討しています。かつて、ビデオブームの頃にTSUTAYAさんが店子になったように、ロサ会館は時代に合わせて変わっていくところも面白いんです。ロサ会館は私自身の夢、人生の楽しみの場であると思っています」

２０２３年現在、池袋西口の再開発計画が着々と進行している。

再開発計画の方針は、「池袋駅東口と西口をつなぐウォーカブルなまちづくり」。

ロサ会館のある、西池袋一丁目地区は、飲食店や中小雑居ビルが立ち並ぶ地域で、再開発計画では北側半分を「文化・娯楽」、南側半分を「国際ビジネス拠点」として、国際的なビジネスの交流や情報発信施設の導入を目標にする計画になるという。

西口は東口のアニメ・マンガ・コスプレとは異なるエンターテイメントカルチャーを標榜した街づくりになる予感がする。その中心に位置し、発展する使命を帯びたロサ会館の再構築と挑戦は新しい次元に入ることだろう。

焦土に生まれた「池袋ロサ会館」
『スペースインベーダー』から始まったエンターテインメント

Chapter 02

「バーチャファイター」のプロトタイプに込められたゲームデザイナー石井精一の人生

語り部

石井精一

（いしい・せいいち）

1967年、愛知県一宮市生まれ。株式会社セガ・エンタープライゼスにおいて数多くのゲーム開発に携わる。代表作は、3次元コンピュータグラフィックスを駆使した「バーチャレーシング」、「バーチャファイター」。その後、株式会社ナムコ(現在のバンダイナムコ)にて「鉄拳」「鉄拳2」ではディレクションを担当。ナムコ退社後、株式会社ドリームファクトリーを起業し、「トバルNo.1」、「エアガイツ」、「バウンサー」などを開発し現在に至る。

Past 30 Years ——それぞれの30年

私が石井精一と出会ったのは30年前、1993年、セガ・エンタープライゼス（現・株式会社セガ）のAM2研だった。AM2研の正式名称は「第2AM研究開発部」。AMとはアミューズメントの略で、業務用、アーケード[※1]向けのゲームを開発する部署だ。

当時、AM2研は、京急空港線・大鳥居駅の近くにあるセガ2号館にあった。そして、この部署があったフロアの環状八号線に面した窓際にあるアストロ筐体のモニターにつながれた、むき出しの「MODEL1」（モデルワン）基板で動くソフトが「バーチャファイター」だった――1993年12月、ビデオゲーム、アーケードの歴史を変えた「バーチャファイター」がセガからリリースされた。

この、フルタイムの3次元コンピュータ・グラフィックス（3DCG）で開発された対戦格闘ゲームは、個性豊かな8人（＋隠しキャラクター1人）の格闘家たちがダイナミックに躍動する様を表現して、ゲームファンを驚愕させた。当時のゲームセンターでの熱狂ぶりをご存知の方も多いだろう。

当時、対戦格闘ゲームの開発に最先端の3DCGを用いるというのは、技術的に前例のない挑戦だっただけに、「バーチャファイター」の開発にはさまざまな苦闘があったのだが、その詳細については、語られていないことが数多くある。

※1　アーケード…当時のセガではゲームセンターという呼称から脱却し、アーケードまたはアミューズメント施設、アミューズメント・テーマパークという名称で統一を図ろうとしていた

※2　PC-8001…1979年9月に発売された日本電気（NEC）のパソコン

「バーチャファイター」の知られざる開発初期のエピソードを、同作のディレクションを担当した石井精一に聞いた。なかでも、石井が創り上げ、「バーチャファイター」のベースになったというプロトタイプの存在についても語ってもらうことにしよう。

初志貫徹してゲームクリエイターに

「私が『バーチャファイター』を語るには、そのプロトタイプを思いつくまでに自分が積み上げてきたものまで含めないと、うまく説明できません」

石井はそう言って、自身のルーツを語り出した。

「小学生のとき『スペースインベーダー』に衝撃を受けて、いつかゲームを作りたい、絶対に作るんだ……と強く思うようになりました。

それ以来、ゲームセンターが遊び場の1つになりましたし、マンガを読んだり、アニメや映画を観たりするときも、ただ楽しむのではなく、『いつかゲームを作る時の参考にしよう』という気持ちを常に持つようになったんです。そして実際に、中学1年生の頃にはパソコンのPC-8001[※2]を買ってもらい、ゲームを作っていました。端から見たら変な子供だったと思います」

石井精一

「バーチャファイター」

初志貫徹してゲームクリエイターになったというわけだが、ゲームの好みも、子供の頃から変わらなかったようだ。

「ファミリーコンピュータ（ファミコン）の人気が出てからも、どちらかといえばゲームセンター派でしたね。プレイするのに何時間もかかる家庭用ゲームは、遊ぶことがほとんどありませんでした。

ジャンルで言うと、ＲＰＧやＦＰＳは正直なところ苦手です。ＲＰＧを熱心に遊んだのは『ドラゴンクエストⅢ そして伝説へ』[※3]や『ダンジョンマスター』[※4]くらいですね。」

そんな石井が「自分に向いている」と思った数少ないコンシューマゲームは、「ゼルダの伝説 神々のトライフォース」[※5]と「ゼルダの伝説 夢を見る島」[※6]だったという。

「経験値やレベルで強くなるのではなく、新しいアクションができるようになることで強くなっていくゲームなので、プレイ時間＝強さではないんです。感覚やひらめきが重要になるところが好きでした」

この「感覚」や「ひらめき」といった要素は、石井の中で非常に大きいようで、「バーチャファイター」にも少なからず影響を与えていることがうかがえる。

「当時の対戦格闘ゲームをプレイしていても、不満に思うことがありました。動きや技に記号的な印象があって、負けたときに、なぜ自分がやられたのか、納得がいかなかったんです。

直感で戦っても負けてしまう。勝つためには、ゲームを覚えていくしかないということです。もちろん、覚えることもゲームにおける楽しみの1つですが、直感や反射神経で戦っていける部

※3　ドラゴンクエストⅢ そして伝説へ…1988年2月10日にエニックス（現在のスクウェア・エニックス）より発売されたファミコン向けRPG。ドラゴンクエストシリーズの第3作目にあたる

※4　ダンジョンマスター（Dungeon Master）…アメリカのSoftware Heavenのゲーム開発部門FTL Gamesが1987年に開発したRPG

※5　ゼルダの伝説 神々のトライフォース…1991年11月21日に任天堂より発売されたスーパーファミコン用アクションアドベンチャーゲーム

分とのバランスが、納得がいかなかったのかもしれません」

石井はゲームだけでなく、格闘技にも子供の頃から親しんでいたという。

「父が空手をやっていたこともあり、格闘技にはずっと興味を持っていました。自分でも柔道と剣道を少々やっていましたし、『空手バカ一代』『ドラゴンボール』『拳児』など、格闘シーンが出てくる漫画もいろいろと読んでいました。ジャッキー・チェンの映画にも影響されたと思います。それに、前田日明《あきら》選手が立ち上げた格闘団体の「RINGS《リングス》」が好きで、その試合をよく観ていました。それらがゲームキャラクターのアイデアや個性を出すのには役立ったと思っています」

石井は「ゲームを作る」という意志を失うことなく、大学では色彩構成やグラフィックスデザイン、造形のほか、コンピュータグラフィックスを勉強し、１９９０年にセガへ新卒として入社する。

「採用面接や、配属先を決める社内面接では『絶対にアーケードゲームを開発したい』と訴えました。入社後、デザイナーとしての研修を2週間受けた後に配属先が決定されるのですが、採用試験の結果待ちより、配属先が決定するまでのほうが緊張していたくらいです」

アーケードゲーム開発にこだわった理由は、３ＤＣＧだった。

「コンシューマーゲームが本格的に3DCGを使えるようになるのは、PlayStationやセガサターン※7が発売された１９９４年以降なので、当時ビデオゲームで3DCGをやるなら、アーケードゲームしかありませんでした。

そのアーケードゲームでも、リアルタイム３ＤＣＧのゲーム開発を行っていたのは、当時のナ

※6　ゼルダの伝説 夢を見る島…1993年6月6日に任天堂より発売されたゲームボーイ用アクションアドベンチャーゲーム

※7　PlayStationやセガサターン…PlayStationは株式会社ソニー・コンピュータエンタテインメントが、1994年12月3日に発売した家庭用ゲーム機。セガサターンはセガが、1994年11月22日に発売した家庭用ゲーム機。これら2機種のせめぎ合いを「次世代ゲーム機戦争」と称した

「バーチャファイター」のプロトタイプ以前に石井が参加したアーケードゲーム「バーチャレーシング」の筐体とゲーム画面

ムコだけだったので、セガで、その立ち上げから参加したいと思っていたんです。今ではPCやコンシューマー機でも3DCGが当たり前なので、このときの気持ちはなかなか伝わりにくいですかね……」

その頃、セガでアーケードゲームを作っていたのは、第1研究開発部（1研）と第8研究開発部（8研）だった。

「熱意が実ったのか、鈴木裕《ゆう》※8さんが部長を務めていた8研に配属されることが決まりました。ちなみにですが、8研は1研の分室だったんです。

その後、社内の組織をAM（アーケードゲーム）とCS（コンシューマゲーム）に分ける組織改編があって、8研は第2AM研究開発部（通称・AM2研）になりました」

こうして石井は、鈴木裕の下でまず「バーチャレーシング」の開発プロジェクトに参加することになる。

「3DCGデザイナーは自分しかいなかったので、裕さんの直属でした。そのおかげで『バーチャレーシング』ができるまで、ゲーム作りに関していろいろ学ぶことができましたし、それは今でもすごい財産になっていると思います」

※8　鈴木裕…セガの業務用ゲーム開発を支えた名クリエイター、代表作品は「バーチャファイター」シリーズ、「シェンムー」など。本書では鈴木久司を「鈴木」とし鈴木裕をフルネームで記載している

また、石井は与えられた仕事のかたわらで空き時間を活用し、1人でコツコツと3DCGゲームのプロトタイプを試行錯誤しながら作っていた。これがのちの「バーチャファイター」につながっていく。

打倒「ストⅡ」を目指し、3DCG対戦格闘ゲーム開発の指令が下る

石井がセガに入社した頃のアーケードゲーム業界では、1991年にカプコンからリリースされた対戦格闘ゲーム「ストリートファイターⅡ」[※9]が大きなムーブメントを巻き起こしていた。

「その頃のセガでは、対戦格闘タイトルの開発で試行錯誤していたと思います。先輩たちも、2Dグラフィックで3D空間を疑似的に再現したもので、AM3研が開発した『ダークエッジ』[※10]や、AM2研が開発したもので、アニメ的な手法を活用した『バーニングライバル』[※10]などを送り出しましたが、『ストリートファイターⅡ』の牙城を崩すことはできませんでした。

とはいえ、『できません』『作れません』では通りませんからね、『バーチャレーシング』で成功を収めた裕さんに、会社から3DCGの対戦格闘ゲームを作れという指示があったのではないでしょうか」

これらが「バーチャファイター」開発のきっかけとなるわけだが、人間の3DCGを自由自在に動かすには、まだ高いハードルがあったため、当初は少人数での実験的なプロジェクトとして

※9　ストリートファイターⅡ…1991年にカプコンからリリースされた対戦格闘ゲーム。当時のアーケードにおける格闘ゲーム（格ゲー）ブームを大きく牽引した

※10　ダークエッジ、バーニングライバル…どちらも当時のセガ開発による対戦ゲーム。2Dグラフィックに疑似3DCG化した演出を施したがヒットには繋がらなかった

始まったようだ。

「その頃は、ゲームに限らず、映画でも、高いクオリティで人間が動く3DCGはほとんど存在していませんでした。あったとしても、上半身だけとか、指だけとか、そんなレベルです。3DCGのキャラクターをリアルに動かすゲームや映画ができるのは、まだしばらく先の話だと思っていた人も多かったと思います。

キャラクターを効率的に動かせるシステムとしては、3DCG制作用ソフトウェア『Softimage』のインバースキネマティック[※11]が登場していましたが、実装されたばかりだったので、みんなその可能性に気づいていなかったのではないでしょうか。『バーチャファイター』は、それに気づかせるサンプルにもなったと思います」

それまでの常識を変えた「バーチャファイター」のプロトタイプ

3DCG対戦格闘ゲームの開発という、前例のない手探りでの挑戦が会社から正式に承認され、1993年のアミューズメントマシンショーでの発表に至ったのには、石井の作ったプロトタイプの存在が大きかったという。

鈴木裕はこのプロトタイプを見て、「バーチャレーシング」では、いちスタッフだった石井を開発リーダーに任命したというから、その重要性がうかがえる。

※11　インバースキネマティック…複数のオブジェクトを関節で連結し、アニメーション化して動かす技術手法

これは果たしてどのようなものだったのだろうか。

「『バーチャファイター』は、モーションそのものがゲームシステムであり、ゲームバランスです。モーションの積み重ねと、そのモーションの効果をスクリプトに記入していくことが、ゲームそのものを作っていくことなんです。

それ以前のゲームは、見た目のグラフィックスとコリジョン（当たり判定）、操作性はそれぞれ別に作るものでした。なので、ビジュアルが完成していなくてもゲームとしては成立しているということがあり得たのです」

つまり、「バーチャファイター」以前の対戦格闘は、キャラクター同士のグラフィックスが触れていなくてもヒットと判定させたり、攻撃判定の発生を早めたりして技の使い勝手を良くするといったことが可能だった。それを「バーチャファイター」は、3DCGで作られたキャラクターの体が触れないと攻撃判定が発生しない仕組みにして、バランス調整を「キャラクターの動き方」で行うようにしたのである。考え方としてはシンプルだが、ゲームとして成立させるのは一筋縄ではいかない。

「当時、ゲーム開発の世界にモーションという概念は存在していませんでしたし、今ではあたり前のようなモーション・キャプチャー・システム[※12]もありませんから、どの程度の質で、どれくらいの量のモーションを作ればいいのかも分かりませんでした。そもそも、モーションでゲームが作れるとは誰も思っていなかったでしょう」

作れると思っていなかったものがプロトタイプとして上がってきたのだから、それを見た人が

※12　モーション・キャプチャー・システム…人間にセンサーを装着し、各部の動きをデジタル化して取り込み、キャラクターなどの動きに転換するシステム

受けた衝撃は相当なものだったろう。

ちなみに、「バーチャレーシング」にはタイヤ交換をするピットクルーが登場するが、このときに使った手法では、「バーチャファイター」を作るのは難しかったという。

「ピットクルーのモーションは、ポーズを数フレームごとに登録し、その間にあるフレームを補完する手法で作りました。それだと、『バーチャファイター』に必要なリアリティのあるモーションはできないと思ったんです。

余談ですが、『バーチャレーシング』の開発中、モーションの研究として映画『酔拳』に登場するジャッキー・チェンの動きをトレースしたことがありました。その時はまさか自分が3DCG対戦格闘ゲームに関わるとは思っていませんでしたが……」

「バーチャファイター」の方向性を決定づけたプロトタイプは、どのようにして生まれたのだろうか。

「『バーチャファイター』のようなリアルな動きに基づくゲームを作るためには、従来の2Dゲームの方法論とは違ったやり方が必要で、それを模索し、悩んでいました。また、それと並行して、モーションデザインに対する自信のようなものも生まれていたんです。

そんなとき『CGデザイナーやプログラマーが納得する対戦格闘のモーションを作ってしまえば、何かが大きく変わるかもしれない。最初の一歩、ゲームの方向性を決めるものになるのではないか』と思い至ったんです。自転車に乗っての帰宅中だったので、『明日、会社に行ったら自分でモーションを作ってみよう』と決めました」

そのとき、石井の頭の中には、3DCGならではのリアルなハイキックのイメージがしっかりとあったという。

「相手に向かって一気に踏み込み、軸足に力をため、そこから腰の回転が誘導されて、けり足がしなるように相手の頭部をねらい、膝から先が加速して蹴り抜くというようなイメージ……と言えば分ってもらえるでしょうか」

石井は、翌日、出社すると、さっそくそのハイキックのモーション作りに取りかかった。

「その日の作業は今でも明確に覚えています。体が覚えているといった感じです。

9時頃から始めて、昼休み前に終えたのですが、その瞬間、自分の手足がぐっと伸びたような、届く範囲が広がったような達成感がありましたね。

そこから数日で最低限必要な基本のモーションを作り、シリコングラフィックスのIndigo[※13]で動くプロトタイプとして完成させました。ここで作られた基本モーションは、製品版でも変わっていません」

プロトタイプとは言え、製品版にも使われた基本モーションを数日で作ってしまうとは、かなりのハイスピードだ。

「ハイキックが3時間でできたから、1日にいくつかのモーションを作ることだってできる、その気になれば全部自分でできるのではないか、と思いました。

そのスピードで作れたのは、インバースキネマティックで人体の動きを研究していたことが大きかったと思います。元々あった知識を増幅できる方法を思いついたという感じで、自分の能力

※13　シリコングラフィックスIndigo（インディゴ）…シリコングラフィックス社の当時最先端のCG用ワークステーション

を表現する手段を見つけたような気がしました。

言ってみれば、アムロがガンダムを手に入れた時の感じでしょうか（笑）。分かりにくい例えですみません」

前述したように、石井は、プロトタイプを見た部長の鈴木裕から新しい格闘ゲームの開発リーダーに任命された。

「そのときに考えたのは、今までの対戦格闘ゲームとは触り心地が違うものにしようということでした。キャラクターたちがリアルに動き、対戦相手のモーションを見て対応できるもの。その結果として、負けても納得できるようなものです。

開発中にほかのメンバーから、『相手に後ろを取られた場合は自動的に振り向いてほしい』という意見がありましたが、勝手にプレイヤーキャラが動くのはこういった方針に合わないため、採用しませんでした」

ほかにも、ゲームの基本的な部分には、格闘技に親しんできた石井らしいアイデアが盛り込まれている。

「格闘技ならリングアウトもあるだろうし、その一方で飛び道具系の攻撃は絶対に出すべきではない。また、私闘ではなく競技として誰が一番強いのかを決めるというコンセプトも必須でした。何でもありの単なる体力勝負ではないし、なんなら自分の意思でリングアウトできる。このようなリアリティの演出は、譲れない部分だったんです。

『バーチャファイター』はルールに則った競技で、キャラクターは自分と一体である……ということを重要視していました」

　１９９３年のアミューズメントマシンショーでの発表では、同年12月リリースということも合わせて告知され、開発は一気に加速する。

「そこから開発チームの人数が一気に増え、私がモーションの作り方をほかの人へ教えることになりました。しかし、私が納得できるモーションを作れる人は、なかなかいないことが分かったんです。

　ほかの人が作ったモーションがノイズのように感じられて、『自分だけで作る』と抵抗したのですが、そこは組織、会社の論理が優先されました」

　個人的には不満だったが、結果的にはそれでよかったという。

「ほかのメンバーが作ったモーションを実際にゲームへ入れてみると、それはそれでいいと感じることもありましたし、テストプレイでの反応を見て、面白くなると思いましたから。基本的なモーションがしっかりしていれば、ゲームはちゃんとしたものになり、基本モーションと見た目が大きく違う技は、必殺技になり得るということです」

　石井は、自身が『バーチャファイター』のプロトタイプを作ることができた理由を、こう分析している。

「プロトタイプの準備と企画開発には『アーケードゲームがどんなものかよく分かっている』、『絵がかけて、自分でアニメを作る能力がある』、『ＣＧソフトが扱えて、ＣＧそのものを理解し、その当時の最先端技術を把握している』、『プログラミングができて、コンピュータそのものをある程度理解している』、『格闘技への理解と愛情を他者よりも強く感じている』といったことが必要でした。

こういった能力を得られたのは、何事にも『ゲームを作るために役立つか』という判断基準で接してきたからだと思います。ちなみに、自分はいまでも、そういう傾向があります。ゲームを作るうえで、必要な能力や知識を自分で獲得するということです。何か新しいことに挑戦する場合でも、そう考えることでモチベーションを呼び覚ますことができるんです」

「バーチャファイター」に大きな影響を及ぼした作品たち

「バーチャファイター」のプロトタイプ開発には、石井が好きな漫画として挙げた「拳児《けんじ》」[※14]の影響も大きいようだ。

「プロトタイプの開発では、『拳児』をはじめとした漫画の絵から想像を膨らませてモーションを作っていました。そうしたほうが、デフォルメが効いて迫力のあるモーションが作れるんです。今でもモーション・キャプチャーのデータをゲーム向けに修正するときに役に立ちますから、イメージをふくらませてモーションを作ることは、この仕事を志す人にぜひ経験してほしいことですね」

「拳児」にはさまざまな拳法についての説明があったため、資料としても役に立ったという。

※14　拳児…原作は松田隆智、作画は藤原芳秀による漫画。週刊少年サンデーに、1988年2・3号から1992年5号まで連載された

「『拳児』の単行本には、至るところに付箋が貼ってありました。部長の裕さんにも強く勧めましたし、スタッフにも参考資料として読んでほしいと紹介したのを覚えています。

裕さんはかなり拳児にハマってしまったようで、会社のブックスタンドに置いてあった単行本を海外出張に持って行ってしまったこともありました。

そんな経緯もあり、裕さんはタイトル名を『バーチャファイター 八極拳《はっきょくけん》』にしたがっていましたが、もし、そうなっていたら、まったく違う世界観のゲームになっていたかもしれませんね」

八極拳は「拳児」の主人公である剛《ごう》拳児が学ぶ中国武術で、ご存じの通りバーチャファイター

「バーチャファイター」より

ナムコに転職した頃、24歳の石井。現在はカナダへ移住しており、ほとんどの写真類を処分してしまったとのことで、貴重な1枚を石井の友人から借りることができた

の登場キャラクター、結城晶《ゆうきあきら》も使っている。

「『拳児』は一番好きな漫画で、特に番外編で描かれた李書文《りしょぶん》（八極拳の門派・李氏八極拳の創始者）のエピソードが印象に残っています。『バーチャファイター』を作った後に、このエピソードに出てくる人物のお弟子さんに会うことができて、とても感動しましたし、自分が作った「猛《もう》虎硬爬山《ここうはざん》」のモーションと、実際の技が、どのように違うのかも教えてもらいました」

石井は「バーチャファイター」のキャラクター設定にも関わっていた。晶以外のキャラクターにも、漫画や格闘家にインスパイアされたものが多いようなので、それぞれについて語ってもらった。

「最初に作ったのはジャッキー（・ブライアント）でした。裕さんから、ドラゴンボールのスーパーサイヤ人をイメージして、と言われたのを覚えています。サラは映画『ターミネーター』に登場するサラ・コナーのイメージを膨らませたものです」

「ラウもドラゴンボールの登場人物である桃白白《タオパイパイ》風のキャラクターということで、開発ネームもタオだったんです。なので、娘はパイになりました。そのパイは、お茶のコマーシャルに出演していたモデルの子にインスパイアされて、私がオリジナルのデザインを描きました」

「ジェフリーは当初はウィリーという名前でした。格闘技に詳しい方ならお分かりかと思いますが、〝熊殺し〟と呼ばれた（空手家の）ウィリー・ウィリアムスから来ています。ウルフは当時新人だったデザイナーが一晩で考えてきた5案の中から採用しました」

「カゲは〝定番〟の忍者ですが、私がデザインスタッフに『忍者は必要だよ』と言って作ってもらいました。晶のモデルは、当時K―1で活躍していた佐《さ》竹《たけ》雅《まさ》昭《あき》選手、デュラルは、『リボンの騎士』のジュラルミン大公がルーツです」

こういったオマージュ感覚は、石井がナムコ（現・バンダイナムコ）に移籍してから開発した「鉄拳」[※15]にも受け継がれているという。

「また、ラスボスであるデュラルは、目いっぱいポリゴン（3DCGで立体の表面を形作る小さな多角形のこと）を使うという方針で作りました。逆にそのほかのキャラクターは、ポリゴンの面をより目立たせるようにしていますが、見た目の印象よりも多くのポリゴンを使っているんです」

人生を賭けるにふさわしい作品

自身が積み重ねてきたものを詰め込んだ「バーチャファイター」の開発に携わった石井はこう振り返る。

「新しい革新的なコンセプトを持った対戦格闘ゲームこそが、自分の人生を賭けるにふさわしいものだと思っていました。『バーチャレーシング』の後、そのままレースゲームを開発していても『グランツーリスモ』[※16]シリーズにはかなわなかったでしょう。なぜなら、私はそこまでクルマやレースゲームが好きではないからです」

そして、自身が作ったプロトタイプを誇りながら、周囲のサポートがなければ「バーチャファ

※15　鉄拳…1994年にアーケード向け対戦格闘ゲームとして導入。その後、1995年3月にPlayStation向け家庭用ゲームとして移植され発売。現在まで続く格闘ゲームとして知られる

※16　グランツーリスモ…1997年12月23日、株式会社ソニー・コンピュータエンタテインメント（現・株式会社ソニー・インタラクティブエンタテインメント）より発売されたレースゲーム。リアルドライビングシミュレーターとして高い評価を受けるシリーズの原点

イター」の成功はなかったとも語る。

「プロトタイプの開発では自分の知見や経験、発想といったものを十分に生かしましたが、今思えば自分のわがままを通した部分もあったと思います。しかし、あのプロトタイプのおかげで、チームのスタッフの力を巻き込むことができ、裕さんや会社の大きな後押しを受けられたとも感じています」

鈴木裕からはさまざまなことを学んだが、その1つは〝視野〟だったという。

「裕さんは、常に一般の人が楽しめるゲームを作ろうとしていたと思います。記憶はあまり定かではないんですが、当時のセガの受付嬢に『バーチャレーシング』のテストプレイやってもらって、その様子をよく観察しないさいと言われたこともありました。狭い視野で突き進むだけでなく、広く、客観的な視野をもって、全体を見通すことが大切だということを学んだと思います」

石井は今でも、一歩引いた視野で全体を見ることを心がけているという。

「『常にプラスアルファの仕事をする』ということも学びました。言われたこと、指示されたことは素早くこなして、自分の考えや意見をプラスアルファする、ということです。

プロジェクトを実現に導くという点で、プロデューサーとしての裕さんの力はすごく大きかったと思います。リーダーはすべてを理解したうえで、最良の選択をし、実現させなくてはいけません。開発当時の自分には、裕さんが会社とやりとりしていたことはほとんど見えていませんでしたが、その後、自分が会社を立ち上げて、そのあたりの苦労や、裕さんのすごさを痛感しました。あのとき、あの場所で、裕さんと仕事できたことは幸運でしたし、深く感謝しています」

当時、石井とともに仕事をした元セガ社員も一様に石井の非凡な才能を評価していた。

印象的だったのは、「バーチャレーシング」開発中のエピソードだ。

粗いポリゴンの３ＤＣＧで、レーシングマシンのタイヤが高速で回転する様子をうまく表現できず、ノッペリとしたものになってしまうことで苦慮していたとき、石井が「自分ならできます」と言ってきたという。

「どうやるのか」と聞くと、「タイヤのトレッド面のカラーパターンを微妙に変えます」という答えが即座に返ってきて、半信半疑で依頼してみたところ、そう時間もかからずに仕上げてきたそうだ。そして実際にゲームに入れてみると、確かにタイヤは高速回転しているように見えたという。

その元社員は、そのときのことをこう振り返った。

「改めて石井君のビジュアル的なセンスというか、卓越した発想力みたいなものを感じました。石井君がいなくても、技術の進化やゲーム産業の潮流として、３ＤＣＧ格闘ゲームは生まれるべくして生まれたとは思いますが、今につながるものにはな

フロリダ出張時のスナップ：左から同僚の木村進、鈴木裕、石井（写真提供は木村進）

らなかったでしょう。

石井君が磨いてきたセンスやビジュアル、モーションへのこだわり、裕さんの統率力、あの時代のセガやAM2研という組織、そして新しいテクノロジーであるMODEL1基板が同じ場所にあったことで、奇跡的な化学変化が起こった。その結果として『バーチャファイター』が生まれたのではないかと思います」

「バーチャファイター」の開発から、30年という時間が経とうとしている。その間、石井にもさまざまな紆余曲折があったが、今もゲーム作りを続けている。

「今回、ここまで自分自身の記憶を整理し、歴史を振り返りお話をするのは初めてです。改めて、セガ、裕さん、当時のスタッフに感謝の気持ちを表したいと思います。

セガを退社後はナムコで『鉄拳』の開発に携わり、その後はドリームファクトリー[※17]を創業して『トバルNo.1』[※18]『バウンサー』[※19]などを開発しました。今はカナダに在住しています。

かつて『バーチャファイター』のプロトタイプを思いついた時のような気持ちに立ち戻って、自分1人の力でどこまでゲームが作れるのかをテーマに、日々ゲームアプリの開発に取り組んでいます。

また自分の作品で皆様にお会いできることを楽しみにしています」

※17　ドリームファクトリー…石井精一が、1995年、ナムコ（現・バンダイナムコ）を退社後に、株式会社スクウェア（現・スクウェア・エニックス）の出資のもと立ち上げたゲーム開発会社

※18　トバルNo.1…1996年に発売された。スクウェアのPlayStation参入第一弾作品。「ファイナルファンタジーVII」の体験版が同梱されたことで話題になった

※19　バウンサー…2000年発売。PlayStation 2用ゲーム。シネマティックなアクションロールプレイングゲーム

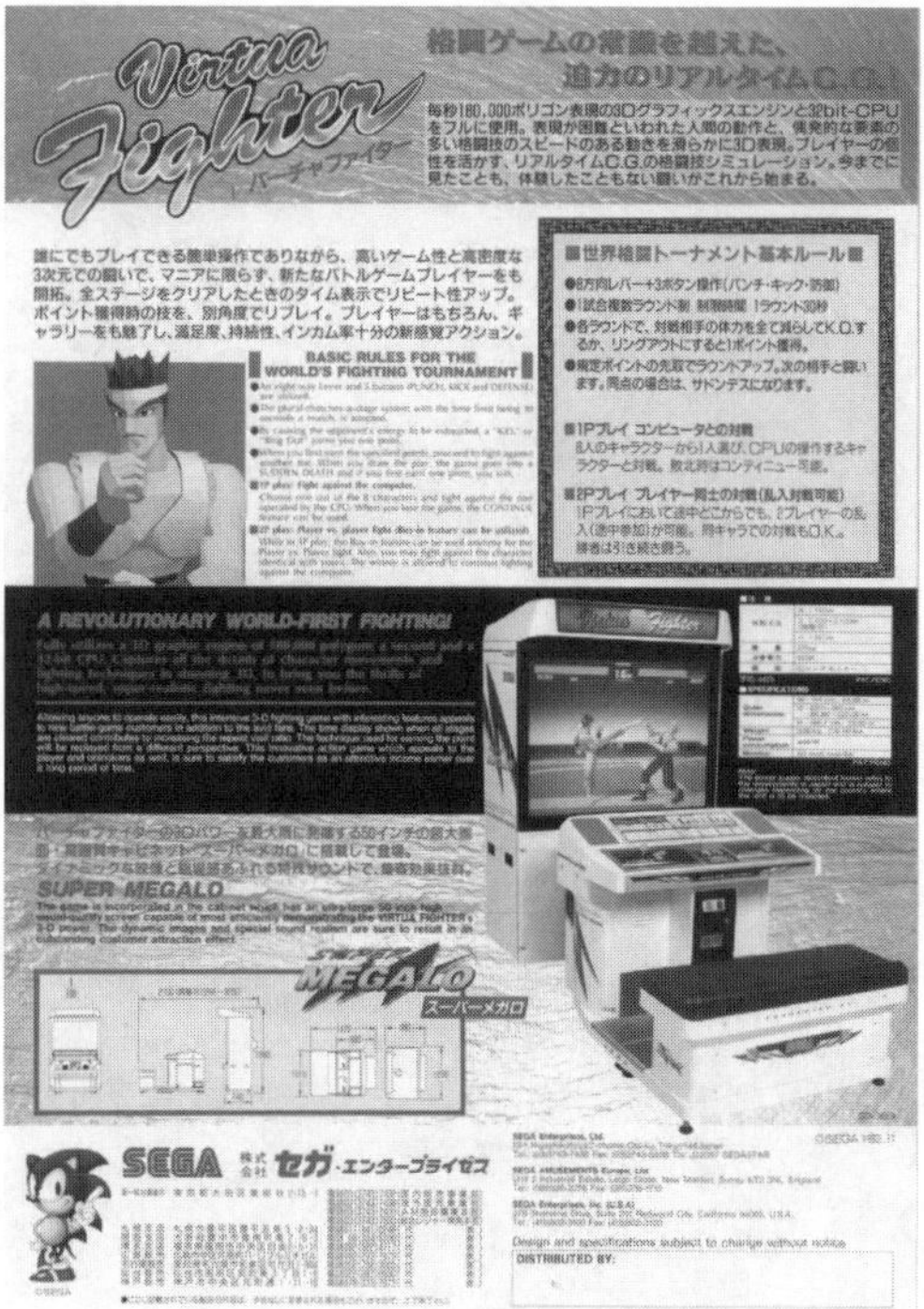

MODEL1 基板（上）と、
バーチャファイターの
店舗向けリーフレット

Chapter 03

石村繁一が辿った
黎明期のナムコと
創業者 中村雅哉の魅力

語り部

石村繁一

（いしむら・しげいち）

ビデオゲームの語り部たち

1953年生まれ。同志社大学電子工学科卒業後、1976年に株式会社中村製作所入社。アーケードゲーム版「ジービー」、「ギャラクシアン」「パックマン」などに開発に携わる。その後、ファミコン版「ギャラクシアン」、「ゼビウス」、「パックマン」などの移植開発を行う。ナムコ独自の基板開発にも尽力し、アーケードゲーム版「リッジレーサー」などのナムコを代表するゲームタイトルに関わった。1999年からは携帯電話向けコンテンツを手がけ、成長させた。2005年にはナムコの代表取締役社長を務めた。現在は退任。

「木馬からモノレールまで」

バンダイナムコエンターテインメントの前身である株式会社ナムコは、中村雅哉《なかむらまさや》が1955年に有限会社中村製作所として立ち上げた会社だ。1977年に社名を変更してナムコとなったのだが、その独特の名前は、中村製作所の英語表記である Nakamura Manufacturing Company からとったものだ。

そのネーミングは、来るべきデジタル時代を予見させる心地良い響き、戦後の日本がエンターテインメントというコンセプトと技術を持って世界に打って出ようという心意気を感じる。

しかし、中村は最初から大きな成功を収めたわけではない。

中古で購入した2台の電動木馬を塗装し、修理して百貨店の屋上に設置し、1回5円で楽しんでもらうことが中村製作所創業期の商売だった。さらには金魚すくいまで手がけていたようで、台風の影響で金魚鉢が壊れ、大量の金魚が一度に死んでしまったことも創業期の帳簿には記録されている。

「木馬からモノレールまで」というナムコ黎明期の企業スローガンは、挑戦の連続を表している。そしてこれが、ビデオゲームでの世界的な成功につながっているのだろう。

いわば、創業者の中村とともにナムコの歴史を見届けてきた人物で、一時期は中村姓を名乗ったこともある石村繁一の視点で、ナムコと、そのビデオゲームの歴史の一端を語ってもらおう。

中村雅哉は 2017 年 1 月 22 日に逝去。写真は同年 2 月に行われたお別れの会で撮影したもの
写真提供：@michsuzu

中村製作所の創業期を支えた電動木馬
お子様木馬

〝丙種産業〟の矜持とは

「ナムコは、基本的にモノ作りに特化した会社、クリエイティブに集中できる会社でした。のちにバンダイさんと経営統合したときには、それを改めて感じましたね。ただ、それはどっちがいいとか、悪いとかの話じゃないんです」

そう語り始めた石村は、中村雅哉が自分たちの仕事について語る姿が印象に残っているという。

「アタリジャパン[※1]買収とゲームセンター開設の資金を調達するにあたって、銀行へお金を借りに行ったときに、『あなたがたの産業は丙種産業だ[※2]』と言われたそうなんです。甲と乙の下にある丙ですから、極端に言えば『なくてもよい産業』といった意味合いだったのでしょう。そんな所に金を貸すかと……。銀行から見たら、輪投げとか射的をやっているような会社というイメージだったんじゃないですかね」

中村製作所によるアタリジャパン買収は1974年。「スペースインベーダー」すら誕生していない時代のことだ。今となってみれば銀行側の態度はあり得ない話だが、当時「これからはゲームです」と言ってもなかなか理解を得にくかったことは容易に想像できる。当時の銀行としては、〝丙種産業〟への分類がしごく真っ当な判断だったのだろう。

だが中村は、そんな声にはひるまなかったという。

「『第一次産業が農業、第二次産業が工業、第三次産業はサービス業だが、これからの時代はサー

※1　アタリジャパン…米国 ATARI（アタリ）の日本法人として 1973 年に日本で創業したが、経営的には順調とは言えず、のちに、中村雅哉率いる中村製作所が、海外への足掛かりとして、日本でのアタリのゲーム独占販売権とともに買収した

※2　丙種産業…戦前の臨時資金調整法の分類をもとにした言葉と思われるが、真相は不明で、産業として下に見られていたことがわかる象徴的な言葉

ビス業がどんどん大きくなる。そのサービス業のなかで、教育的、知的サービスを第四次産業、ゲームセンターなどの楽しい体験、面白い映画や歌を合わせた情緒に訴えるようなものを第五次産業としようじゃないか』、『海外の学者が、一次より二次、二次より三次産業ほど高付加価値なんだと言っている。だから、我々のやっている事は大変高付加価値で、過去の製造業やサービス業の上にあるのだ』と言っていたのを良く覚えています」

電子回路の写真が石村の運命を変えた

石村は同志社大学の出身。入学した頃は「同志社の電子工学科を出れば、それなりの家電メーカーに行ける」などと言われていたようだが、1973年の第一次オイルショックを経て、就職活動の時期には日本企業全体が疲弊しているような状況だった。

そんな中でも関西の会社から内定をもらったが、大学の単位不足の懸念もあって、留年も致し方なしと思い、翌年も就職活動を続けることを考え始めたという。しかし、たまたま手にしたリクルートブックにあった中村製作所の求人広告を見たことで、石村の運命は大きく変わった。

その広告にあったアタリのゲーム機の電子回路写真に魅力を感じ、中村製作所の採用試験に応募したのだ。

「筆記試験と面接のために2回東京へ行きました。内定が出たと同時に、大学の方も卒業の見込

石村繁一

大田区多摩川２丁目にある中村製作所の中央研究所（建物は現存）。2階と３階に製造部、4階に開発部があり、ここで「ギャラクシアン（※３）」が生まれた。ビデオゲーム開発の規模拡大に伴って事業所が移転し、「パックマン（※４）」以降の開発は別の建物で行われた

みが立ったので、じゃあ、中村製作所へ行くか、みたいな気持ちでしたね（笑）。大田区の矢口渡《やぐちのわたし》の工場に寮があると聞いていたので、身ひとつで行けばなんとかなるとも思いました。

　上京後に工場に行ったら、その横に建設現場でよく見かける瓦葺きで木造のバラックみたいな建物があったんですけど、それが寮だったんです。もう、押入れの隙間から、外が見えるぐらいのものでしたね（笑）」

　ちなみにその寮はまかない付きで、10人程度が住み込んでいたという。石川《いしかわ》祝男《しゅくお》（元・バンダイナムコホールディングス代表取締役会長）、橘《たちばな》 正裕《まさひろ》（元ナムコ代表取締役）ら、そうそうたるメンバーがその寮の出身だ。

※３　ギャラクシアン…1979年に導入されたナムコのシューティングゲーム。「スペースインベーダー」にインスパイアされた作品と言われている

※４　パックマン…1980年に導入。４方向のレバーを駆使してパックマンを操作するゲーム。海外でも高評価受け、現在に至るまでナムコ（バンダイナムコ）を代表するゲームとして知られるタイトル

「スペースインベーダー」発表前からアーケードゲームを開発

「私が入社する前の話ですが、中村製作所の本社事務所は銀座にあったようです。中村社長は神田の鉄砲鍛冶の生まれでしたが、『一流会社は、銀座に事務所がないといけない』という考えがあったようです。とはいえ、その事務所で木馬のメンテナンスや色塗りまではできないので、奥様の実家の車庫を工場代わりにしたそうです。1955年創業ですからね。私が入った1976年というと、もう起業から20年経っていましたし、すでに規模はそれなりに大きくて、社員番号は191番でした」

石村の入社日は1976年4月1日だが、そのときの本社事務所は大田区多摩川2丁目にあったという。同年3月に新規開設された事業所で、その直前までは前頁に掲載した写真の「中央研究所」の建物のなかに「本社事業所」があった。

ちなみに、「中央研究所」の4階に社長室があり、社長室が移動したあとのスペースが石村の最初の勤務場所だった。社長室だったためか、建物内で冷房があった唯一のスペースだったそうだ。

中村製作所が本格的にアーケードゲームへ乗り出したのは、電動木馬などの遊具の流行が終息しつつある一方で、エレメカと呼ばれる電気仕掛けのゲームジャンルが勃興しつつある時期だった。東京タワーに併設するゲームセンターのコンペで、競合相手だった関西精機製作所[※5]に負けてしまったことがきっかけになったという。

関西精機製作所はかつて存在したアーケードゲームメーカーで、開発から製造、その後の運営

※5　関西精機製作所…いち早くエレメカによるアーケード向けゲーム開発と販売を手掛けた会社、残念ながら90年代中盤に廃業

まで行っていた会社だが、中村製作所にはそういった実績がなかったことがコンペ敗北の決め手になったようだ。今となっては確認のしようもないが、発注側からすれば、開発から運営まで一貫してできるところと組みたいという気持ちはよく分かる。

この結果を受けて、中村はオリジナルの商品を企画する開発部門を新たに設けた。だが、当時はある会社がヒット商品を出すと、他社がそれを真似た〝コピー商品〟を出すことがザラにあったので、割のいいやり方ではなかったと思われる。あえてオリジナルにこだわったのは、中村の矜持と気概だったのだろう。

入社した石村は、その開発部に配属となった。

「私が入社するほんのちょっと前までは、製造部開発課と呼ばれていたようです。エレメカの『F1』※6というゲームが開発中で、そのスコア表示部分の設計を任されました。大学の卒論で『マイクロコンピューターを使った電子回路の用途』について書いたので、知識はあったんです。しばらくして『シュータウェイ』※7というクレー射撃をモチーフにしたゲームの制御系も手がけました」

石村が任された仕事は、もう1つあった。

「中村製作所がアタリジャパンを買収した関係で、アタリ製ゲームマシンのメンテナンスも担当していました。アタリ製ゲームマシンは、結構壊れたんですよ。そのおかげもあって『あいつは電子回路に強い奴だ』と認めてもらったと思います」

だが、エレメカの仕事に従事しつつも、石村はその先を見ていた。

※6　F1…1976年に導入されたエレメカ方式のレースゲーム
※7　シュータウェイ…1977年に導入されたクレー射撃をモチーフにしたシューティングゲーム

「これからはビデオゲームの時代が来ると思って、入社2年目くらいには、ビデオゲームについてのレポートを書いたり、こういう開発機材を買ってくださいという申請書を書いたりしていました」

石村の読み通り、1978年に「スペースインベーダー」がタイトーからリリースされ、日本初となるビデオゲームブームが到来。それに対抗するナムコオリジナルのタイトルとしてリリースされたのが、ピンボールとブロック崩しを合わせたような「ジービー」だった。

後に『パックマン』を生みだす岩谷 徹《いわたにとおる》※8がナムコで手がけた初めてのタイトルで、ハードウェアとプログラムに石村が関わっている。

「『ジービー』はナムコのビデオゲーム第1号として、『スペースインベーダー』が出る前から開発を始めていましたが、リリースがあのブームとバッティングしちゃいました。8月のアミューズメントマシンショーに出展したときは、まだ『スペースインベーダー』はそこまで盛り上がっていなかったんですが」

ジービーは1万台近くを売り上げたというから、当時としてはかなりのものなのだが、数字ほどの存在感を出せなかったのには、理由があった。

「ゲームセンターや喫茶店での設置と、運営というのは場所借りのようなもので、こちらが機械一式持っていって『電気代の負担だけお願いします』ということで置かせてもらい、売り上げをメーカーと店舗が分けていました。

そうなると、店側としては1日1000円そこらしか稼げないものより1日1万円稼ぐ機械の

※8　岩谷徹…1977年にナムコの前身となる株式会社中村製作所入社。「パックマン」のほかに「ジービー」「ボムビー」などのゲームデザインを手がけた

方がいいわけです。『ジービー』を持って行くと〝それはいらんから『スペースインベーダー』持ってきて！〟と言われる（笑）。

たくさん買ってはいただいたんですが、箱に入ったまま積み上げられて、部屋の間仕切り代わりになっていた……みたいな話も聞きました」

ナムコ黄金時代の到来

「ジービー」に続いて、石村が手がけたのは1979年に導入を開始した「ギャラクシアン」だ。

『ギャラクシアン』は、ポスト『スペースインベーダー』というコンセプトで、企画を澤野《さわの》和則《かずのり》※9さん、ハー

「シュータウェイ」を試す中村雅哉
写真提供：@michsuzu

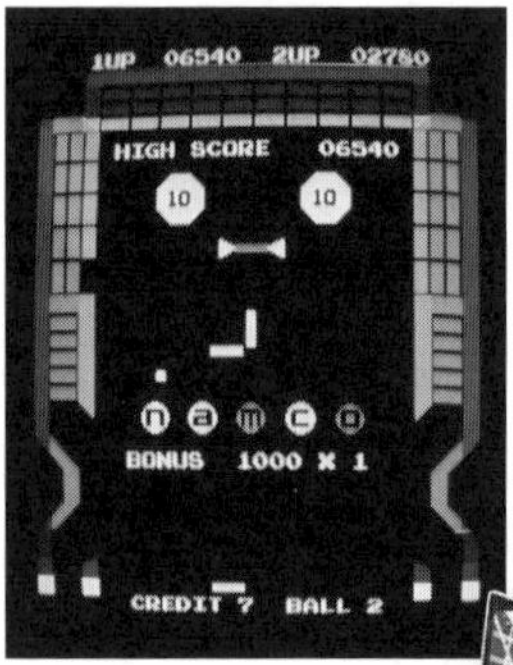

「ジービー」
© BANDAI NAMCO Entertainment Inc.

ドウェアは私で、ゲームプログラムの大半を田城幸一《たしろこういち》※10さんが担当しました」

前述したように、当時オリジナルのアーケードゲームを作るうえで、コピー商品との戦いは避けられなかったのだが、石村は『ギャラクシアン』で想定外の事件に遭遇した。

「ロケテストの最中に基板が盗まれたのには驚きました」

ある喫茶店に「ギャラクシアン」のテーブル筐体を試験的に設置したところ、筐体の中の基板がそっくりなくなっていたのだという。事件の真相は最後まで分からなかった。

当時の電子回路は市場に流通している部品で作られていたため、同じ部品を集めて組み立てることが可能だった。結局、オリジナルの「ギャラクシアン」がリリースされる前に、そのコピー品が世の中に出回り始めてしまったという。

「ギャラクシアン」を経て、1980年代に入ると「パックマン」のヒットにより、ナムコの開発力とブランド力は盤石なものとなる。ナムコ黄金時代の到来だ。

「『パックマン』は、ゴールデンウィークか何かで会社がしばらく休みだったときに、社長室へ試作版を持ち込んだ記憶があります。最終仕様の決定には社長判断が必要でしたから。

中村社長に〝(『パックマン』の試作品を)やってみてください〟という感じでお願いしたと思います。社長は家より会社にいるほうが好きな方だったので、休み中ずっと会社に出て、プレイされていたようです。

それで休み明けに『どうでしたか?』って聞いたら『面白くって腱鞘炎になっちゃったよ。どうしてくれるんだ、お前!』って笑ってました(笑)。喜んでくれましたね」

※9　澤野和則…ナムコで多くのアーケードゲームを手がけた。なかでも「ギャラクシアン」の開発で知られる

※10　田城幸一…ナムコで数多くのアーケードゲームを手がけたプログラマー。「ギャラクシアン」「ラリーX」「ポールポジション」などで知られる

石村は「パックマン」のハードウェアとプログラムの一部を担当した。企画は岩谷徹、プログラムは舟木茂雄《ふなきしげお》である。

「『パックマン』の開発では、研究のために岩谷さんとゲームセンターに行ったことを覚えています。彼が『女の子がキャーキャー言うゲームを作りたい』というようなことを話していたんですよ。そのコンセプトから、追ったり追われたりといったゲーム性が生まれたんだと思います」

「パックマン」の後、ナムコの収益とブランドをさらに押し上げたのが「ゼビウス」[※11]だ。ゼビウスの企画は遠藤雅伸《えんどうまさのぶ》[※12]、メカデザインは遠山茂樹《とおやましげき》[※13]が手がけた。開発中のプロジェクト名は「シャイアン」だったという。

「『シャイアン』は、もともとヘリコプターで森の上を飛び、敵陣を攻撃していくゲームでした。最終的にヘリコプターではなくてソルバルウという戦闘機になったのは、〝人の影を感じる〟ものはやめよう、という方針からなんです。

リアルなものにして、その森に隠れている敵兵、つまり人がいるのかな？　などと思われるのが嫌だったんだと思います。それで、無機質なものにしていこうと」

話が少し横道に逸れるが、人間をクルマでひき殺した数がスコアになる「Death Race」（デスレース　1976年、Exidyよりリリース）というゲームが、アメリカで社会問題となったことがあった。

石村の記憶によれば、中村製作所はアタリジャパンとして「Death Race」をサンプルとして2台輸入してみたものの、やはりそのゲーム性には違和感があり、販売はしなかったという。

※11　ゼビウス…1983年にナムコから発表されたアーケードゲーム。縦スクロールのシューティングゲーム

※12　遠藤雅伸…1981年ナムコ入社。「ゼビウス」のゲームデザイン、プログラム、グラフィックを担当。その後も「ドルアーガの塔」（1984）、「グロブダー」（1984）などのヒット作品を開発した

※13　遠山茂樹…1981年ナムコ入社、「ゼビウス」などのデザインに参加。「プロップサイクル」では企画も担当した。ロボットのデザインにも携わった。ナムコのレオナルド・ダ・ヴィンチと呼ばれる

そういった経緯を考えても、「シャイアン」が「ゼビウス」になるうえで加えられた改変には納得がいくだろう。

初期のファミコンを支えたナムコのタイトル

石村によると、「ゼビウス」くらいまで、ナムコは業界のなかでも最先端を走る、良いポジションを維持していたというが、それ以降は徐々に他社も台頭してきたという。

「そんな状況で1983年7月に、任天堂さんからファミコンが発売されました。ただ、MSX※14や、タカラがソードから供給を受けていたM5※15への移植がせいぜい数千本しか売れていなかったので、ファミコンへの移植は様子見でした。

そうこうしているうちにファミコンが勢いに乗ってきて、中村社長が『なぜ、うちではファミコン向けの移植をやらないんだ?』って言い出したんです。

それで、確か1983年の年末から84年の年始あたりに、開発部員へ『ファミコンを解析するように』って指示をしました」

当時はまだファミコン(=任天堂)のサードパーティーという概念すらなく、ハードウェアメーカーから情報をもらうという発想もなかったので、開発はハードウェアの解析から始まるものだったのだ。

※14　MSX(エム・エス・エックス)…入門用のコンピュータとして規格されたものであったが、拡張性もあり、多くの人に受け入れられた。1983年に世に出たパソコンの共通規格の名称で、米マイクロソフトとアスキー(現・KADOKAWA)によって8ビットの規格として提唱されたものを指す

※15　M5(エムファイブ)…1982年にソードが開発・発売したパソコン。タカラ(現在のタカラトミー)がゲームパソコンという名称で販売した

「3月末にはファミコンのプログラム構造などが全部分かって、試作版のファミコン向け『ギャラクシアン』が完成しました。それを中村社長自らが任天堂に持っていって、山内溥《やまうちひろし》※16社長（当時）に交渉したと聞いています」

任天堂以外のメーカーでは、ハドソンがファミコン向けのソフトを販売していたが、まだライセンス契約にも決まったものがなかったため、ナムコは任天堂に対し、ファミリーコンピュータという商標を使わせてもらうというもので、ある種の優遇措置を含んだ5年間のロイヤリティ契約を締結した。

ファミコンは発売年の1983年に約50万台を販売したが、翌84年は、9月発売の「ギャラクシアン」、11月発売の「ゼビウス」のヒットで、200～300万台まで跳ね上がったという。

当の任天堂も、この数字には驚いた……というより、戸惑いに近いものを感じたようだ。

「当時社長だった山内（溥）社長も販売状況を見て『これは何事だ』みたいな感じになったんだと思います。我々ナムコの社員が中村社長と同行して任天堂に行ったとき、『わけが分からないことが起こっている……』。作れるということと、作っていいということは別だ』と、ちょっと訳が分からない論理を展開されましたね。ただ、ファミコンの開発を主導した上村雅之《うえむらまさゆき》※17さんは喜んでくれた記憶があります」

山内社長の反応は非常に興味深い。

ファミコン発売当初、任天堂は、自社でソフトラインナップを賄うことを前提としていたという話がある。つまり、任天堂1社での利益独占を考えていたということだ。他社ソフトのロイヤ

※16　山内溥…任天堂株式会社の三代目代表取締役社長としてゲーム＆ウオッチ、ファミコン、スーパーファミコンなど多くのハードとソフトを生み出した名経営者。故人

※17　上村雅之…任天堂開発第二部長などを歴任。ファミコンやスーパーファミコンなどの開発に携わった。2021年に78歳で逝去

リティビジネスとして成立させるシステムまでは考えていなかったという説もある。これもコンシューマゲーム機ビジネスの黎明期らしいエピソードと言えるかもしれない。

しかし、ナムコが独自にファミコンを解析して許諾承認を取りに来たことを発端に、ファミコン向けにさまざまなソフトをリリースしようと考える企業が増えていった。任天堂はこうした経験を踏まえてか、ファミコン発売から、5年後にビジネスモデルを大きく変えている。サードパーティーが、ロムカートリッジの製造を任天堂に委託するという形になったのも、このタイミングからで、任天堂がナムコとの間で締結した優先的な契約も終了した。

いちはやく3Dグラフィックス技術に取り組む

ファミコン向けソフトの開発がナムコの新たな柱になった一方で、石村はまたその先を考え始めていた。

「世の中のレジャーが段々と多様化していく中で、従来の電子アニメ的なゲームを作っていてもしょうがないと思うようになりました。そこで、会社の開発方針を3Dグラフィックスによるコンテンツに移行しようということで、1982年にリリースしたレースゲーム『ポールポジション』※18の発展系となるものに着手したんです」

そのレースゲームは1989年に『ウイニングラン』※19としてリリースされるが、開発は難航し

※18 ポールポジション…1982年に導入。ゲームデザインは澤野和則。アクセル、ブレーキ、ハンドル、LOWとHIGHの2段ギアを操作してプレイするレースゲーム。ナムコのレースゲームのルーツ的作品
※19 ウイニングラン…1989年に導入されたナムコのレースゲーム。国産初のアーケード向けフル3DCGレースゲームとして知られる

たようだ。

「新しい技術ですから、なかなかうまくいかないまま、時間ばかりが過ぎていきました。営業サイドから『今すぐレースゲームが欲しい』という要望が届いていましたので、2Dグラフィックスの『ファイナルラップ』を1987年にリリースしたんです。本当は『ウイニングラン』のほうが先に出るはずだったんですが……結局、2年ぐらい遅れての完成になりました」

石村が語ったように、ナムコはいち早く3Dグラフィックスに取り組んだが、ビデオゲームとして成立させるには、まだ技術的なハードルがあった。

1988年に、コンピュータグラフィックスを専門に開発するJCGL（ジャパン・コンピュータ・グラフィックス・ラボ）と提携したほか、SIGGRAPH《シーグラフ》※20などの学会へ参加するなどして研究を深めていく。（Chapter 05参照）

開発体制や組織も大きく転換するタイミングが来ていた。ファミコンを中心にしたコンシューマ機向けとアーケード向けで開発部を分けることになったのだ。その後、石村はソフト開発の立場から一度離れ、ハードウェアの開発に移ることになった。

幻のナムコ製コンシューマゲーム機計画から生まれた「SYSTEM11」

「何年ぶりに聞いたことか（笑）」

※20 SIGGRAPH…Special Interest Group on Computer Graphicsの略。アメリカのコンピュータ学会内でCGを扱う分科会および国際会議の総称

私が「SYSTEM11」という名称を口にすると、優しい石村の顔がさらに綻んだ。

SYSTEM11は、石村が手がけたナムコのアーケードゲーム基板だ。初代PlayStationと共通のパーツを使用し、3Dグラフィックスを扱える小型で安価なゲーム用基板として「鉄拳」などに採用された。

SYSTEM11の開発には、少々複雑な経緯がある。

「時期についてのはっきりとした記憶はないんですが、ナムコの上層部で自社開発コンシューマゲーム機の計画があったんです。何年もの間、現れては消える……を繰り返して、結局実現しな

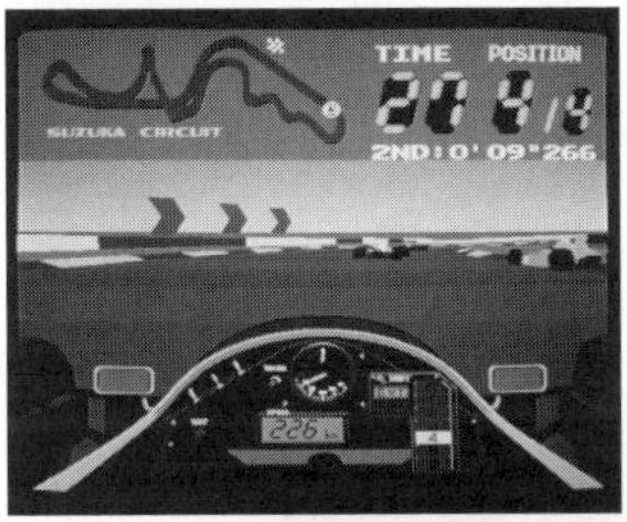

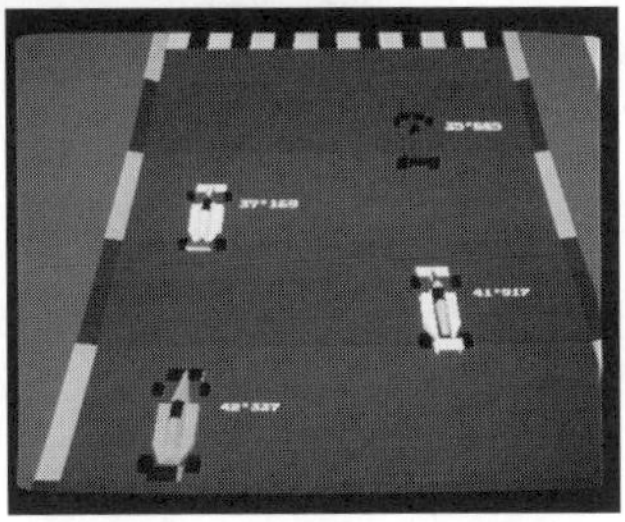

「ウイニングラン」

かった〝幻〟のゲーム機ですね。『ナムコ・コンシューマー1』とか『NC1』といった開発プロジェクト名で呼ばれていたものです。

その動きの中で、役員の1人が『ソニーの人を知っているから、ちょっと見に来てもらおう』ということになりました」

そこでやってきたのが、後に「PlayStation の生みの親」と呼ばれるソニーの久夛良木《くたらぎ》健《けん》だった。

「開発中のハードを見た久夛良木さんに『何をやっているんですか? ナムコさんといえば、今さら2Dグラフィックスゲームじゃなくて、3Dグラフィックスゲームでしょう……』と言われまして（苦笑）。

久夛良木さんは『私たちはゲーム用ハードウェアの計画を水面下で進めています。しかるべき時が来たら、内容をお話しします』と言って帰っていきました。

それから半年か、1年後くらいに、初代 PlayStation の情報が開示されて、ナムコは自社でハードをやるのではなく、PlayStation に乗ろうということになったんです」

ちなみに、こういったやりとりの中で、石村は当初ソニーが開発していたスーパーファミコン用 CD-ROM ドライブ（これも名称は PlayStation だった）も見せてもらったという。

石村によれば、ナムコがソニーと接近した理由には、ナムコと任天堂との関係性が変わったこともあるという。ファミコン初期からソフトをリリースしていたナムコはロイヤリティ契約などで優遇されていたが、それに対して、任天堂からの調整や条件の見直しが入り、ナムコが不満を感じたということだ。

こうして、久夛良木健（ソニーや当時のソニー・コンピュータエンタテインメント・後の株式会社ソニー・インタラクティブエンタテインメント）とナムコの蜜月関係が始まり、その結果、ソニーとナムコの共同開発でPlayStationをベースとしたアーケードゲーム基板のSYSTEM11が完成したのだ。

その名称は、すでにリリースされていたSYSTEM22[※21]の半分程度の性能だったことに由来する。これからも想像できるように、SYSTEM11は〝廉価版〟として開発されたものだ。

当時のアーケードゲームは、自動車メーカーの本田技研工業がＦ１への挑戦を「走る実験室」と称したのと同様に、最新技術が惜しみなくつぎ込まれる実験的な傾向があった。典型的な例が、操作に合わせてシートや筐体が動く、セガの大型体感ゲームだ。

とはいえ、当然ながらゲームセンターでは「１プレイ100円」のオペレーションが基本にあり、基板や筐体は回収できる金額から逆算して作られるため、高額なものばかりでは無理が生じる。より良いものを求めるユーザーに応えるために技術が進化し、それが結果的に高コストを招くという構図は、ゲームに限らずどんな産業にも起こりうるものだが、石村はそこに危機感を覚えたようだ。

「アーケードゲームの、１プレイ100円や200円といった設定で店舗が元を取るのは、やはり大変なんですよ。なんとかローコストな筐体や基板でやりたいと思っていたときに、久夛良木さんたちとの接点ができたので、PlayStation用のＣＰＵとＧＰＵを採用し、メモリを増やしたものをアーケードで使えないか……という発想で生まれたんです。

※21　SYSTEM22（システム22）…ナムコが開発したゲーム基板。3DCGのグラフィックス表現が向上したもので「リッジレーサー」他に使用された

ナムコがPlayStation向けにソフトを提供することと引き換えに、PlayStationのハードをうちのアーケード基板に使わせてもらおうと」

そうして生まれたSYSTEM11初のタイトルが、1994年12月にリリースされた「鉄拳」だった。

「当時、セガさんの『バーチャファイター』がすでに大ヒットしていたので、表通りに面した大きなゲームセンターは『バーチャファイター』におまかせして、裏通りの小さな店に『鉄拳』を入れてもらおうという作戦でした。

『バーチャファイター』1台の定価は100万円くらいだった記憶がありますが、買おうとすると〝オマケ〟がついてきて、結局300万とか400万円必要になる……いわゆる抱き合わせ販売の話もよく聞きましたからね。『鉄拳』は営業もがんばっていたので、結構な数が導入されたと思います」

そのバーチャファイターの宣伝担当として、当時セガで働いていた筆者は、PlayStationの発表会で、ナムコが開発した「リッジレーサー」[※22]のプレイムービーを見て驚愕した覚えがある。レースカーがコースを進むにつれ、遠くにある山がリアルタイムで生成されていく表現が、コンシューマゲーム機でできるとは思っていなかったからだ。目の前で繰り広げられている光景に、時代の変化を感じずにはいられなかった。

「『リッジレーサー』には、レーシングゲームではナンバー1でありたいというナムコのプライドがありましたね」

そう語る石村は、セガサターンの開発中に、見学のためにセガ本社を訪れたことがあるという。

※22　リッジレーサー…1993年にフルCGのゲームとして開発されアーケードに導入、1994年12月3日のPlayStationハード発売の同時タイトルとしてヒットを記録した

「セガサターンの2Dグラフィックスのサンプルをいくつか見せてもらいました。アーケード向けには『バーチャファイター』、『DAYTONA USA』※23といったヒット作を出されていましたけど、その時点ではコンシューマゲーム機で3Dグラフィックスを表現するには至っていなかったようです。セガさんも苦労しているんだなあと思いました」

「ウイニングラン」

※23　DAYTONA USA…1994年に導入されたアーケード向けレースゲーム。セガのCG用基板MODEL2（モデル2）を駆使したヒットゲーム。のちにセガサターン用ゲームとしても移植された

アーケードやコンシューマにおける〝淘汰〟を感じて携帯電話コンテンツへ

「私は30代で取締役になりました。中村雅哉さんの御嬢さんと結婚して、当時は中村を名乗っていましたから。

ですが、その後、アーケードのハイスペック化の波がいったん過ぎ去って、コンシューマゲームも少し落ち着いた頃、取締役や部長を減らし、組織をフラット化しようという動きがあって、そのタイミングで取締役を降りたんです」

石村は、再びアーケード基板の開発に携わることになった。

「１９９０年代の後半に、アーケード用３ＤＣＧ基板の『SYSTEM33』（※公式に発表はされていない）と呼ばれるものを開発していました。でも、それがいつまでたっても完成しなくて、１９９８年にプロジェクトを断念したんです。開発中にPlayStation 2の情報も流れてきましたし、ＰＣのスペックも上がっていましたから」

ハードウェアの性能が急速に進化し、インターネットも普及したこの時期、石村はある種の〝淘汰〟が始まったと感じたという。

「国内や海外からどんどん情報が入ってくるようになって、その情報の中で開発していると、惑わされちゃうんですよ。先を見据えて作ったはずが、出来上がったときには負けている……みたいなことがよくありました」

そんな状況で石村が選んだ次の仕事は、アーケードでも、コンシューマゲームでもなかった。

「1999年2月にドコモさんのｉモード※24が始まったんです。面白そうだからちょっとやってみようということで、その年の10月1日に「ナムコｉ（アイ）ランド※25」というｉモードサイトをオープンしました。コンテンツは、自身の予定命日を検索する『X-DAY』、大衆度を測る『アブノーマルチェック』などで、どれもシンプルなブラウザタイプのシステムでした」

スマホゲーム・アプリ全盛の今となっては信じられないが、当時は「携帯電話でゲームを遊ぶ」ということが一般的ではなかった。何しろｉモードのサービスが開始した時点では、カラー液晶を搭載した端末もなかったので、「ゲーム機」としての表現力はまだまだだったのだ。

「当時のナムコは会社としてはもちろん、個々のスタッフも、PlayStation用ソフトのヒット作を作ろうと意欲を燃やしていました。

そんなところに携帯電話向けのコンテンツを作れと命令しても、うまく行かないことは分かります」

プロジェクトの行方を左右する人員確保が困難になりそうだったわけだが、いざ始めてみると、あっさり解決したそうだ。

「ナムコには〝ドット絵の神様〟みたいに崇められていたMr.ドットマンこと小野浩《おのひろし》※26さんがいたんです。初期のｉモードコンテンツでは、ドット絵の技術を十分に活かすことができたんです。ほかにも高い力量をもったスタッフにサポートしてもらうことができました。

ただ、一度に大量のユーザーからのアクセスを想定していなかったものですから、オープン時

※24　ｉモード…NTTドコモが提供している携帯電話向けインターネットサービス
※25　ナムコｉ（アイ）ランド…ナムコのｉモード向けのコンテンツサイト
※26　小野浩…1957-2021年。ナムコで多くのゲーム開発にグラフィックとして携わる。中でも、ドット絵に定評があり、Mr.ドットマンとして親しまれたが難病にて急逝　（Chapter 11を参照）

はサーバーの処理が追いつかなくなるという事態になりました」

ナムコ・iランドは、月額料金制というビジネスモデルをナムコにもたらすことにもなった。

「でも中村社長は、『モノも作らないし、外にも出ないし、ただ待ってて、お金がちゃりんちゃりん入って利益が出る……そんな商売はありえない』と言っていましたよ（笑）」

〝傍流〟にいたはずが、社長に就任

石村は、その時々、あるべきところで、やるべきことを成し遂げるという生き方に忠実な人だ。人生には激流もあれば緩流もある。石村はそのタイミングを冷静にとらえ、そこで夢と現実、モノ作りと組織のありかたを融合させてきた。

そんな石村は、iモードコンテンツを成功させた後の２００４年に取締役へ復帰することになった。

「PlayStationとかアーケードゲームといった、ナムコのメインストリームに関わるソフトを作っている現場にいればよかったのかもしれませんが、全くの新規事業である携帯電話向けコンテンツしか分からなくなっていましたから、本流に戻れと言われても……という、まったくの浦島太郎状態でした」

その頃のナムコは、バンダイとの統合交渉を進めていた。

「両社を統合するにあたって、ホールディングス（持株会社）を作るわけです。取締役の何人かはそちらに行かなければならない。また、ナムコやバンダイの組織をどうするのかという話もあります。

ただ、そのあたりは、（当時）会長になっていた中村さんと社長だった高木九四郎《たかぎきゅうしろう》※27さんが進めていて、私はそういった人事の話し合いに加わることもありませんでした」

そんな状態の中で、石村はさらなる驚きの知らせを受ける。

「中村会長から『２００５年4月1日からお前が社長だから』って言われました。２００５年2月28日のことでしたが、前年に取締役の末席に復帰したばかりでしたし、心の準備もないなかで突然言い渡されたので、戸惑いました。いろいろなことが頭に浮かびましたが、知人からはチャンスだとか、いい意味に解釈しろと言われたのを覚えています」

石村は戸惑いつつも社長に就任し、バンダイナムコゲームス（当時）が発足するまでの1年間、職務を全うした。合併によって会社が激変する時代には、石村のような柔軟な人物が必要だったのかもしれない。

中村雅哉の人間味あふれる魅力

筆者はかつてナムコに在籍していた人から、「中村社長は社員からの上申に対して、一度は却

※27　高木九四郎…ナムコにて中村雅哉氏の後任として代表取締役社長に着任し、バンダイとの合併に尽力したと言われている

下する」というエピソードを聞いたことがある。

「あぁ、それは本当です。中村さんは『お前本気なのか?』、『どこまでやるんだ?』、『責任取れるのか?』などとよく言ってました。そう言われて、あきらめるような企画は、いらないということなんです。

『評論家的な話はいらないんだ。熱意を見せろ』ということですね。一発目からこれ以上ない熱意を見せられれば却下はなかったかもしれませんけれど。却下されるといっても、そこにはとても自由な雰囲気がありました」

トップダウンで何かを作るだけでは良いものは生まれない。中村はボトムアップの自由な発想を求めていたのだろう。

ナムコは老舗映画会社の日活や、レストランチェーンのイタリアントマトといった、一見畑違いにも思える企業を買収し、傘下に置いていたことでも知られている。映画関係では、かつて筆者が所属していたギャガ・コミュニケーションズ（現在のギャガ株式会社）との関係も深かった。そういったユニークな経営方針も、中村だからこそ生まれたものだろう。

「情緒に訴えるサービスやエンターテインメントが好きな人でした。お金にはシビアでしたが、その一方では社内に向けて『エンターテインメントという立派な仕事、クリエイティブな仕事をしているんだ』、『お金を稼ぐことより、良い仕事をすることに邁進しなさい』、『モノを作ったり、新たに物を生み出したり、0を1にしたりする者が一番偉い』といったことを強く言っていました。当時のキャッチコピーにも『遊びをクリエイトする』というのがありましたね。

ただ、時代が昭和から平成になり、上場して、企業の収益だとか存続性だとかいったことが重要視されるようになって、方向性が変わっていったような気がします。

今は石村を名乗っていることからお察しいただけると思いますが、私は2000年に離婚しました。それでもナムコで働き、ナムコの最後の代表取締役社長を、短い期間ですが務めさせてもらいました」

石村は、JAMMA（日本アミューズメントマシン協会）の展示会などで、自社ブースにいたときの中村の姿を思い出すという。

「自信作があるときは『さぁ、どうだ、今年の作品はいいだろう！』という雰囲気でしたね。逆に目玉がないときは、事務局控室から出てこないなんてこともありました。

私はさまざまな歴史を見てきました。ナムコ誕生前の時代に、エレメカのほか、浅草花やしきのコースターなども手がけていたトーゴ[※28]や、東京タワーのコンペで中村製作所に勝ち、数々の名作エレメカを世に送り出した関西精機製作所は、残念ながらなくなっています。

ナムコにいた自分はとても幸せでした。アーケードからコンシューマ、携帯電話、そして今のスマホアプリと、時代の変化とともに何かが消え、新たなものが生まれるという栄枯盛衰をつぶさに見ることができたと思います」

筆者は残念ながら、生前の中村雅哉会長に直接会う機会には恵まれなかったのだが、妙なつながりがあった。

ナムコが出資して、ギャガがアメリカで製作した「カブキマン」（1990年劇場配給）とい

※28　トーゴ…1935年、東洋娯楽機として創業。主にエレメカを駆使した遊具を製作。浅草、花やしきのローラーコースターも手がけた。一時期は花やしきの経営にも参画したが、2004年に倒産

う映画がある。「悪魔の毒々モンスター」で知られるロイド・カウフマン監督の作品で、「アメリカ人が考える、間違った日本的世界観」が作中で繰り広げられるものだ。
その「カブキマン」の劇場公開時に、当時ギャガの宣伝担当だった私が、「ナムコ製作映画お蔵入りの危機!!」という刺激的なキャッチコピーをつけて、スポーツ新聞の紙面を飾ったことがあり、それが中村雅哉会長の逆鱗に触れ、謝罪文を書いたことがあるのだ。

その中村雅哉会長のお別れの会は２０１７年2月に行われた。

「いやー、大変お恥ずかしいんですが、『お別れの会』はすっかり忘れてしまっていました。『今日は何か予定があったな……』とは思っていたんですが、終わってから気づいて。ナムコ時代の友人たちに『馬鹿だなぁ』なんて言われました」

Chapter 04

横井軍平の遺志を受け継ぎ、新しい道を行く株式会社コト

語り部

窪田和弘
（くぼた・かずひろ）

ビデオゲームの語り部たち

1961年、広島県尾道市生まれ。幼少期は蒸気機関車を見て育ち、本人曰く「前世はC11だった」。1980年より、大阪大学理学部物理学科にてバンド活動とプログラミングに勤しむ。1985年、日本電気株式会社にてグラフィクスプロセッサの開発設計から応用技術販売まで携わる。1999年より 株式会社コトにて経営の傍ら、電子スタンプ、英語発音評定、音感楽器、腹囲測定などの技術開発に取り組み中。任天堂を退職した横井軍平が創業した株式会社コトは、横井軍平、不慮の死ののち、窪田が舵を取り、どのように発展を遂げてきたかを明らかにする。

ゲーム好きの人であれば、かつて任天堂で数多くの商品やソフト開発に携わった横井軍平《よこいぐんぺい》のことはよくご存じだろう。

横井軍平が不慮の事故でこの世を去ったのは、1997年10月4日のことだった。それから四半世紀が経ち、時代は移り変わり、ゲームの歴史にも新たなページが次々に加わっている。

そんな中で、かつてゲーム業界に知れわたっていた横井軍平の名前や、彼の開発思想と呼ぶべき「枯れた技術の水平思考[※1]」という言葉を知らない人が増えてくるのも、仕方がないことなのかもしれない。しかし、横井軍平の思考や技術がビデオゲームの発展にもたらしたものは、計り知れない。

横井軍平が残したものや、横井が設立した会社「コト」が、彼の意志を受け継ぎつつ、新たに生み出したものとは――。

横井さんと話をしたのは合計3時間くらい

株式会社コトの代表取締役である窪田《くぼた》和弘《かずひろ》に、「横井さんが亡くなってからのコトの軌跡と、今のビジネスの概要をお話しいただきたい」というメールを送ると、「ご連絡ありがとうございます。取材かどうかはともかく、お待ちしています」と返ってきた。

4月の京都は、さながら初夏を思わせるような陽気で、早足で歩くとジャケットを着た背中に

※1　枯れた技術の水平思考…すでに世の中で使い尽くされたような技術、部品、機器などを駆使して新しいモノ、コトを生み出す思考

横井軍平

1941年9月10日生まれ。京都府京都市出身。同志社大学工学部電子工学科を卒業後、任天堂開発第一部部長としてゲーム＆ウオッチ、ゲームボーイ、バーチャルボーイ等の開発に携わり、宮本茂と並んで任天堂を世界的大企業へと押し上げる原動力となった。任天堂を退職後、株式会社コトを創業。「ワンダースワン」の開発などを手がけたが、1997年、北陸自動車道上り線で、事故処理のため車外へ出たところ後続車にはねられ帰らぬ人となった。享年56歳

コト代表取締役である窪田和弘

現在、株式会社コトが入居するビル

うっすらと汗をかいた。

コトは、京都駅から市営地下鉄烏丸線で3駅目の「烏丸御池駅」にある。降りてみて分かったが、京都国際マンガミュージアムからもほど近い。

横井が起業した当時のコトのオフィスは、古い町屋をリノベーションしたものだったが、現在のコトは一般的なビルの中に移転していた。しかし、そのビルは1階の玄関が上がり框《かまち》になっており、一段高くなったところに赤い絨毯が敷かれ、そこで履物を脱ぐようになっていた。古都、京都を感じさせる佇まい、といったら言い過ぎだろうか……。

扉のないオープンな会議スペースで待っていてくれた窪田が、簡単な挨拶の後でまず口にしたのは、こんなことだった。

「今日は取材になるのかどうか分かりませんが……。実を言うと、私が横井さんと話した時間はそんなにないんです。合計3時間くらいで、話したことを凝縮したら、1時間ぐらいにしかならないかもしれません」

窪田はこちらの意図を気にしてくれていたようだが、例え短い時間であっても、残しておくべきことがあるはずだ。

「横井さんと初めて会ったのは１９９３年、バーチャルボーイ[※2]の開発を始める会議のため、任天堂に行ったときでした。当時、横井さんは任天堂の開発第一部部長で、私はＮＥＣで半導体チップを設計していたんです。

ただ、横井さんは冒頭の30分ぐらいしかいなかったですね。

その後は、瀧《たき》（良博《よしひろ》）さん[※3]や出石《いずし》（武宏《たけひろ》）さん[※4]たちと話していた記憶があります」

当時の横井は、さまざまなプロジェクトを同時進行させていたと思われる。コンセプトや商品概要などが決まった後の仕事は、基本的に部下に任せ、会議を掛け持ちしていたのだろう。

社内でも一部のみが知る超極秘プロジェクト・コードネームは「ＶＵＥ」

当然だが、新型ゲーム機の開発は極秘事項である。当時ＮＥＣにいた窪田も、最初からかなりの〝隠密行動〟を強いられた。

「１９９３年のある日、急に事業部長から呼び出されて『窪田君、悪いけど明日京都（任天堂）に行ってくれないか。あまりは詳しいことは話せない。現地で聞いてくれ』と。会社の行動予定表にも行き先を書くな、上司の課長にも内緒にしろとも言われました。

さすがに上長への断りもなく出張に行くのはまずいでしょうと返したら、『分かった、じゃあ課長には俺から言っとく』と。それで翌日、任天堂へ行ったんです。ＮＥＣからは自分を入れて

※2　バーチャルボーイ…横井軍平が発案した 3D ゲーム機。現在の VR 用ヘッドマウントディスプレイにスタンドを付けたような外観で、漆黒の空間に浮かび上がる赤色 LED による映像が特徴的である

※3　瀧良博…横井軍平亡き後にコトの代表取締役に就任した開発者。任天堂時代からの横井の右腕

※4　出石武宏…横井軍平退職後、任天堂株式会社製造本部開発第一部部長。主にハードの開発や「ポケットモンスター」シリーズなどを手がけた。現在は退職

10人ぐらいのメンバーが来ていました」

そこで窪田は、横井から「バーチャルボーイ」のデモを見せられた。

「このデモが本当に面白かったんです。瀧さん、出石さんとの話し合いも面白くて、帰りの新幹線の中で、自分が担当するグラフィックス・チップのアイデアを考え始めました。バーチャルボーイのメインCPUには、NECが発売していた家庭用ゲーム機『PC-FX』に採用したV810で、それ以外のグラフィックス・チップやサウンドチップも、オールNECメイドなんです」

バーチャルボーイのコードネームは「VUE」。

横井の命名による「Virtual Utopia Experience」の頭文字をとったものだ。日本語に直訳すれば「仮想的、疑似的な理想郷の体験」で、横井の言葉を借りれば「現実にはない、全く別の面白い体験の理想郷を創る」となる。

今でこそ、バーチャルリアリティ（VR）という言葉は広く知られるようになり、VRヘッドマウントディスプレイが店頭で手に入るようになったが、当時はまだ技術的にも珍しく、まさに時代の最先端を行くものだった。

そして、バーチャルボーイは1995年に発売された。

これと前後するが、セガ・エンタープライゼス（現在のセガ）も当時、VRに関心を寄せ、94年に、オープンしたばかりの横浜ジョイポリス※5に、

コトの社内に展示されているバーチャルボーイ

ＶＲアトラクション「VR-1スペースミッション」を導入した。ヘッドマウントディスプレイを着用して乗り込むという、８人乗りのライドアトラクションだったが、実験性が強すぎたせいか、大きな成功を収めることはなかった。まだＶＲがそういうものだった頃の話である。

〝京都〟と〝大鳥居〟

当時のＮＥＣは国内半導体市場で高いシェアを誇っており、各社からオファーが舞い込んだ。

「バーチャルボーイと同じ頃に、ソニーさんからも依頼がありましたが、丁重にお断りしたんです。そのゲーム機は後に『PlayStation』と呼ばれるんですけどね……（苦笑）。

ＮＥＣが断ったものだから、ソニーさんは LSI Logic に行ったんだそうです。そのあたりの経緯は LSI Logic さんの関係者からも聞いたので、間違いないと思います」

窪田は、グラフィックス・チップの設計開発において、ＮＥＣ社内でも一目置かれる存在だった。それを裏付けるエピソードには、またしても前述の事業部長が関わっている。

「『窪田君、悪いけど、今度は大鳥居へ行ってくれないか』って言われたんですよ。つまり、セガさんが当時開発中だった『ドリームキャスト[※6]』でした。

さすがにそれはないだろうと思って、『今、私が何をやっているかご存じですよね？　行けるわけないじゃないですか。ほかの奴を行かせてください。アイソレート（分断）しないとダメで

※５　横浜ジョイポリス…セガが推進した大型アミューズメント・テーマパーク。1994 年７月に開業したが 2001 年に閉園

※６　ドリームキャスト…1998 年 11 月 27 日発売、セガサターン後継機として開発された家庭用ゲーム機。2001 年１月にセガはドリームキャストを含む家庭用ゲーム機の製造とプラットフォームからの撤退を表明。「メガドライブミニ」などの復刻系を除くと、現在のところ、セガの最後のゲーム機

すよ』と言ったんです。あの当時はそんな感じだったんですよ」

NECでの師弟関係

窪田はどうやって、強者揃いのNEC社内でグラフィックス・チップの第一人者たり得るスキルを身に付けたのだろうか。

「これはたまたまというか、ラッキーだったんですが、当時はグラフィックス・チップ開発のスタッフが不足していて、入社直後から、GDC(Graphic Display Controller。画像表示を行う集積回路の総称)のお師匠さんのような人に巡り会ったんです。その人はすごいんですよ、匠の世界の人です。

お師匠さんは直接の上司ではなくて、事業部は別だったんですが、毎日夕方の5時半になったら自分の実験室に来い、と言われて。5時半まで事業部の仕事をして、それからお師匠さんの実験室に行って勉強する、という日々でした。さらには毎週土曜日も実験室に来いと言われていました」

これは直属の上長も承認済みだったという、おそらく窪田の才能を伸ばす最良の方法と踏んだのだろう。

「才能を見込まれたのかどうかは分かりませんが、お師匠さんのところへ勉強に行って来いとは言われていました。

そこでは、新しいチップのシミュレーターソフトを作っていたんですよ。当時の自分には、シミュレーターという概念すらほとんどなかったのに、仕様書をバンと送られて、これ読んでシミュレーター作って、と言われて。はぁ？　シミュレーターって何ですか？　みたいな感じですよ。まぁ、そういうことをやっているうちに、新しいチップのアーキテクチャが全部分かるようになって、グラフィックス・チップの部署に異動になったんです」

仁義なき次世代ゲーム機戦国時代

ここまで窪田の話を聞いて、個人的にはセガとＮＥＣの関わりが気になった。

「私は大鳥居（セガ）には行かず、同僚がドリームキャストの担当になりました。彼は大鳥居、私は京都という感じですが、当時は２人ともタバコを吸っていたので、社内の喫煙室でよく話をしました。『どこどこのコンパイラ（プログラミングを助けるツール）はバグだらけでやってられないよ』といった感じの（笑）」

当時は、ファミコン、スーパーファミコンという〝任天堂一強時代〟から、〝次世代ゲーム機戦争〟へと移る時代だが、窪田によると、まさに戦国時代のような、熱く煮えたぎったものを感じたという。

「『あの会社にチップの提供をやめるなら、うちがそれを採用するから……』みたいなことを言われたこともありました。そんなのできるわけないじゃんって。そういう鉄火場のような時代だったんですね。

結局、PlayStation で採用された LSI Logic のチップが最も売れたということになるんでしょうけど、PlayStation だって、NECの別の事業部で受ければいいと思っていました。

この事業部は任天堂、この事業部はソニー、こちらはセガ……みたいに、それぞれのチップ構造や設計の情報さえ遮断しておけばいいんじゃないのかって。広告代理店だって、競合する会社の仕事を受けているじゃないですか。

ただ、当時、私は主任レベルのポストだったので、あまり強くは言えませんでした。自分が関わっているチップの設計と開発で手一杯でもありましたし……」

「もう、ヒヤヒヤものやで……」

窪田が次に横井と会ったのは、バーチャルボーイの発表会だった。

「『横井さん、発売おめでとうございます』って挨拶したら、『もう、ヒヤヒヤものやで……』と言っていました。NECや私からすると、押しも押されもせぬ任天堂の横井さんですし、大ヒット間違いなしと思っていたので、本当にびっくりしましたね。あっ、そうなんだ……って」

今となっては、横井の心中を明らかにすることはできないが、この『もう、ヒヤヒヤものやで……』という言葉には、いくつかの意味が含まれているのではないだろうか。

筆者もゲームや映像の開発・製作現場を見てきたが、それらが無事に完成するかという不安、完成すると次は売れるのか、どう売るのかという不安や課題が生まれてくる。おそらくこの言葉は、バーチャルボーイのプロジェクトを指揮する横井の正直な心境だったのだろう。

「横井さんの言葉からは、『バーチャルボーイは売れるかどうか分からんなぁ』という響きを明らかに感じました。僕の問いかけには『窪《くぼ》っちゃん、何そんな呑気なこと言ってんの』というふうにも感じましたね」

横井が不安を抱えていたとしたら、それは的中したことになる。バーチャルボーイは全世界での累計出荷台数が77万台という、任天堂のゲーム機としては著しく低調な実績で販売を終えることとなった。

横井軍平から投げかけられた最後の言葉

横井は1996年に任天堂を退職してコトを立ち上げ、バンダイ（現・バンダイナムコ）の携帯ゲーム機ワンダースワンの企画・開発に参加した。

NECはワンダースワン用のチップ設計をサポートしており、窪田も担当者の1人だったが、その仕事でコトに出向いたときが、横井と言葉を交わす最後の機会になったという。

「コトに行ったのは、金曜日（1997年10月3日）の午後4時頃だったと思うんですけど、奥からふらっと出てきた横井さんから、『窪田君、いつからうちに来てくれるんや』って言われたんです。移籍とか転職なんて話は、言ってもいないし聞いてもいないのに。

それを横で見てた瀧さんがピクッとして『センシティブな話を、なにペロッと言うとんねん』みたいなやりとりがあったのを覚えています。

それで横井さんは『明日はゴルフや』と言って、楽しそうに会社を出て行ったんですよ。それが横井さんと会った最後です」

横井はその翌日の10月4日、知人男性が運転する車でゴルフに向かう途中、石川県能美郡根上町（現在の能美市）の北陸自動車道で、その車が軽トラックに追突する事故に遭遇。軽トラックを動かすため車外へ出たところを後続の乗用車にはねられ、搬送先の小松市民病院で外傷性ショックのため56歳の若さで死去した。

「確か、日曜の朝だったかな……出石さんから電話がかかってきて、『窪田さん、落ち着いて聞いてくださいね』って。それで横井さんが亡くなったことを知りました」

『カリスマ社長の横井さんが死んだら、コトも終わりだろう』

窪田がコトに転職した理由は何だろうか。NECという巨大企業で、しかもその分野の第一人者となれば、一生安泰だっただろう。

「いつ来てくれるんや」という誘いが横井の最後の言葉になったとはいえ、本気とも冗談ともつかないものに思えるし、極論すれば取引先の社長が亡くなるという話なら、会社員であれば遭遇し得る出来事だ。

旧オフィスの入り口に飾ってあった会社表札

「あのときは、NECの社員の誰もが『カリスマ社長の横井さんが死んだら、コトも終わりだろう』って言っていました。でも、そう言われているのを見て、コトに行く決意というか、行ってもいいかなと思うようになりました。結局、実際に入社するまでに2年かかってしまいましたが」

入社が遅れた理由には、家族の反対があった。

「カミさんのほうがなかなかウンと言ってくれなくて（苦笑）。半年間反対されました。当然ながらNECは東京が拠点で、自分も家族も東京にいるわけで。だから、コトも最初は単身赴任ですね。カミさんからは『貯金が50万円しかないのに、何を考えてんの?』とか、『子供がいなければ別に反対しないけど』みたいなことも言われました（笑）」

なぜそこまでして転職の意志を貫いたのだろうか。

「瀧さんの仕事観を盗んでやろうと思ったんです」

窪田が横井と初めて会ったバーチャルボーイの会議にも同席していた瀧良博は、任天堂で横井とともに数多くのヒット商品を手がけ、多くの特許取得に貢献した人物である。横井の死後、滝は、コトの代表取締役に就任し、陣頭指揮を執っていた。

瀧は代表取締役を退いた今も、コトで週3日ほど働いている。試作機械の研究、設計、製造関係の仕事を行っており、常に新しい技術や部品に関する研究を欠かすことがないそうだ。

「瀧さんの仕事観を盗めるのは、自分にとってラッキーなことだと思ったんです。匠の世界に近いところがありますからね。NECのお師匠さんに似ていると思いました」

窪田が会社を選ぶうえで重要視するのは、規模ではなくそこで働く人、ということだろう。

「そういう性格なので、NECを離れるのは大決断というほどのことでもなかったような気がしますね」

　また、窪田にはちょっとやそっとの困難にはへこたれないタフさもあった。

「NECの頃は、いつかお師匠さんの鼻を明かしてやろう、自分のアーキテクチャの方がすごいと言わせてやろう、と思っていました。

　普通の人から見たら、お師匠さんとの関係性はすごく厳しいものに映ったでしょうし、実際、僕の後任の人は相当辛かったようで、体調を崩していましたから。

　ちなみにNECのお師匠さんは、その後、記録媒体の企業に移って、今では大金持ちになってカリフォルニアで悠々自適にブドウ畑をやっています」

　そうして窪田がコトに入社したのは、1999年の10月1日のことだった。窪田は

［上］現在の瀧良博
［左］瀧が企画制作を手がけた「ひねもすキット」（現在は販売終了）。チラシや折り紙を使って、さまざまな工作の材料となる紙のパイプを作るキット

その日が金曜日だったことまで、しっかり覚えているという。

「なぜ覚えているかというと、入社日と今のオフィスへの引っ越しが同じ日だったからです。当時まだ社員は14、15人だったかな。入社当日からみんなと一緒に引っ越し作業で、翌日の土曜日も一生懸命引っ越しの続きをやっていました（笑）」

役に立たないものを作る

窪田がコトへ入社する約7か月前の3月4日、バンダイの携帯ゲーム機ワンダースワンが発売された。

前述したように、ワンダースワンの企画開発には、横井が関わっている。生前、横井は、名称の由来を、「水面上は優雅に見える白鳥でも、水面下では脚を必死にバタバタさせている」と語っていたという。これには「外見上はスマートだが、中身は高性能」という意味があるそうだ。

ワンダースワンは、かつて横井が任天堂で手がけたゲームボーイの市場に参入することになったわけだが、当然ながらそれらとの差別化を図る試みも用意されていた。その1つが今で言うところのCGM（Consumer Generated Mediaの略で、ユーザー参加型のコンテンツ制作）で、オリジナルゲームが作れる開発キット、ワンダーウィッチの販売が行われた。

ワンダースワンは、後継機種のワンダースワンカラーと、スワンクリスタルを含め、本体は

ワンダースワン

350万台、ソフトは１０００万本以上の販売を記録した。しかし、徐々にソフトリリース数が減少し、２００３年２月にはスワンクリスタルが受注生産へ移行することが明らかにされ、それが事実上の撤退宣言となった。

窪田は、ワンダースワンの開発に携わっていた頃をこう振り返る。

「ＮＥＣのエンジニアとしては、ワンダースワンの開発以外にも、いろいろなことをやっていました。コトに移って、ワンダースワンの周辺業務や後継機開発に集中するようになったんですが、それが楽しくてしょうがなかったですね。早く月曜の朝にならんかな……そんな感じでした」

ただ、コト入社当時の窪田の興味は、ほぼ技術的なものだけに向けられていたという。

「今はもう変わりましたけど、あの当時はエンターテインメント的なものにまったく興味がなくて、そっちはバンダイさんがやるんでしょう、といった感じで、ひたすらロジック設計をしたり、ＳＤＫ（ソフトウェア開発キット）を作ったりしていました」

そういう意味では、エンターテインメント性を追求するコトへの移籍は、窪田にとってカルチャーショックだったようだ。

「テクノロジーだけの会社だったら、ＮＥＣとそれほど変わりませんからね。コトに移籍して分かったのは、従来型のハードメーカー、たとえばＮＥＣとか松下電器（パナソニックのこと）では、エンターテインメントビジネスができないんだろうな、ということです」

それはまさに「思想が違う」とでも表現すべきものだったようだ。

「考え方が全く違うんですよ。エンターテインメントは『役に立たないものを作る』という開き直りがないとできないんです。

例えば、私が所属していたＮＥＣのような組織は、『社会や人の役に立つものを作ろう』という発想が原点です。でも、役に立つものを作ろうと思うと、変なものができあがるんですよ」

窪田は例として実際にあったアプリの事例を話してくれた。

「とある研究所の方が来て、『ゲリラ豪雨を30分前に予測するアプリで、住民を避難させたいんですけど、どうすればいいですか』という依頼があったんです。

それでアプリの試作品を見せてもらったんですが、それらが見事に〝役に立つアプリ〟になっていたので、それじゃあ駄目ですよと申し上げました。

役に立つアプリは、ほんとうにそれが起きるときにしか使われないんです。日頃から使ってもらっているアプリでないと、非常時に使ってもらえないということは、彼らも分かっていると思うんですけど。大企業や政府機関とかの人たちって、『役に立つものを作るんだ』という思い込みがあるからダメだということに気づいていないんじゃないでしょうか」

窪田はそのアプリに、かつての自分を見たのかもしれない。

「役に立たないものを作ることがエンターテインメント、企画というものなんだなって。ワンダースワンも、当時、自分がもう少しそちらに目を向けていれば、バンダイさんに違う提案ができていたかもしれません」

ワンダースワンでの心残り

窪田は、ワンダースワンの開発において、エンターテインメント性に目を向けるべきだったと語ったが、実際に導入を計画しつつも、最終的にできなかった〝あること〟が心残りになっているようだ。

「今になってこんなことを言っても後の祭りですから、あまり言いたくないのですが……。当時、私たちが強く思っていたのは、変革すべきはインプットデバイス（入力装置）だということなんです。

携帯ゲームの特徴的なインプットデバイスというと、ニンテンドーＤＳ[※7]のタッチパネルが思い浮かぶと思いますが、コトでは（それに先駆けて）タッチパネルを載せたワンダースワンのプロ

※7　ニンテンドーDS…2004年12月2日に発売された携帯型ゲーム機、二画面を使ったもので、タッチパネルで、新しい遊び方を提唱

トタイプを作っていました」

ニンテンドーDSの大ヒットを考えると、なんとも〝惜しい〟話だが、なぜ時代を先取りできたのだろうか。

「自分が半導体屋だったから余計そう思えるのかもしれませんが、ゲームのデベロッパーやパブリッシャーの人たちは、プラットフォーマーが提供するハードウェア環境をそのまま受け入れるというか、何の疑いもなく使うように感じるんです。パブリッシャー側でプラットフォームを拡張するとか、改良するとか、こう変えたら良くなるんじゃないか……みたいなことはほとんど思わない。

与えられた場所で、いかに俺のプログラムコードのデキがいいか見せてやる、という感じです」

ソフトウェアとハードウェアはいわば〝畑が違う〟わけで、手を出しづらいのは、ある意味で当然かもしれない。窪田の言うこともよく分かる。

「それで私は、もっとハードウェアのインプットデバイスを提供すれば、ソフトウェアがガラッと変わるんじゃないかと思っていたんです。そういった開発戦略は、コトからもっと提案するべきだったと思います。

実行できなかった我々と、実行した任天堂……ということではないでしょうか」

窪田はタッチパネル以外にも、さまざまな仕掛けを考えていたようだ。

「当時のGPSレシーバーは高価でしたが、安く展開する方法もあったんです。GPS衛星からの位置情報データを3つ即座に補足するようなものじゃなくて、5分くらいの間に衛星が捕まえられて、だいたい何市の何町にいるのか……ぐらいが分かる簡易型のＧＰＳレシーバーだったら、当時でも製造コストは500円でできたと思います。

そんなものであっても、『夏休みにおばあちゃんの家に行って、こんなモンスター捕まえて来たよ」ぐらいのことはできたはずです。

そうやって、インプットデバイスの企画を考えるのがだんだん面白くなっていきました」

窪田は、さらにもうひとつの〝変革〟を考えていた。

「ワンダースワンのオープンプラットフォーム化です。つまりワンダースワンを４８００円のスモールコンピュータにしてしまおうということです。ただ、そうするとゲームタイトルがコピーされてしまう危険性が高まるという問題があって、実現はしなかったんです。ゲーム機のメーカーにはサードパーティーを守る義務がありますからね」

いずれも斬新な試みで、ワンダースワンが短命に終わってしまっただけに、もし実現していたらどうなっただろうか……という思いが湧いてくる。きっと窪田にもそれはあるのだろう。

「このあたりを全部ひとまとまりの企画書にして出していれば、バンダイさんをうまく誘導できていたかもしれないですね」

「小ヒットは最初の開発者の想定内から生まれるが、大ヒットは想定外からしか生まれない」

窪田が考えていたインプットデバイスやオープンプラットフォーム化と同じように、実現していたらワンダースワンの運命を変えたかもしれないことがもう1つある。それは、ゲームボーイの販売終了だ。

窪田は瀧からそれを聞いたという。

「任天堂がゲームボーイの販売を終える決断を一旦下したと聞きました。なぜそれが覆ったかというと、有名な話ですが『ポケットモンスター 赤・緑』（以下、ポケモン）が出たからです。任天堂は月間ハードウェア販売台数があるラインを下回ると販売終了を考えるそうなのですが、『ポケモン』のリリース前はそのラインギリギリだったと聞きました。そのままだったら、ゲームボーイの販売はもっと早く終わっていたかもしれませんね」

窪田は、リリース前の『ポケモン』と〝ニアミス〟しており、そのことをしっかり覚えているそうだ。

「幕張メッセで開催されたファミコンスペースワールドで、バーチャルボーイの横に、ゲームボーイのスペースがあったんです。

そこで出石さんが、『これがゲームボーイの飛躍に貢献するソフトですよ』って教えてくれた

中央にある白色の 2 台がゲームボーイ、その右にある濃い色のものがゲームボーイポケット

のが『ポケモン』だったんです。瀧さんも『〝ポケモン〟を展示の前面に出せ』と指示していました。私は何も知らなかったので、『へぇー……』くらいしか思っていませんでしたが……」

　何も知らなかったとはいえ、『ポケモン』はやはり窪田の印象に残ったようだ。

「ファミコンスペースワールドの後で、出石さんに、『〝ポケモン〟って、そんなに面白いんですか』って聞いたんです。出石さんは、コロコロコミックからポケモンとのタイアップの提案があったとき『編集部全員が〝ポケモン〟を全クリしたら考えます』と返したらしいんですが、本当に全員がクリアして、面白くてしょうがないって言っていたそうです」『ポケモン』発売後の大ヒットは今さら説明するまでもないだろうが、それに大きく貢献したのが、通信ケーブルを使ったポケモンの交換だ。

「瀧さんも『通信ケーブルがなかったら、ポケモン（の成功）はないよね』って言っていました。私が『なんでゲームボーイにケーブルジャックを付けたんですか？』と聞いたら、『あれなぁ、基板にケーブルジャックを1個追加するだけで2円のコストやったんや……それでとりあえず入れといた』と。

瀧さんはさらに、『小ヒットは最初の開発者の想定内から生まれるが、大ヒットは想定外からしか生まれない』とも言っていました。ケーブルジャックをつけたのは横井さんと言われることもありますが、ゲームボーイの設計はすべて瀧さんの仕事です」

コト設立後、横井はあるインタビューで、今までのテレビゲーム機に変わるゲーム機の構想を明かし、「3年後を見ていてください」と語った。

その新型ゲーム機がワンダースワンだったわけだが、その発売時、横井はすで他界しており、市場は「ポケモン」によって再び命を吹き込まれたゲームボーイが席巻していた。

販売終了寸前まで追い込まれたゲームボーイだったが、「ポケモン」発売後に小型軽量版のゲームボーイポケット、バックライト搭載のゲームボーイライトが発売され、ワンダースワンのリリース時には、カラー液晶画面のゲームボーイカラーが登場しているという状況だった。

「ポケモン」のソフトも「ポケットモンスター 青」、「ポケットモンスター ピカチュウ」と、バージョン違いがリリースされ、1999年11月には新作となる「ポケットモンスター 金・銀」の発売を控えていた。初代の発売から10年が経っても、ゲームボーイはまだまだ現役のゲームプラットフォームだったのだ。

「瀧さんも、自分たちが設計したゲームボーイに、ワンダースワンが追い込まれるとは思っていなかったでしょうね」

ちなみに、ゲームボーイポケットは、横井が任天堂で関わった最後のゲーム機でもある。

「瀧さんは、横井さんから『任天堂を辞めるから、3か月でゲームボーイポケットを作れ』と言われて、『はあ?』となったそうですよ。横井さんからしたら、任天堂に置き土産を残さないといかんという思いだったんでしょう。

ただ、後になって横井さんは『(ゲームボーイポケットを)やらなきゃよかった』と言っていました。本人から聞いたから間違いありません。『ポケモン』のようなものをワンダースワンでやればよかった……という思いもあったでしょうね。

ドタバタで開発したゲームボーイポケットが、『ポケモン』のタイミングとうまく合って大ヒットした。面白いですよね。そういうのって……」

そもそもワンダースワンのプロジェクトも、そんな感じで始まったようだ。

「ワンダースワンの企画は、『横井さんが以前から温めていて、任天堂退職直後に始めた』というわけではないようです。コトを設立してから、山科《やましな》さん(元バンダイ代表取締役社長の山科誠《まこと》)やその部下の方との接待の席で生まれた話だと聞いています」

その後、ワンダースワンの企画の発端について、筆者が2022年に、山科誠に直接確認したところ、「自分は横井さんとの面談に立ち会っていない、おそらく、当時(バンダイ)の事業部長が横井軍平さんと相談して、提案として持ってきた話だったと記憶している」という言質を得た。

横井に確認するすべもなく、ワンダースワンのプロジェクトの発端はわからず仕舞い――ワンダースワン自体も歴史のなかに埋もれてしまうのかもしれない。

横井軍平と山内溥の〝親子喧嘩〟

ワンダースワンがコト設立後に生まれたプロジェクトとなると、横井が任天堂を辞めてコトを立ち上げた理由は何だったのだろうか……。

横井は同志社大学を卒業後、約30年間任天堂で働いたが、50歳になったら任天堂を辞めて自分の好きなことをやりたいと常々思っていたという。

管理職ではなく、何かを考えて、作る仕事を自分の手に取り戻したいという気持ちがあったということは、今まで多くのメディアが伝えてきたところではあるが、窪田に話を聞くと、違った側面も見えてきた。

「横井さんが任天堂を辞めたのは、山内さん（当時、任天堂の代表取締役社長を務めていた山内溥）との親子喧嘩みたいなものだと言われています。横井さんが山内さんに『独立して1人でやりたいんだけど』と伝えたら、『今まで通りでいいじゃないか』みたいな答えが返ってきて、こじれちゃったってことじゃないですかね。

どちらかが折れて和解すればよかったのですが、当時はお互いに『(会うのは)待って、様子見しよう』となってしまったようです」

そして窪田は、横井がもう少し任天堂に近い場所で働くこともできたと考えているようだ。

「任天堂100%出資の『任天堂デベロップメント』みたいな会社を作って、横井さんがそこの社長として自由にやってもらうのが一番よかったと思うんだけど……。

横井さんをこのように使いましょう、という戦略的なことを山内社長に進言する人がいなかったのかもしれません。今さらこんなことを言っても、死んじゃったらしょうがないですよね……」

死んでしまった者は戻らず、残されたものは悲嘆に暮れる。窪田と同じように、山内も、横井の葬儀で悲しみに沈んでいたという。

「横井さんのご葬儀には、私はNECを代表して参列しました。

先に密葬があって、そのあと社葬だったと思いますが、参列者がいなくなったあとも、山内さんがずっと座ったままだったのを覚えています。

ショックを受けていたんでしょうね。傍目から見ても、喧嘩したままっていうのは可哀想だなと思いました」

現代の日本には「不足」が不足している

横井が遺し、窪田や瀧らコトのスタッフが受け継ぐ「枯れた技術の水平思考」によって生まれた商品には、派手さこそなくとも、人間の原始的な情感に訴えるものがある。

「そんな大層なものじゃないですけど、横井さんが遺していったメモを見ていたら、常に〝役に立たないもの〟を考えていたというのは感じました。

また、横井さんはその時代に不足しているものを、娯楽として提供していたと感じるんですよ。大事なことだと思います。まぁ、横井さんはそこまで考えるというより、本能的にやっていたとは思うんですが」

ただ、時代が変わるにつれて、「不足しているものを娯楽として提供する」という方法は、やりづらくなってきているようだ。今の日本はいろいろな面で満ち足りている、ということなのだろう。

「瀧さんは『現代日本社会には不足が不足している』って、よく言うんです。例えば子供への接し方にしても、今は手取り足取りですよね。いきなり殴るみたいなことはないし。理不尽さの中に置かれる子供というのはすごく少なくなっていると思います。

ただ、世の中って、理不尽なことだらけじゃないですか。不慮の事故で死んでしまったりとか。普段満たされていると、そこに理由を求めようとして、苦しくなりますよね。私はそういう意味でも『不足』が不足している、と思うんです」

医療にエンターテイメントを

コトが手がけた商品には、電子スタンプテクノロジー「DigiShot」（デジショット）や、紙でできたパイプを組み立てて、ロボットや動物を作るキット「パイプロイド」シリーズなど、さまざまものがあるのだが、中でも異彩を放っているのが、タブレット型弱視訓練機「Occlu-pad」（オクルパッド）だ。

弱視の原因には様々なものがあるという。その1つに「見る訓練」が何らかの理由で妨げられた状態にあることが挙げられるという。分かりやすい例では、体の向きを、いつも左を下にして寝ている赤ちゃんが挙げられる。左の目が布団に隠れて使わないでいると、脳が右目しか使わなくなり、左目が弱視になる場合があるという。

そういった片眼弱視は8歳から10歳ぐらいまでの感受性期間に訓練することで治せるというが、その訓練にはいろいろと課題があったという。

「一般的な弱視矯正の訓練は、健常な目のほうにアイパッチを貼って、弱視の目だけで新聞にある「の」の字に赤ペンでマルをつけるといったものなのですが、これがものすごく苦しいらしくて。しかも片方の目を訓練中に閉じているから、正常な目が弱視になる可能性が出てくるわけです。

それを解決しようと作られたのが『Occlu-pad』で、コトではソフトを担当しました。これを使うと両眼を開けての訓練ができます。副作用もなくて、1日に何時間やってもいいんです」

「Occlu-pad」は、訓練が必要な側の眼だけディスプレイの画像が見られる専用眼鏡をかけて使用するもので、画面を動き回るアリをタッチ&ドラッグで捕まえたり、見本の通りに羊の毛を刈ったりといったゲームが用意されている。

医療にエンターテインメント性を持ち込んだ、実にコトらしい製品だが、開発のきっかけは、コトが開発した電子スタンプサービス「Digishot」を知った北里大学病院の医師が連絡を取ってきたことだという。つまり、「Digishot」のスタンプ機能を医療用に転用し、開発をして欲しいという結果生まれたものがOcclu-pad」である。

「北里大学病院では弱視の患者さんに『Occlu-pad』を40台ほど貸し出して、親御さんも一緒になって使っていただいています。通院じゃなくてタブレットの貸し出しですから、松葉杖と同じような感じですね。数か月くらい使用すると、かなりの確率で片眼弱視が治るんだそうです。『Occlu-pad』のように、視覚だけでなく、聴覚や触覚まで刺激するものを〝多感覚を使った訓練〟というらしいのですが、(視覚だけを刺激する訓練より)そのほうが、治りが早いと聞きました。インドの国立病院でも治験が始まったそうです」

「本当に参りました。横井さん」と思いました

窪田は、「Occlu-pad」の仕事をしているとき、横井が任天堂を辞めた頃に話していたことを思い出したという。

「足が痛いのに、頑張ってリハビリをやっている男の子を病院で見たようで、かわいそうだ、リハビリ中にその子の周りに東海道五十三次の絵を映し出して、歩くと景色が変わるようにすれば、

「Occlu-pad」は、2018 年 1 月に第 7 回「ものづくり日本大賞」の経済産業大臣賞を受賞した

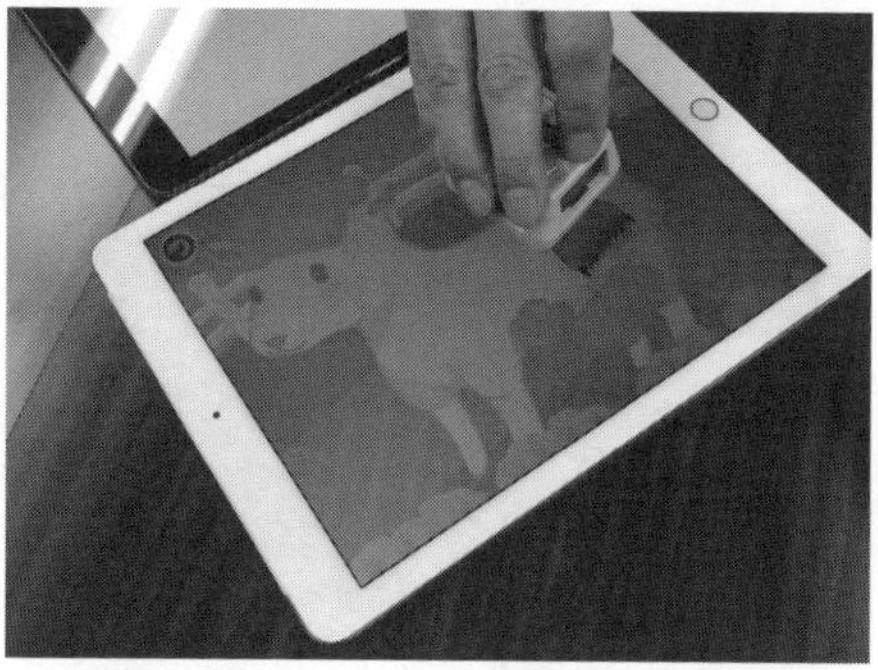

「Occlu-pad」の羊毛刈りアプリ。実際に画面の上でスタンプをバリカンのように動かして毛を刈る

足の訓練も多少面白くなるんじゃないか……と言っていたんです。

そのとき自分は『またまた、言ってら』、『そんなの理想論』とか思っていました。言うのは簡単、アイデアとしてはいいけれど、それでリハビリが楽しくなるなんてことはないでしょ……と。でも、そこから20年経ったら、楽しくリハビリするということが実現しちゃった」

窪田が横井のすごさを本当に知ったのは、このときだったのかもしれない。

「『本当に参りました、横井さん』と思いました。まさに慧眼、これこそ枯れた技術の水平思考です。横井さんは、こういうことがやりたかったんだろうな、とも思いました。山内さんと喧嘩してまで任天堂を離れたのも、これが理由だったんじゃないでしょうか」

コトがゲーム関連業務から距離を置く理由

2000年代の中頃から、コトではゲーム関連業務が少なくなっている。筆者はこの理由を窪田に尋ねた。

「私があまりゲームをしない人間だということが大きいと思います。

大学時代、卒論作成のために泊まり込んだ研究室でゲームをやっていたのが指導教官にばれて、激しく叱られたことがありました。それ以前から、やり始めるとのめり込むタイプだというのは分かっていたので、そこからゲームをプレイしなくなったんです」

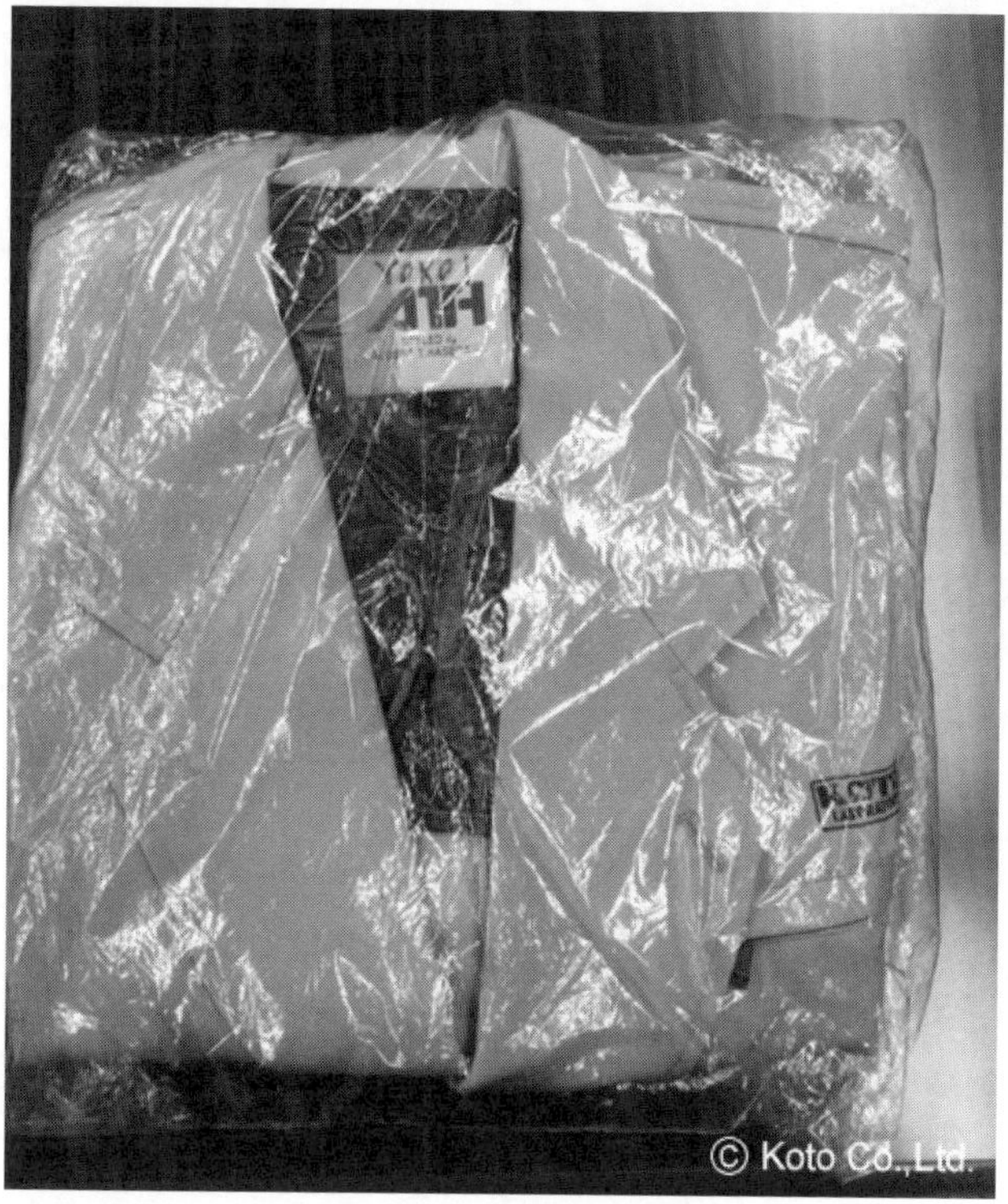

横井が着用していたコトのジャンパー。仕事場では常にネクタイを締めてこのジャンパーを着ていたという。タグにYOKOIと手書きされている

自分でゲームを遠ざけたわけだが、それが後に仕事のうえでちょっとした問題になった。

「NECでバーチャルボーイのチップを設計するとなったとき、当然ですがゲームの設計用語を覚えないといけなくなりました。

チップや機能設計の会議では、こういう機能を入れてほしい、という話がよく出ますが、あるとき『Hバイアスです。「ドラゴンクエスト」の〝旅の扉〟に入ったときに、ふにゃふにゃってなるあれですよ』って言われて、『はっ？なにそれ』となっちゃったんです。でもほかのNEC社員は、なるほどあれか……って全員頷いていたので、こりゃいかんなと思って」

確かに「ドラゴンクエスト」は、ゲーム業界における〝共通語〟のようなものかもしれない。

「次の日はNECの実験室にこもって、ずっと『ドラゴンクエスト』をやっていました。分かってはいたけど、これは面白いなぁ……って。

それとはまた別のときに『モード7』(Mode7) という機能を入れてほしいとも言われたんですが、それは『「ファイナルファンタジー」で飛空挺に乗ったときみたいに、俯瞰した構図を表現する機能』という説明があったのを覚えています」

そういったことがあっても、窪田はゲームをプレイするようにはならなかった。

「今はそんなこと思わないですけれど、当時はゲームをプレイするのは大切な人生の時間を浪費すること、ぐらいに思っていたので。

やるとハマるのは分かっているから、遠ざかっておこう、という気持ちでした」

窪田がゲームから距離を置く理由には、山内と横井にまつわるエピソードから受けた影響もあ

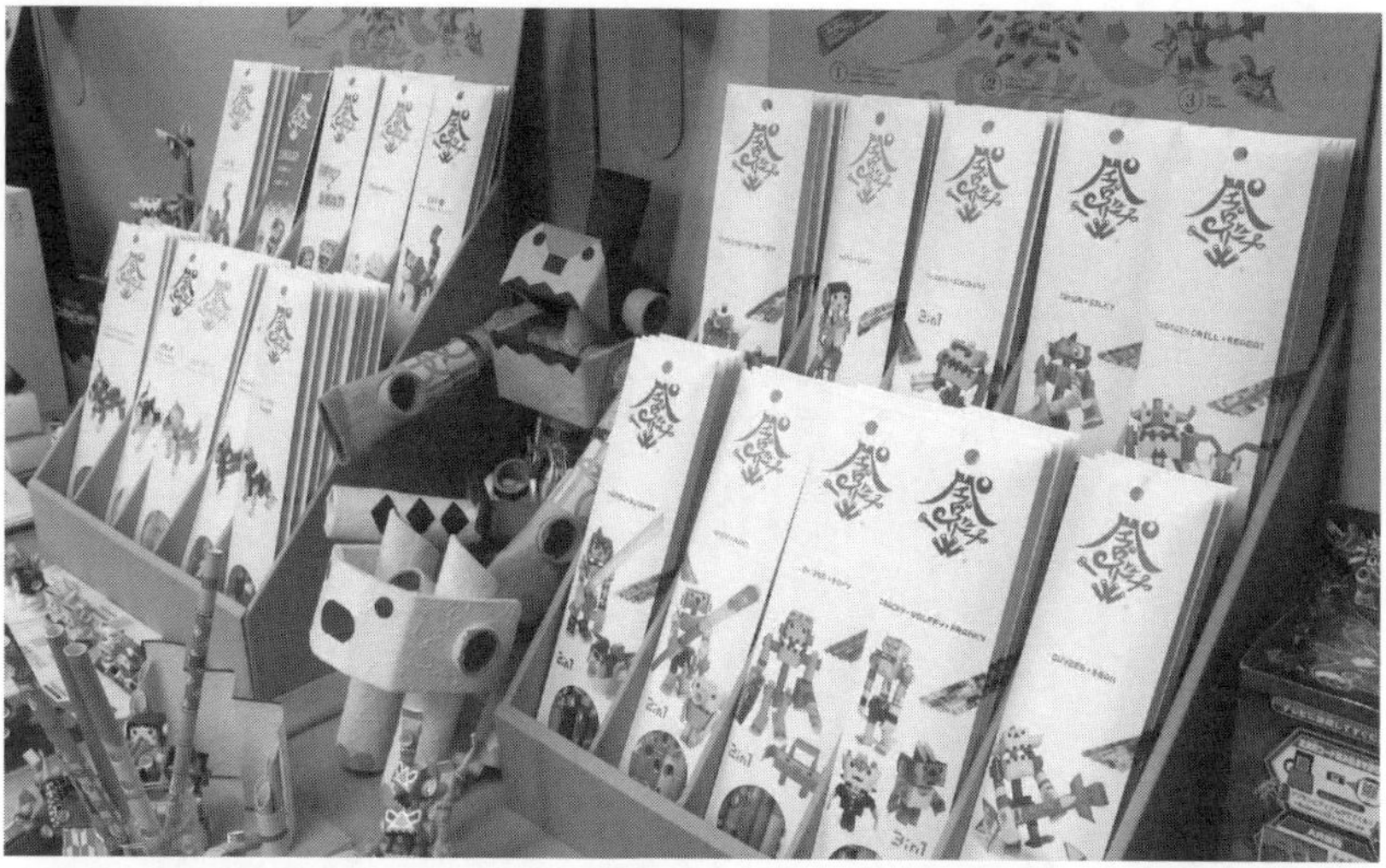

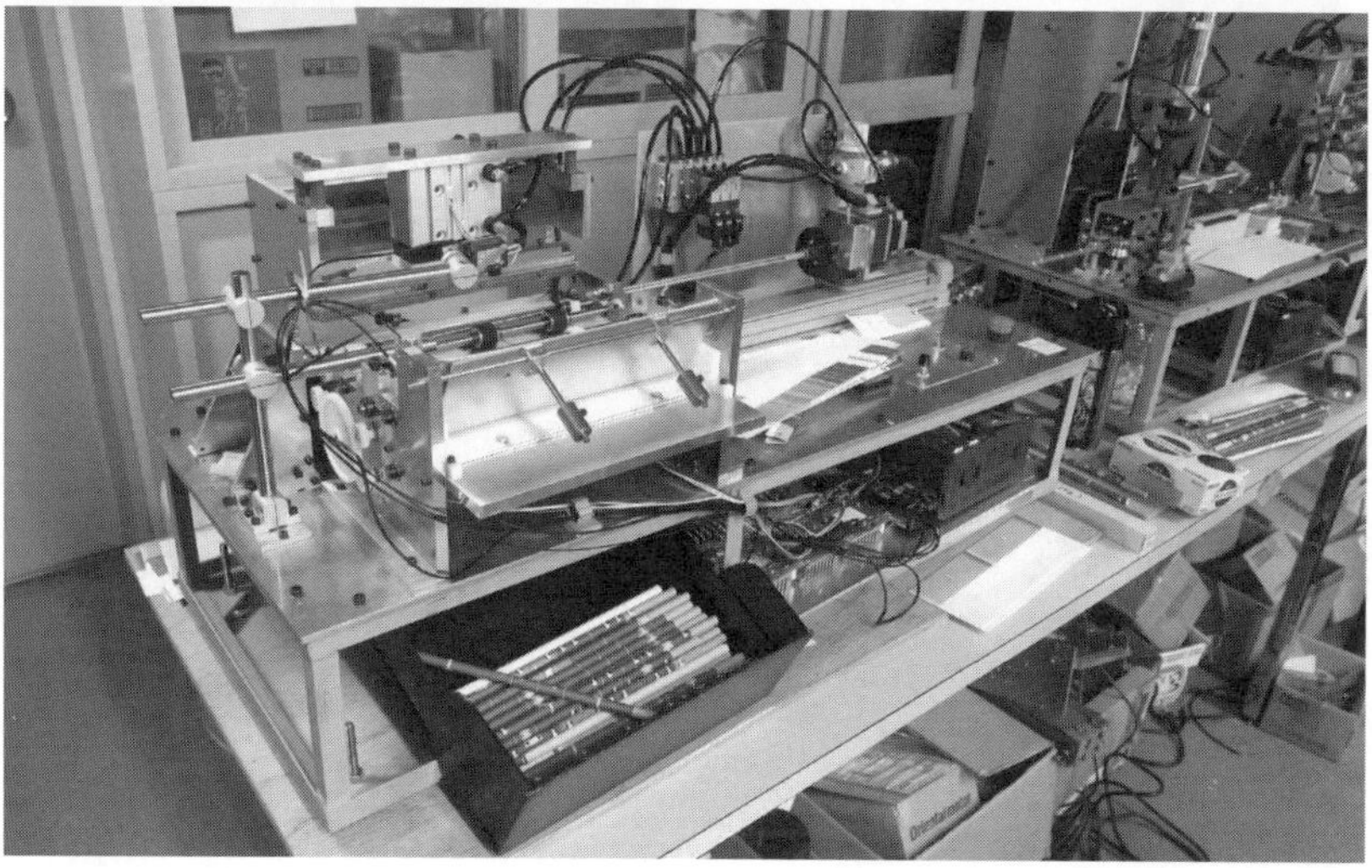

「パイプロイド」シリーズ（上）と、瀧が試作したパイプロイドの製造機械（下）

るようだ。

「これは瀧さんから聞いた話なんですが、昔、山内さんが『パチンコみたいにアドレナリンが出て、中毒性のあるようなもんはできんのか』と指令を出したそうなんです。それを横井さんが形にして生まれたのがゲーム&ウオッチだと。

パチンコは、言ってみれば遊ぶ度にお金をつぎ込むことでアドレナリンが出ます。でも、ゲーム&ウオッチなら、最初に5800円を払うだけで、同じようにアドレナリンが出る。そう考えると、ゲームって危ういものだなと思うようになったんですよ」

「中毒性のあるものを出せ」と言うほうにも、それを実現してしまうほうにも、どこか「常識外れ」なものを感じるエピソードだ。窪田がゲームに手を出さないのも分かるような気がする。

ゲーム&ウオッチの成功は、先見の明があった山内と、枯れた技術の水平思考を持ち味とする横井のコンビだからこそ成し遂げられたのではないか。

「あの頃は、横井さんが山内さんの意を汲んでアイデアを出し、それを山内さんが認めると現場が一気に商品化に向けて動き出すという良い循環があったそうです。

そういえば、山内さんは昔『CPUってなんでもできるんやろ、空も飛べるんか?』って言っていたらしいですが、今はドローンという形で実現しましたね」

現在のコトは、前述の「Occlu-pad」以外にも、さまざまな分野にエンターテインメント性を持ち込もうとしている。

「今、コトでは、『Digishot』を使ったいろいろなサービスを考えています。B to Bが多いんで

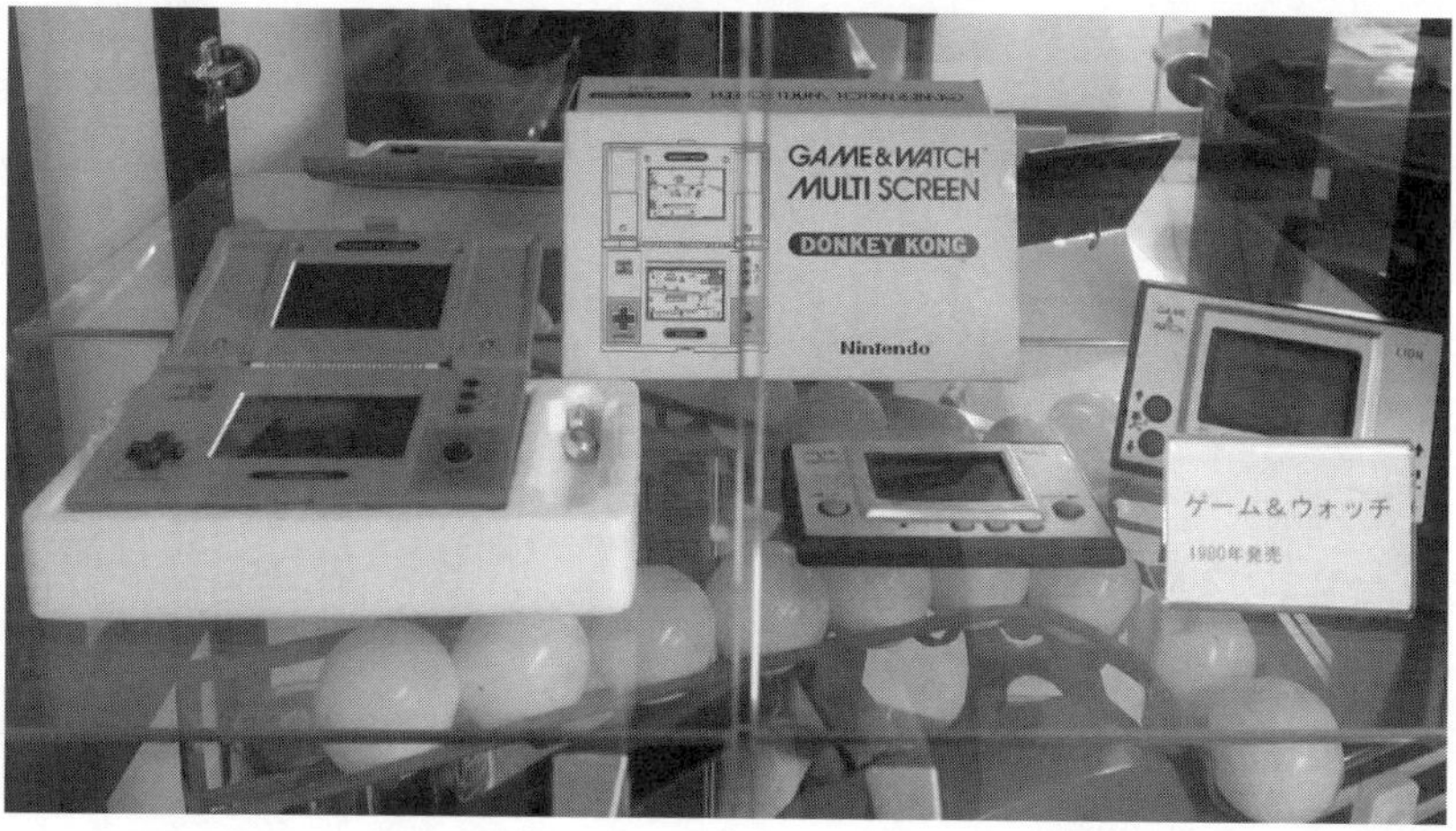
GAME&WATCH
MULTI SCREEN
DONKEY KONG
Nintendo
ゲーム＆ウォッチ
1980年発売

ゲーム＆ウオッチ

すけど。

例えば、アーティストのコンサートとかプロスポーツの試合で、来場者のスマホに表示されているオンラインチケットを、ゲートのスタッフが『Digishot』で確認するとか。もぎりのイメージですね。こういうのを、エンターテインメント・スタンピングと称して売っていこうと思っています。

カルチャースクールなどの出席簿アプリにも使用していますが、これはプラスアルファとして、送客機能も付けているんです。

今はスマートフォンが一般化したので、スマートフォンベースで何をどうやるか、というのが命題です」

世の中をちょっと面白くするものを

窪田は「役に立たないものを作る」のがエンターテインメントだと言っていたが、コトが現在手がけている製品には〝役に立つもの〟が多いようだ。

「ええ、今、コトで何をやってるのかって言ったら……役に立つものなんですよ（苦笑）。『Occlu-pad』もそうですし。うちの会社、役に立つものをやってていいのかよ。役に立たないものの作れって言ったやつは誰だって（笑）」

もちろん、コトや窪田が、エンターテインメントの追求をやめてしまったわけではない。

「例えばデジタル御朱印は、押すときの圧力で色が変わるような仕組みなんですけど、そういう形でエンタメ的な要素を入れたくなっちゃうのが、昔の自分とは違うところかもしれないですね。やっぱり感覚が変わってきたと思います。半導体の設計者目線ではなくて、ちょっと驚かしてやろうとか、不思議なもの、クスッと笑えるようなものとかね。そういうのがいいんですよね。特定の機能で優位性があるものは、当面はそれだけで満足してもらえるでしょうけど、その先になったとき、どんな形でエンターテインメントを入れてやろうかなって、ついつい考えるようになってしまったんです。

そういうことをやっていると、世の中がちょっと面白くなっていくかもね……という気がするんですよ。だから役に立つことばっかりやっているんです（笑）」

「枯れた技術の水平思考」の先にあるもの

1996年に横井が設立し、瀧が代表取締役を継承したコトには、窪田の代になっても、横井と瀧の残した任天堂の精神が受け継がれているように感じた。

「今まで紹介したものの仕組みは、基本的にコンピュータ間のデータ転送なんです。それを例えばスタンプというメタファー（隠喩）を使ってやると、ものすごく直感的で分かりやすくなる。

メタファーは、スタンプではなく、スポイトだっていいんです。そういう、ほかと違うことをやっているのがエンターテインメント的で面白い。それがコトの事業の中心ですね」

横井と任天堂時代を共にし、コトを一緒に立ち上げた、瀧の言葉を最後に紹介しておきたい。

「(昔のことは)もう、だんだんよく分からなくなっているし、忘れてしまったことが多いです。横井さんがああしたかったんだろう、こうしかたったんだろうというのは、故人になってしまった今、すべて推量にすぎません。

横井さんが亡くなったときに、まわりの人たちは『これでコトは終わった』と言っていました。でも残された社員たちが、作れるかどうか分からないという不安を抱えながら、地道に仕事を続けた結果、いろいろなものができたんです。部品をよく知ること、そのコストを把握することが重要です。そうしないと、安くて良い製品はできないということです。言うなれば『枯れた技術の水平思考』の先にあるものがそれだと思います。

そして、過去の話を美談にするよりも、今のコトを支えるスタッフや商品にスポットが当たることのほうが大事なんですよ」

横井軍平亡き後に生まれたコトの製品は、横井が好んだものとはまた別の世界観を感じさせる。だが、これらの製品は横井や瀧の見ていた先にあるものではないかと感じた。会社は人であり、人も会社とともにある。そんな思いを新たにした。

横井が生前に愛用していた時計

Chapter 05

鈴木久司が魂を注いだ
セガのアーケードゲーム
黄金時代

語り部

鈴木久司
(すずき・ひさし)

東急くろがね工業を経て、1962 年、セガの前身である日本機械製造株式会社に入社。日本機械製造は、その後、日本娯楽物産株式会社に吸収合併。1965 年、日本娯楽物産は有限会社ローゼン・エンタプライゼスを吸収合併し、株式会社セガ・エンタープライゼスとなった。鈴木は一貫してアーケード向けゲームの開発とその管理を一手に担ってきた。2001 年にはセガ分社化に伴い、株式会社 SEGA-AM2 代表取締役に就任。在任中、多くの素晴らしい部下を育成し、その結果、数多くの名作ゲームを生み出してきた。鈴木がその人生の大半を費やしたゲームというエンターテインメントを通して思う、働くこと、生きることとは。

1　鈴木時間は1.5時間

「人を信頼するということだよ……」

セガのアーケード（業務用）ゲームで、いくつものタイトルをヒットに導いた秘訣を聞くと、鈴木久司《すずきひさし》は、そう答え、堰を切ったように喋り続けた。

「自分の経験を生かして、自分の仕事に誇りを持ってやってきたけど、重要なのは頼りになる奴がいるかどうかなんだ。自分が管理職になって部下を持てば分かる。

部下は、そう簡単には育たないから、会社のために若い人を抜擢して伸ばす。そういう積み重ねのなかで生まれるのが信頼だ。自分がセガにいて良かったと思うのは、優秀な部下が多く育ってくれたからだ。それは、とても誇らしいことだよ」

セガで鈴木の下で働いたものたちが、一同に口にするのは「鈴木さんは話を始めると長い」ということだ。

鈴木の話は、いったん始まるととめどなく続く。筆者もセガ在職時には、鈴木が貴重な時間を割いてくれることに感謝しつつも、話が終わる兆しが見えず、かといって、その場を離れることもできないため、次の予定が迫って、困ることがたびたびあった。

セガで数々のアーケードゲームを開発し、なかでも3DCGを導入したリアルサッカー・ゲーム「バーチャストライカー」シリーズの開発で名を馳せた三船敏《みふねさとし》も、同じような経験をしている1人だ。

「仕事中に鈴木さんから突然呼ばれることが結構ありました。でも、ゲーム開発とは関係ない世間話がほとんどで、戻るときに『何で呼ばれたんだろうか……?』と思うことも多かったですね。当時、鈴木裕さんと僕で『1鈴木時間は1.5時間』みたいな話をしたのを覚えています。1回呼ばれたら、それくらい席に戻れないって……。

鈴木久司

1995年、米国のニューオリンズで開催されたアミューズメントマシンショーへの出張時の写真。1番右が三船、1人置いて鈴木、その後ろにいるのが、当時専務取締役を務めていた小形武徳

でも、鈴木さん経由で、ほかの部署や会社の上層部の話も聞かせてもらえたりして、いろいろと役立ったと思います。今と違って、情報が入手しづらい時代でしたから、鈴木さんは気に掛けてコミュニケーションを取ってくださったんでしょうね」

鈴木の下で働いていた当時のセガ社員たちは、筆者や三船と同様の感想を語っている。鈴木は、話は長いが、みんなに愛される上司であった。

ところで当の鈴木は、何を思ってこのようなコミュニケーションの取り方をしていたのだろうか。

「自分がアミューズメント事業部門の責任者だった頃は、タイトルを1年間かけて開発し、市場に出すというサイクルだった。たくさんのタイトルがヒットしたけど、ゲームの内容に関しては、あまり相談には乗らないようにしていたんだ。深く関わると、自分が壊れるからね」

そうは言っても立場上、ゲームの内容で相談されるケースはたくさんあったはずだ。

「あるところで、線を引くんだよ。基本的な部分には、あれこれとうるさく言うこともあったけど、詳細は気にしない。ゲームの全体像を見て、感じたことをやってきたのがよかったんだと思う」

時代が良かったのだという人もいる。確かにそうかもしれないが、自身の経験を生かそうとゲーム事業に乗り出すのではなく、部下を信じてソフトウェア開発に集中させたことが大きいのではないだろうか。鈴木に信任された者が、それに応えようと努力を重ねて結果を出すという、プラスのサイクルを生んだのではないだろうか。

そんな鈴木には、世界的なアーティストも心を開いていた。

※1　ネバーランド…マイケル・ジャクソンの私邸。カリフォルニア州サンタバーバラ郡に位置する。約15年居住した。アーケードゲームマシンや遊具などが置かれ、遊園地のようだと形容された

※2　マイケル・ジャクソンズ・ムーンウォーカー…1988年に公開されたマイケルの主演映画「ムーンウォーカー」をベースにしたゲーム。89年にパソコン版がリリース、その後、90年にアーケード向け、メガドライブ版のソフトとしても発売された。ソフト内容は、多くの子供たちを誘拐する暗黒組織に対し、マイケルが子供たちを救出するために立ち向かうもので、マイケルの音楽作品やダンスが盛り込まれた作品

King of Popこと、マイケル・ジャクソンである。

マイケルがセガのゲームを気に入り、自身の邸宅であるネバーランド※1に多くの体感ゲームを置いていたというエピソードはよく知られているが、マイケルにとっての鈴木は「好きなゲーム会社の取締役」ではなく、友人と呼べる存在だったようだ。

「マイケルのネバーランドには3回くらい行ったよ。マイケルが音楽の世界ですごいことはもちろん知っていたけど、音楽の話はしなかった。『お前のファンじゃないし、サインも必要ない』と言ったくらいだ。

だからこそ、マイケルとは親しくなって、サイン入りのゴールドディスクをプレゼントされたりしたんだろう。肩書きや仕事じゃなくて、個人の存在が重要だと思うんだ」

マイケル・ジャクソンをテーマにしたゲーム「マイケル・ジャクソンズ・ムーンウォーカー※2」がセガから発売されたのは、鈴木とマイケルの親しい関係があったからに違いない。

右から鈴木、マイケル・ジャクソン、筆者。1994年、ロサンゼルスにて

人生を何人分も生きようとするな

経営者としての鈴木は、目先の利益を追って、むやみに動くことはよしとしなかった。それだけに、かつてセガが行った分社化[※3]は手ひどい失敗だったと考えている。

「リストラを兼ねて、自主独立を促したつもりが、結局うまくいかなくて、最後は、分社全てを吸収したじゃないか。本当に独立して採算があう部署なんて、株式会社SEGA AM2（旧・第2AM研究開発部）だけだったんじゃないか。外部から呼んできた役員だか、代表取締役だか知らないが、そいつらにさんざん引っかき回されたんだよ」

2000年の分社化のタイミングでセガを去った者も多く、開発力の分散や低下を招いた。多額の費用をかけた結果がそれなのだが、セガは、その後も同じようなことを何度も繰り返している。

「経営者も会社も、ビジョンがないと短命に終わるんだ。ちゃんと人生設計して、得意なフィールドで、一生懸命コツコツやることがプラスになる。中途半端に何かを得ようなんて奴は挫折するんだ」

だが鈴木は、得意なフィールドを見つけるための試行錯誤には寛容だった。

「35歳までは、何やってもいいよ。将来のことなんて分からないしな。人生は長いんだ。行くところまで行けば何かになれるが、そこから勝ち抜くことは大変だから、しつこく頑張ることだ。会社を移るのは構わないが、業界は変えるべきじゃない。人生を何人分も生きようとするな」

※3　分社化…2000年に行われたセガの分社化施策。それまで存在していた各研究開発部を独立させ、自主採算性を導入したが、各社とも成功には至らず、2004年にふたたびセガに統合される

ゲーム業界で活躍した鈴木だが、自身が「35歳までは何をやってもいい」と語っているように、その経歴はユニークだ。

若き日の鈴木は、東急くろがね工業に勤務していたのである。

今となっては、その名前を聞いてもピンとこない人のほうが多いだろうが、同社はかつて存在した自動車メーカーだ。日本最初の四輪駆動乗用車とされる「九十五式」（帝国陸軍の小型乗用車、通称「くろがね四起」と呼ばれる）を開発した日本内燃機をルーツに持ち、主に3輪トラックを製造していた。

鈴木は同社で自動車設計を担当していたが、1961年頃に会社が経営難に陥り、「仕事はしなくてもいい」と言われるような状況になったため、大学時代の先輩が働いていた日本機械製造株式会社に転職した。同社はアーケードゲームを開発していた会社である。

転職のエピソードも奮っている。

近況を先輩に伝えたところ、羽田にあった日本機械製造に呼び出され、きちんとした説明もないまま、今も京急大鳥居駅の近くにある高野病院で健康診断を受けさせられたという。そして問題なしという結果が出ると、「合格だ。社員証は作っておくから」と言われたそうだ。

健康診断のあたりで、先方が採用を考えていることは察したのだろうが、鈴木からすれば、転職するとはっきり言う前に社員にされてしまったわけで、とても驚いたという。

鈴木が転職した後の1964年、日本機械製造は、初の国産ジュークボックス「セガ1000」の開発販売を手がけた日本娯楽物産株式会社に吸収合併される。翌1965年、日本娯楽物産は有限会社ローゼン・エンタープライゼスを吸収合併し、株式会社セガ・エンタープライゼスとなった。

　誕生間もないセガの開発者は総勢40人くらいで、その1人が鈴木だった。その後のセガがアーケードゲームを次々とヒットさせ、急成長したのはご存じのとおりで、最盛期には在籍するゲーム開発者が1000人規模にまでなった。

　筆者がセガに在籍していたときも、アーケードゲーム事業で、ビデオゲーム開発5部署と筐体開発1部署の計6部署、それとは別にコンシューマゲーム事業でも2つの開発部署があったのを

セガ旧社屋の写真。1970年代前半に撮影したものと思われる

覚えている。

現在のゲーム、とくにコンシューマゲーム機向けタイトルの開発では、権利を持つ会社（パブリッシャー）が、開発業務のほとんどを別会社（デベロッパー）に委託することも珍しくないが、セガがアーケードゲームで大ヒットを連発していた時代は、すべての作業を社内で完結するのが主流だった。

鈴木は当時をこう振り返る。

「当時、ゲーム会社の御三家と呼ばれたのがセガ、タイトー、ナムコだったが、この3社は、ソフトとハード両方の開発ができたし、メカトロニクスの工場も持っていた。

セガで言えば、『アウトラン』※4、『アフターバーナー』※5、『スペースハリアー』※6のような、シートがダイナミックに動く筐体を作れた背景には、自社内に開発環境があったからなんだ」

当時はインターネットもなく、仮に何かを外注しようと思っても、それができる下請けや工場を探すのが大変な時代だった。

「実際、後発の企業は、ハード開発が難しいうえに工場も持っていなかったから、自然と基板のロムを変えて売るのが主たる商売になったわけだ。

セガは、開発企画から製造、販売、アフターサービス、メンテナンスまで、一貫してできる会社だった。自動車会社のようなすごい存在だったんだ」

セガが成長する中で、採用も積極的に行われていたのだが、株式上場などで知名度が高まると、とりたててビデオゲームが好きではなくても、将来性のある就職先としてセガを志望する者も増

※4　アウトラン…1986年にアーケードに導入されたドライブゲーム。それまでのドライブゲームとは異なり、勝敗を争うというよりも、景色、分岐、音楽といったドライブの楽しみを味わうという点で新しいアプローチが行われた作品

※5　アフターバーナー…1987年にアーケードに導入された戦闘機のドッグファイト・シューティングゲーム。1991年、映画「ターミネーター2」のなかでエドワード・ファーロング扮する主人公ジョン・コナーがダブルクレイドルタイプの「アフターバーナー」をプレイしている

※6　スペースハリアー…1985年に導入された擬似的な3Dシューティングゲーム

えてきた。

それによって、社風も少しずつ変わっていったのだが、鈴木には、大企業になる前のセガに在籍していた人々の印象が強いようだ。

「社員が少なかった頃は、いい意味でアクの強い連中ばかりだったから、それを束ねるのは大変だったよ。セガの開発者は、作家とかと同じで、コスト度外視でも、いいものを作りたいという気持ちが強い。もちろんその気持ちは尊重したけど、ときにはこっちのペースに持ち込んで、相手に理解してもらうことも必要だった。

そうやって信頼関係が生まれると、双方ともに一生懸命やる。その一生懸命やるってことは、ゲームに魂を入れるということなんだ。人に感動を与えるのは、並大抵の努力じゃできないよ。

そうは言っても、すべてをフォローすることはできないから『あいつは放っておけ』となるときもあったし、当初の予定通りにリリースできたタイトルなんてないけどね（笑）」

操作に合わせてシートが機敏に動く「スペースハリアー」は当時のプレイヤーに衝撃を与えた

元部下が語る鈴木久司像

鈴木は、今でも心に残る開発者として、熊谷美恵《くまがいみえ》※7、亙重郎《わたりじゅうろう》※8、三船敏《みふねさとし》の名前を挙げた。その3人に、鈴木との思い出を語ってもらった。

かつてセガのAM3研に所属し、子会社であるヒットメーカーの社長も務めた熊谷は、その後セガを退職したが、現在も、ゲームの開発管理関係の業務に携っている。

「鈴木さんは、お客様の感覚を教えてくださる人でした。例えば、タイトルの命名では『日本人でも分かる英単語で2語！』という指示があったんです。当時セガで開発したゲームはそれが守られていましたし、私の場合は、セガを辞めた後もその命名規則がしばらく抜けませんでした。

稟議申請は、毎回2度3度と突き返されましたが、後々になって『開発者や企画者の本気度を見ているんだ』とその理由を教えてもらいました。開発者としての情熱をいつも試されていた気がします。言ってみれば〝登竜門〟でしたね」

三船が「アウトラン」をテストしているショット

※7　熊谷美恵…1993年セガ・エンタープライゼス入社、AM3研を経て、2003年の分社化にて株式会社ヒットメーカーの社長に就任、現在は株式会社KADOKAWAにてゲーム事業推進室

※8　亙重郎…東京大学卒業、1991年セガ・エンタープライゼス入社、ゲームクリエイターとして「電脳戦機バーチャロン」シリーズを開発、2021年にセガを退職

鈴木は、部下を評価するポイントもユニークだったようだ。熊谷は、社内の昇格試験に合格したときのエピソードを教えてくれた。

「どこを評価されて合格になったのかと聞いたところ、発想力でもなく、リーダーシップでもなく、『強靭性』だと言われました。思い当たる節はなかったのですが、その後、難しい課題と向き合う度に、『自分は強靭性があるんだ！』と自分に思い込ませて、励みにできたと思っています」

仕事中に度々呼び出され、特に仕事とは関係ない話をされた三船が語る鈴木像も、熊谷のものと通じるものがある。

「鈴木さんには、細かい話をあれこれとするのではなくて、本質的な部分を分かりやすく伝える

2011年11月22日に行われた鈴木久司古希のお祝いでの写真。右が熊谷

必要がありました。一般のユーザーさんを相手にするときに必要なことで、そこを鍛えられたのが今でも生きています。

『バーチャストライカー』[※9]を開発していたとき、鈴木裕さんを通じて聞いたのですが、鈴木さんは、『三船には好きにやらせとけ。あいつなら何かしら形にするだろう』と言ってくれたそうです。それを聞いて、企画内容とか理屈ではなく、自分自身を信じてくれていることに応えたい、全力でやるしかないと思いました。

鈴木さんは人間的な魅力があって、信頼できる人でした。その下で仕事ができたのは、幸せなことだったと思います」

放任主義にも見える鈴木だが、不可と判断したものについては、自身が「あいつなら何かしら形にするだろう」と評価した三船の企画であっても通さなかった。

「一瞬にしてボツになったプロジェクトがありまして……。『ターボアウトラン』[※10]をリリースした後に『アフターバーナー』の基板を使って、疑似3Dのロボットシューティングを作ろうとしていました。まだ試作段階で、偶然にも『アフターバーナー』の戦闘機をロボットの絵に載せ替えた日に、たまたま開発室に鈴木さんが来て、『これはだめだ!』と……。

理由は『ロボットに隠れて画面の奥が見えない』というものだったんですが、最近になって、『電脳戦機バーチャロン』[※11]の開発では『ロボットものはウケない』と反対したと知って、本当の理由はそっちだったのかなと(笑)」

最後は、その「バーチャロン」の開発で鈴木と大激論を繰り広げた亙重郎だが、現在はセガを

※9　バーチャストライカー…3DCGを用いたリアルなサッカーゲーム。筆者が実在する企業の広告をスタジアム内の看板に導入した「バーチャ広告」を行った
※10　ターボアウトラン…1989年に導入された「アウトラン」の続編
※11　電脳戦機バーチャロン…1995年に導入された3DCGを使用したロボット対戦ゲーム。亙重郎が開発プロデュースしたシリーズ作品

退職している。

「鈴木さんと最初にお会いしたのは、採用面接のときです。企画志望と申し上げましたら、いきなり『企画職ってのはさ、崖っぷちぎりぎりのところで深みをのぞきこみつつ、でも落っこちずに歩いていけるような、そんな気持ちがなくっちゃ勤まらないものなんだよな！』と威勢よく語りはじめ、その気さくな雰囲気が印象的でした。『面白いことをいう面接官だな』ぐらいにしか思いませんでしたが、後に常務であることを知り、びっくりしたものです」

互がセガに入社したときのアーケードゲームシーンは、カプコンの独壇場だった。言葉を変えれば、1991年にリリースされた「ストリートファイターII[※12]」が大ヒットしていた時期だ。その一方で、セガのゲームには元気がなかった。

「鈴木さんからは『なぜ〝ストII〟を超えるような新機軸が作れないんだ！』とはっぱをかけられていました。

状況が変わったのは92年以降で、AM2研が『バーチャレーシング』、93年に『バーチャファイター』と大ヒット作を連発し、3次元コンピュータグラフィックス・ゲームのブームを巻き起こしてからです。カプコン一強の様相を呈していたアーケードシーンと、その時代を塗り替えました。

鈴木さんはこの状況を生み出したキーマンでしたが、それを鼻にかけることなく、現場の若い人にも持ち前の気さくな態度で接していました。そういった姿勢が、開発部内に活気を与え、人

※12　ストリートファイターII…1991年にカプコンから導入されたアーケードゲーム。前作「ストリートファイター」の操作性を大幅に改善し、人気を博した。アニメ・実写映画なども作られ、現在もシリーズ化されている

材の成長を促したと思います。当時の社内は本当に多士済々で、特に開発ではさまざまな才能が花開き、まばゆいばかりでした」

互はこれに続こうと、後に『電脳戦機バーチャロン』としてリリースされる対戦型ロボットゲームを企画したが、前述した通り鈴木から大反対された。

「鈴木さんからは『ロボットものが売れたためしはない！』と大反対されましたが、その経験則はポリゴンの技術で克服可能だと思い、そう説明しても、聞く耳を持っていただけませんでした。言い出したら聞かないという、鈴木さんの頑固な一面を思い知らされる出来事でした。

当時は、私も若かったのでカッとなって反論し、中山（隼雄《はやお》）社長[※13]に「まあ、まあ」と間に入ってもらうなどがあり、かなり大人げないこともありました。が、最終的にはリリースできて、鈴木さんも結果に対してはフェアで、認めていただけたのは嬉しい思い出です」

「そんなもの買えるか、バカヤロー！」と言われた稟議を押し通す

互が話したように、1991年頃の鈴木はカプコンが生んだ、「ストリートファイターⅡ」を超えるタイトルをリリースしようと、開発メンバーに奮起を促していた。

同作の登場は鈴木にとっても衝撃だったようで、お披露目となったAOUショー[※14]（1991年2月26、27日開催）の様子をこう語ってくれた。

※13　中山隼雄…1932年生まれ。エスコ貿易を経て、株式会社セガ・エンタープライゼスの代表取締役社長として、セガのアミューズメント黄金時代を築いた名経営者

※14　AOUショー…一般社団法人全日本アミューズメント施設営業者協会連合会（英：All Nippon Amusement Machine Operators' Union、略としてAOU）1985年から2018年まで存続したが、2018年に日本アミューズメントマシン協会と合併し、それらは現在、日本アミューズメント産業協会に統一された

「主催者の開会挨拶が終わり、開場時間にホールに入って会場を見下ろすと、大勢のお客さんがカプコンのブースに流れるのが見えたんだ。当時はネットもなかったけど、注目作品が何かというのはみんなクチコミで知ってるんだよ。

それが『ストリートファイターⅡ』だった。

だから自分も部下たちに『プレイしてこい!』って言ったんだ。理屈をこねる前に触って分析しろと。行ったメンバーはみんなびっくりしていた。

閉場時間が迫って『蛍の光』が流れたとき、サーッとお客さんが引くゲームはだめなんだが、『ストリートファイターⅡ』は電源を切られるまでお客さんが離れなかった。それはヒットタイトルの証なんだ」

その日から、「ストリートファイターⅡ」に対抗しうる対戦格闘ゲームの開発が、セガの至上命題となったが、当然ながら、そう簡単にできるものではない。

そこで鈴木は、カプコンの開発現場を見学するという、驚きの行動を取った。サラリーマンは役職が上位になるほど保守的になったり、社内の権力闘争に明け暮れたりすると言われるが、その点で鈴木はまったく逆だ。

「カプコンがどうやって開発しているのか知りたくて、もうお亡くなりになった坂井昭夫《さかいあきお》[※15]さんを頼って、大阪に行ったんだ。岡本吉起《おかもとよしき》[※16]さんや、藤原得郎《ふじわらとくろう》[※17]さんにも挨拶した。

まぁ驚いたよ。セガとはゲームの開発体制がまったく違ったんだ。その頃のセガは、開発、企画、音楽といったように、仕事の分野で部署を分けていた。その体制は、個人の実力が伸びやす

※15　坂井昭夫…株式会社カプコンでゲーム開発を推進しプロデューサーとして活躍。退職後、海外勤務を経て、任天堂と電通が共同出資したエヌディーキューブ株式会社に転職。若くして病により帰らぬ人となる
※16　岡本吉起…カプコンでゲーム開発プロデューサーとして活躍し、多くの作品を世に送り出す。その後、退職し独立。苦難を経て「モンスターストライク」などのヒット作品を生み出し、現在に至る
※17　藤原得郎…カプコンで「戦場の狼」「魔界村」など、アーケードゲームでヒット作品をプロデュース。その後、コンシューマ部門の開発部長として「ロックマン」シリーズ、「バイオハザード」他をプロデュース。現在は退職

い一方で、組織としての力が付きにくいんだ。伸びる奴は伸びるけど、伸びない奴はずっとそこに留まり続けるという感じだな。

当時のカプコンは、ゲームのプロジェクトごとに部署を作っていて、同じ場所で各自が違う仕事をする体制だった。分野をまたぐ問題が起こっても、その場で話し合えて解決できるし、プロジェクトが一体化して、いい方向に持って行けそうだと感じた」

ただ、鈴木はセガにその体制を導入するのは時期尚早だと判断した。導入するにしても、それぞれの社員や、組織に応じた編成改革が必要だというのがその理由だ。

だが時間は待ってくれない。「ストリートファイターⅡ」はアーケード市場を席巻し、人気と収益を独占しようとしていた。社長の中山から新タイトルの開発を迫られた鈴木は、体感ゲームで立て続けにヒットを飛ばしていた鈴木裕に白羽の矢を立て、カプコンから学んだ総合的なチーム開発を実験的に発足させる。

その当時、鈴木は3DCGがゲームを変えると睨んでいた。

「それまでのゲームは、ハリボテというか、〝3DCG風〟のキャラクターやアクションだったわけだが、すぐに、すべてが3DCGのデータで表示されるようになると感じていた。実際、ナムコは『ウイニングラン』でそれを実現して、技術のセガは置いてきぼりをくらっていたんだ」

鈴木の言う通り、この分野で先行していたナムコは、1998年に、日本で初めての商業化に特化したCGプロダクションのジャパン・コンピュータ・グラフィックス・ラボ※18（JCGL）と業務提携を行った。その提携の伏線として、JCGLは、ナムコが発注した2Dグラフィックツール

※18　ジャパン・コンピューター・グラフィックス・ラボ（JCGL）…アニメ制作会社エムケイのプロデューサー＆代表取締役だった金子満によって1981年に創業。日本で最初の商業化されたCGプロダクション。84年にアニメーション映画「SF新世紀レンズマン」のCG部分を制作。その後、テレビアニメ「子鹿物語 THE YEARLING（第2話は全編制作）」、テレビCM、番組タイトル、博覧会映像等、コンピュータグラフィックス黎明期において多くの作品を制作した

の仕事を受託していたつながりなどに由来するという。それらの業務提携を経て、１９８８年には日本初のアーケード向け3ＤＣＧレースゲーム「ウイニングラン」をリリースしていた。業務用のハイスペック基板、SYSTEM21の第1弾ソフトだった（Chapter 03参照）。残念なことに、JCGLは財務状況が悪化し、経営が立ち行かなくなり、１９８８年に解散した。当時の、JCGLのＣＧアーティストは、希望すればナムコに社員として迎え入れられたという。

鈴木の意を受け、鈴木裕率いる開発チームは、３ＤＣＧのレースゲーム開発に着手する。これが後の「バーチャレーシング」だ。

「ストリートファイターII」に対抗するなら、３ＤＣＧの対戦格闘ゲームを作るのが筋なのだろうが、当時はポリゴンでできた人間のモデルを動かすのは、しばらく無理とされていた。

「バーチャレーシング」の開発当初のコンプセプトはクラシックカーを走らせるレースゲームだったが、当時日本で爆発的なブームとなっていたＦ１にモチーフを変更した。ちなみにセガはその前にもＦ1をテーマにした2Ｄグラフィックスのレースゲーム「Ｆ1エキゾーストノート」[※19]をリリースしていたが、そちらは思ったような結果を残せなかった。

「バーチャレーシング」は、当時の最先端を行く技術での開発となったため、機材にかかる費用も高騰し、鈴木はその調整に奔走することになる。

「開発用ツールとして、裕がシリコングラフィックスのワークステーション『IRIS』の購入稟議書を持ってきた。予算は1億円だ。常務の決裁印を押して、中山社長に持っていったら、『そんなもの買えるか、バカヤロー！』って怒鳴られたよ。それでもあきらめずに2回持っていったか

※19　Ｆ１エキゾーストノート…1991年に導入されたレースゲーム。当時最新のゲーム基板SYSTEM32を活用したもの

な……最後は『分かった』って承認印を押してくれたんだ」

新しい体制で挑む、新しい技術を使ったゲーム開発は難航した。

「開発を進める中で、裕が『F1のようなマシンを走らせて効果的な演出を行うには、秒間2100ポリゴンが最低限必要』と言いだしたんだ。ハード担当のメンバーから、秒間700ポリゴンしか出ないと聞かされると、『その程度なら、やらないほうがいい』って返していたな。難しくても、ナムコにレースゲームで勝つにはそれをやるしかないから、毎週のようにソフトとハードのメンバーで会議を開いて、総力戦で取り組んだ結果、2500ポリゴンが出せるようになったんだ」（Chapter 09参照）

そうして、1992年にリリースされた「バーチャレーシング」は、大ヒットタイトルとなる。

鈴木は満足そうに振り返った。

「従来のスプライト[※20]では無理だったものが表現できた。『バーチャレーシング』のグラフィックスはリアルさに欠けるフラットシェーディング[※21]だったけど、それが、かえってスピード感を生んでいたと思う」

リアリティの追求が生んだ「バーチャファイター」

「バーチャレーシング」のヒットで一息ついたものの、「ストリートファイターⅡ」を超える対

※20　スプライト…ゲーム内で複数の2次元画像のオブジェクトを高速で合成し、表示する技術のこと

※21　フラットシェーディング…3DCGのオブジェクトを表示するうえで、光をオブジェクトの面単位で均一に表現する方法。角ばった印象を与える技法になる

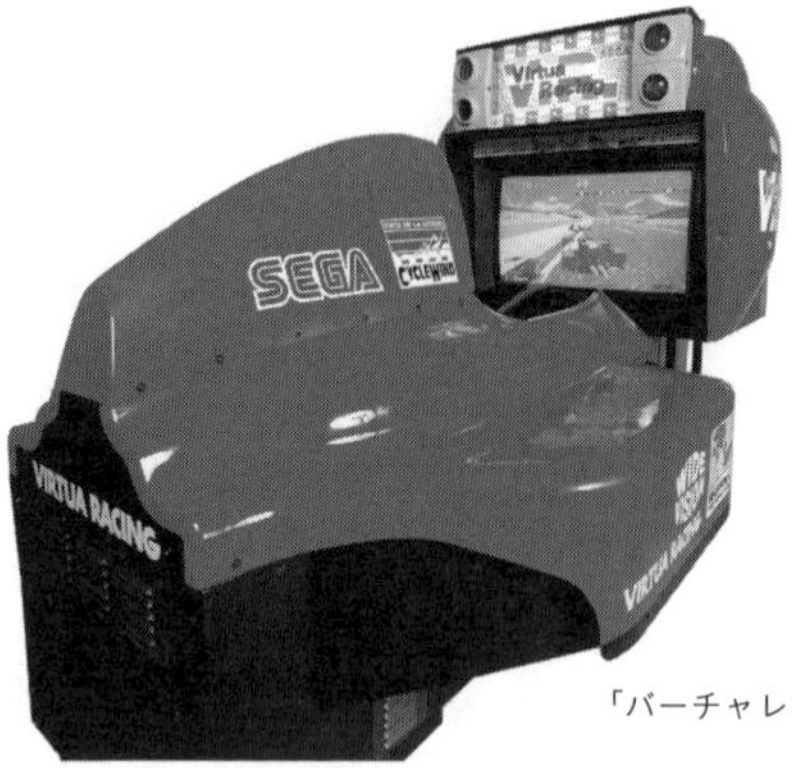

「バーチャレーシング」の筐体

戦格闘ゲームへの道筋はまだ見えない。

小口久雄《おぐちひさお》※22が部長を務めていたAM3研が、当時最新鋭のSYSTEM32基板を使った「ダークエッジ」をリリースするも、劣勢を覆せなかった。

「ダークエッジ」は2Dグラフィックスで3D空間を表現する、いわば〝疑似3D〟の対戦格闘ゲームだった。鈴木は同作をこう振り返る。

「『ストリートファイターⅡ』はX軸とY軸、つまり2次元のゲームだけど、セガはそこにZ軸を入れた。その技術自体は他社に真似できない高度なものだったけれど、プレイヤーにはウケなかった。……早すぎたってことだ」

そんな頃、鈴木の常務室に鈴木裕がやってきて、「遊びで作ったものなんですけど……」と1本のビデオテープを差し出した。

「ビデオテープが回ると、『バーチャレーシング』のピットクルーが出てきたんだが、その動きはゲーム中にはなかった、独自のものだったんだ。人型モデルの関節を動かすデモだったんだ。『バーチャファイター』の原型だよ。

※22　小口久雄…1960年生まれ。84年にセガ・エンタープライゼスに入社、第3AM研究開発部部長や、子会社ヒットメーカーの代表取締役社長などを経て、2004年にセガ代表取締役社長兼COOに就任。現在は退任

おそらく、数学的な演算処理を取り入れていたように思うが、当時そういったことができるのは、セガくらいしかなかったんじゃないだろうか。

裕たち、AM2研が、より少ないポリゴン数でモデルを作る研究を盛んに行っていたのも覚えている」(Chapter 02参照)

この「バーチャファイター」のプロトタイプについては、Chapter 02である石井精一の章を参照いただきたいが、それによれば石井が作ったプロトタイプは、「バーチャレーシング」のピットクルーを使ったものではない。おそらく、その後、常務である鈴木に提出するため、よりイン

「ダークエッジ」

鈴木裕。写真は2013年に開催された黒川塾(※23)に登壇したときのもの

※23　黒川塾…筆者が2012年6月から企画運営を行うエンターテインメント系勉強会。主にゲーム開発関係のテーマを基に開催している。23年8月時点で11年目、92回目を迎えた

パクトのある映像を作ったのだろう。

ともあれ鈴木は、この映像を観て3DCGの対戦格闘ゲームが作れると確信したという。

「3DCGで人間を動かせるはずがない、できると考えるほうがおかしい、そう言われる時代に、裕はやりたいと言ってきた。それがアイツのすごいところなんだ」

筆者はセガ在籍時、鈴木から「ゲームは撃って、走って、飛んで」だとよく聞かされた。

これはアーケードゲームのヒット要素を端的にまとめた言葉で、「撃って」はシューティングゲーム、「走って」はレースゲーム、「飛んで」はフライトアクションゲームのことである。セガの「撃って、走って、飛んで」は、3次元コンピュータグラフィックスの登場によって大きく飛躍した。

「裕が持ってくる企画、鈴木裕のゲームはすべて〝リアリティ〟だったと思っている。

裕がリアリティにこだわったおかげで、3DCGの格闘ゲームである『バーチャファイター』ができたんだ。登場キャラクターも、現実にいそうな奴ばかりだろう。

完成した『バーチャファイター』を見たとき、その素晴らしさにみんなで唖然としたよ。現場にいた石井（精一）や池淵《いけぶち》（徹《とおる》）※24も、よく頑張ってくれたと感謝している」

「バーチャファイター」はまさに、鈴木が切望した、「ストリートファイターⅡ」を超える対戦格闘ゲームだった。それを象徴するようなエピソードがある。

「カプコンの見学でお世話になった坂井さんが東京に来ると聞いたから、完成したばかりの『バーチャファイター』を見せようと、セガ本社に招待したんだ。

※24　池淵徹…セガの第2AM研究開発部に所属したプログラマー

「バーチャファイター」

坂井さんは『バーチャファイター』を見て、呻くように『やられた……これで終わりだ、負けた』と言っていたね。

坂井さんが、なぜそこまで言ったか。これは想像だけど、カメラが切り替わったり、回り込んだりする演出が衝撃的だったんじゃないかと思っている。

『バーチャファイター』はカメラを効果的に使って、アクション演出の幅を広げた。2Dグラフィックスでは、とてもじゃないができないことなんだ」

「バーチャファイター」にまつわる、鈴木の思い出は尽きない。

「開発の連中がプレイ中に『痛い』と言ったのを聞いて、大成功すると思ったよ。熱を感じた。やればやるほど技を覚えるから、ゲームを途中で止められない。つまりリピート性があり、開発初期には段位をつけて戦うプロトタイプ版もあったんだ。

一番大変だったのは、キャラクターのバランス調整だったが、1993年の8月にお披露目して、12月に発売する段取りをつけた。

稼働開始後、対戦会のようなイベントを組んだら、そこで腕を磨こうとする人が集まって、さらに盛り上がったね」

「バーチャ」と付けば何でもヒットした

鈴木が、率いたセガのアーケードゲーム事業がヒットを連発できたのは、時代が良かったからだという見方もできる。

だが、鈴木は、その時代を、ただ待っていただけではない。

「バーチャレーシング」や、「バーチャファイター」で採用された基板「MODEL1（モデルワン）」は、セガとGeneral Electric Aerospace（ゼネラル・エレクリック・エアロスペース）[※25]という異色のタッグで開発されたものだが、この協業の立役者が鈴木だったのだ。

ただし、この鈴木の開発記憶に対して、実際に「MODEL1」基板開発に携わった矢木博《やぎひろし》は「MODEL1 基板はセガの内製で、鈴木さんはMODEL2、MODEL3 の開発記憶と混同している」という証言をしている。（Chapter 09 参照）

以下の鈴木の証言は、それらを踏まえて、セガとGeneral Electric Aerospace（以下ＧＥ）との協力体制のエピソードとして読んでいただきたい。

「ＧＥとの協業は、運がよかったんだよ。旧ソ連が崩壊して、冷戦はアメリカの勝利で終わったが、敵がいなくなれば国防予算は削減される。アメリカの軍需産業にしてみれば、国外に取引先

※25　General Electric Aerospace…アメリカの航空、宇宙開発における先進的企業。航空機や宇宙ロケットのジェットエンジンなどの設計、開発、製造、供給を行っている。軍事関連の開発も多く、セガとの協業によるコンピュータグラフィックス基板開発に関しては軍事的な技術が盛り込まれていた

「MODEL1」（モデルワン）

を見つけるしかないわけだ。ＧＥのフライトシミュレーション開発部署から、売り込みがあったんだ」

その技術で、フライトシミュレーションゲームを開発……とならなかったところが、鈴木の慧眼だろう。

「ＧＥと協議して、ゲーム用の基板を共同開発しようということになった。その基盤がMODEL1だ。セガがＣＰＵ関係、ＧＥ側がテクスチャー関係を担当して、提携から1年で完成した。

後継のMODEL2では、動きやテクスチャーの表現が格段に良くなって、それが『バーチャファイター2』に生かされたし、『バーチャストライカー』で可能になった多人数表現の延長上には、名越稔洋《なごしとしひろ》が[※26]開発した『スパイクアウト』[※27]（１９９８年リリース、MODEL3向けタイトル）がある。世の中の動きをうまく利用できたことが、その後の大きなプロジェクトの成功につながったんだ」

MODEL1がなければ、セガの３Ｄグラフィックスゲームは数年の遅れを取ったかもしれない。自身は、

※26　名越稔洋…1989年セガ入社。「DAYTONA USA」などを開発。2021年にセガを退職し、22年に名越スタジオを創業

※27　スパイクアウト…1998年に導入されたマルチアクションゲーム・最大4人までの通信協力プレイが可能な3D格闘アクションゲーム。名越稔洋によるプロデュース作品

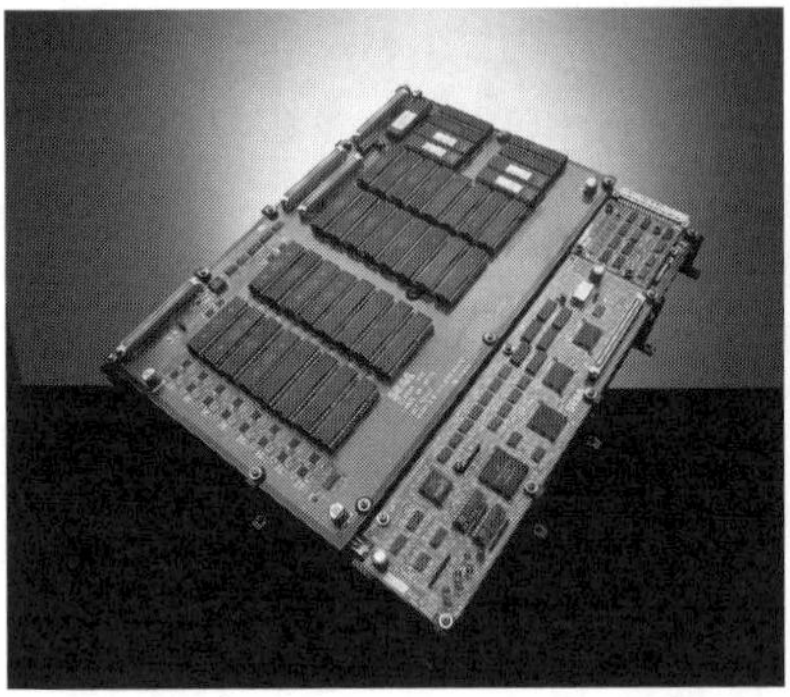

「MODEL3」（モデルスリー）

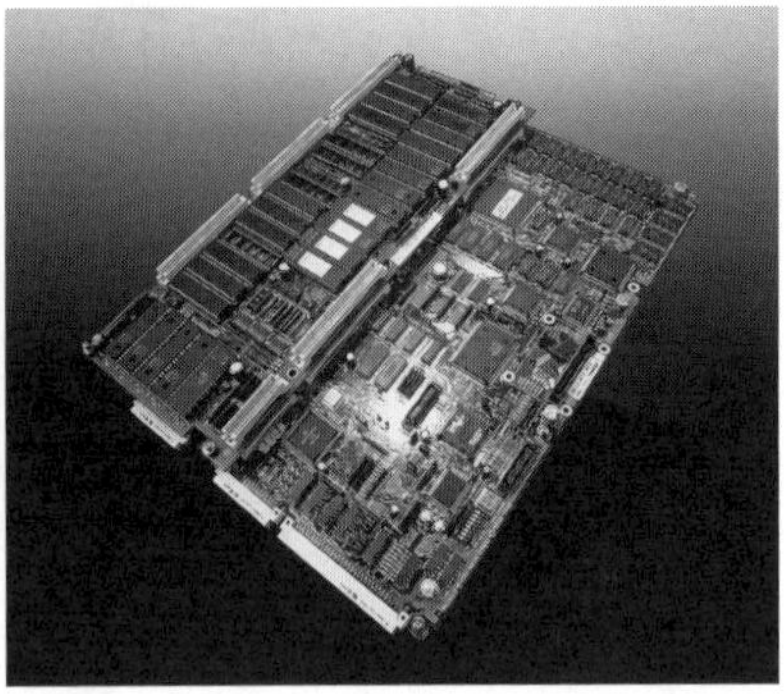

「MODEL2」（モデルツー）

「運が良かった」と謙遜するが、鈴木は間違いなく時代を引き寄せたのだ。

1994年のセガは、「バーチャファイター2[※28]」と「バーチャストライカー」をリリースし、いずれも大ヒットを記録するという、まさに破竹の勢いだった。

鈴木もこう振り返る。

「『バーチャ』と付けば何でもヒット、という感じだったよ。新作ゲームは、1回のオーダーで3000から5000台の受注が入った」

だが、その栄光の日々も長くは続かず、陰りが見え始める。亙重郎は、その転換点を指摘した。

「象徴的だったのは、1997年に発売された『ファイナルファンタジーⅦ[※29]』です。あの作品が世に出たとき、ビデオゲームの趨勢は決定的にコンシューマゲーム機に傾き、その後も、強まりこそすれ、大きく変わることはありませんでした」

「ファイナルファンタジーⅦ」が、セガサターンとPlayStationとのゲーム機戦争に決着を付けた、とはよ

※28　バーチャファイター2…1994年に導入された「バーチャファイター」の続編。MODEL2基板の採用によりグラフィックスのクオリティや描画速度が向上しヒット作品となった

※29　ファイナルファンタジーVII…スクウェア（現・スクウェア・エニックス）より、1997年1月31日にPlayStation専用ソフトとして発売。ファイナルファンタジーシリーズの第7作目。従来のドット絵から3次元コンピュータグラフィックスを多用した作品

く言われるが、互はアーケード対コンシューマという、もっと大規模な戦争での敗北だと受け取っている。

「セガのアーケードゲーム事業の栄光は、開発だけの功績ではなく、開発、営業、販売という、三位一体となった結果成立した戦略的成功であったと思います。1990年代初頭まで続いたシグマ[※30]さんとの競合関係を経て、店舗数トップに君臨し、メダル機器やクレーンゲームなどの定番商品を擁した販売も強力でした。すなわち営業と流通を押さえていたわけで、これにトレンドとなるヒットタイトルが加わればオールマイティでいられたのです。しかし、セガはコンシューマ市場では、このような状況を作り出すことはできませんでした」

1990年代後半のセガは、セガサターンがPlayStationとのシェア争いで苦戦を強いられ、やがて、アーケードの成長も頭打ちとなり、ここからセガの長い苦闘の時代が始まる。互にとっても苦い思い出として残っているようだ。

「事態の打開を目指してうたれる施策の優先順位は、おおむねコンシューマのものとなり、アーケードゲーム側は徐々に発言力を失っていきました。厳しい状況の中、鈴木さんも相

「バーチャストライカー」

※30　シグマ…主にはメダルゲームなどの開発を行ったアミューズメント企業、ゲームセンターも保有していたが現在は廃業

当お疲れになっていたようで、トレードマークだった威勢の良さが次第に鳴りを潜め、昔話が増えるようになりました。

以前の鈴木さんを知っている者にとってこれは辛いもので、心中を推し量り、心配しました」

「バーチャファイターRPG」から「シェンムーへ」——「ノーコントロール」の状態に陥った「シェンムー」の開発

ここに1枚の写真がある（次頁）。

セガ開発陣と経営陣のトップが、アメリカからの賓客を囲んだときに撮ったものだ。すぐに分かった人もいると思うが、賓客とは映画監督のスティーヴン・スピルバーグである。写真には写っていないが、この場には、当時の中山社長やコンシューマゲームの開発チームのメンバーもいた。

微笑ましい写真だが、鈴木の証言によると、これがある大きなプロジェクトの発端になったのだという。

「映画のプロモーションツアーで、日本に来たときだったと思うが、スピルバーグがセガを見学したんだ。彼もGame Works[※31]というゲーム会社を持っていたからね。中山社長が先導して、一緒に開発現場を回ったんだよ。

※31 Game Works…セガとユニバーサルスタジオおよびドリームワークスとの合弁事業として始まった企業。90年代後半から米国内を中心にアミューズメント施設を展開したが、2001年に企業売却を行った。現在ではすべての店舗を閉鎖

一番左、パーテーションの上からプレイの様子を覗き込んでいるのが鈴木で、その右隣が鈴木裕。手前右から2人目がスピルバーグ、その左隣に立っているのが小口久雄。ゲームをプレイしているのは熊谷とスピルバーグのご子息。手前右にいるのは、かつて「ソニック・ザ・ヘッジホッグ2（※32）」などを手がけ、PlayStation 4のリードシステムアーキテクトを務めたことでも知られるマーク・サーニー（※33）。このときサーニーはセガに在籍していなかったが、スピルバーグのプロジェクトに関わっていたそうで、その縁での同行だと思われる

※32　ソニック・ザ・ヘッジホッグ2…1992年11月21日に発売したメガドライブ用ゲームソフト。横スクロールアクションゲーム。ソニックシリーズ第2作

※33　マーク・サーニー…1964年生まれ。米国アタリを経て、日本のセガに入社。数多くのゲーム開発に関わり、現在は、主にPlayStationのシステム開発に関わっている

そのとき、試作段階の『バーチャファイターRPG』をスピルバーグに見せたら『ワンダフル!』みたいな反応でさ……中山さんはそれに気を良くして、本格的な開発を指示したんだ」

「バーチャファイターRPG」は、後にドリームキャスト用ソフトとしてリリースされる「シェンムー」※34のプロトタイプだった。同作を開発するため、鈴木裕はコンシューマゲームの開発部署へ移るのだが、それは彼が鈴木の下を離れることも意味していた。

「ゲーム開発は、ある程度、その現場を分かっている奴、人心を掌握できる奴が、市場との親和性や開発コストを常にチェックしていていないとダメなんだ。クリエイターだけでやると、プロジェクトが肥大化する。

中山さんや入交《いりまじり》(昭一郎《しょういちろう》)※35さんは、裕を管理できなかった。最終的にはノーコントロールになったんじゃないか」

自身の管轄外ではあったが、鈴木は「シェンムー」の開発状況を気にかけていた。

「『シェンムー』はいつまで経っても完成しないし、進捗状況も分からない。開発スタッフもどんどん増える一方で、わけのわからない奴がたくさん入ってきた。『何が起こっているんだ。おかしくないか?』って思うようになったよ。ある程度時間が経ってから分かったことだが、ゲーム中で遊べる『スペースハリアー』や『ハングオン』※36といったミニゲームの開発に、結構なコストをかけていたようだ」

鈴木が「ノーコントロール」と表現したように、シェンムーの開発は長期化し、プロジェクトは迷走を重ねていた。

※34　シェンムー…1999年12月29日に「シェンムー 一章 横須賀」をリリース。オープンワールド型ゲームの元祖と呼ばれることも多い。開発ディレクターは鈴木裕。2019年には、クラウドファンディングなどを経て最新作『シェンムーIII』をリリースした

※35　入交昭一郎…1940年生まれ。本田技研工業副社長、ホンダ・レーシング(HRC)初代社長を経て、1993年にセガ・エンタープライゼス代表取締役副社長に就任。1998年に代表取締役社長に就任。2000年に退任

「まだ1章の開発途中なのに、全16章だって言うじゃないか。これはできあがらないと思ったよ」

この鈴木のコメントには少々補足が必要なのだが、鈴木裕はメディアのインタビューで、「『16章作りたい』って言った記憶はない」と語り、「シェンムー」のストーリーは全11章だと主張している。だが、当時のメディアなどで「全16章」と喧伝されていたのも事実のようで、そう記憶している人も多いだろう。

誤解が一人歩きした可能性もあるが、トップである鈴木裕の知らないところで、勝手にプロジェクトが肥大化していたという、「シェンムー」の開発を象徴するような話だ。

鈴木は、1日も早く「シェンムー」を完成させるため、鈴木裕の取締役会出席を免除し、開発に集中させたが、それでも完成への道のりは遠かった。

「裕は『シェンムー』のテレビコマーシャルまで全部チェックしたというんだ。それではだめだろうと。餅は餅屋と言うじゃないか」

鈴木は、ある開発者の進言を受けて、「シェンムー」のプロジェクトを終わらせる決意を固めた。

「あるとき名越が来て、『鈴木さん、〝シェンムー〟の開発はこのままだと一生終わりません。やめさせましょう』と言ってきたんだ。それで終わらせたんだ」

結局、セガのタイトルとしては1999年に「シェンムー 一章 横須賀」、2001年に「シェンムーⅡ」の2作がリリースされたが、ストーリーは未完のままだった。その後、鈴木裕がクラウドファンディングを募り、「シェンムーⅢ」が2019年に発売されたが、こちらも開発と完成までに紆余曲折があった[※37]ことは言うまでもない。

※36　ハングオン…1985年に外部からセガに企画が持ち込まれ実現したバイクゲーム。ゲームディレクションは鈴木裕、セガの体感ゲームの記念すべき第1弾

※37　開発と完成までに紆余曲折があった…クラウドファンディングによる資金調達を経て、数度の発売延期を重ねたり、開発当初は、ゲームプラットホームSteamで予定されていたPC版の配信がEpic Games Storeに変更されるなど、数々の問題を乗り越えた

プロジェクトの終了を決めた鈴木だが、「シェンムー」という作品自体に対する評価は非常に高い。

「『シェンムー』のコンセプトは素晴らしかった。あれは、あの頃のセガだからこそできたものだ。名越も『シェンムー』があったから、『龍が如く』[※38]を作れたんだよ。『龍が如く』はセガらしい作品だ。セガは、常にサムシング・ニューを提供しなくちゃいけないんだ」

鈴木と鈴木裕の関係は、親子のようなものを感じさせる。

「裕のコンテンツへの執着は、並々ならぬものがあった。あいつはすごい奴だよ。だけど、常に誰かが隣にいて、バランスを取ってやらないとダメなんだ。名越も『裕さんには、右腕がいないと』って言っていた。

アーケードゲームでは、毎年タイトルをリリースしていたのに、『シェンムー』以降は、途端にタイトルを出せなくなった。どんな優秀なクリエイターでも、適度な枠のなかでやらせないとだめだ。今でも、裕は素晴らしい才能を持つ開発者だと思っているよ。ただ、その周りに『おい裕、おかしいじゃないか』と言える、本当の理解者はいないんじゃないかな」

開発完了を宣言するのは開発者自身

2018年8月、セガサミーグループが東京の品川区大崎に移転し、セガは慣れ親しんだ大鳥

※38　龍が如く…2005年に発売されたアクションアドベンチャーゲーム。ゲームプロデュースは名越稔洋。現在もセガによりシリーズ化されている

居の地を去った。大鳥居の旧本社移転の主な理由は旧耐震基準のビルであること、さらに各所に点在した事業所の統合、販売管理費の低減などの経営的な見地からのものと思われる。

かつてのセガ本社ビル跡地も売却され、今はもう別の法人の建物が建っている。何が変わったのか、時代なのか、人なのか、セガなのか……、かつて暴走した「シェンムー」の開発にストップをかけた鈴木は、近年のセガには物足りなさを感じている。

「セガは、社是の『創造は生命（いのち）』を徹底していた会社だった。でも、今はどうだ？ 牙を抜かれたようじゃないか。予算と売り上げのバランスを見ながら、開発するのが当たり前になったのか？

セガは365日灯りが消えない、不夜城のようなところだった。開発完了を宣言するのは、開発者自身だったんだよ。

みんな『自分の作品だから、もっと頑張ろう、もっと良くしよう』と思っていたんだ。

自分だって、『もっと売れるものになります。この完成度で市場に出したらダメです。ユーザーに叱られますから……』って納期延長を申し出ては、中山さんから怒られたし、よく揉めたよ。……まぁ、期をまたぐのはまずいが、それさえ守ればオッケーだよ」

そう言い終えると、鈴木は大きく笑った。

「シェンムー 一章 横須賀」のジャケット

写真提供：熊谷美恵　三船敏　株式会社セガ　©SEGA

Chapter 06

激動のビデオゲーム史を彩った SNKのサムライ精神《スピリッツ》

語り部

足立靖
（あだち・やすし）

楠本征則
（くすもと・まさのり）

松下真介
（まつした・しんすけ）

小田泰之
（おだ・やすゆき）

おぐらえいすけ

庄田淳一
（しょうだ・じゅんいち）

ビデオゲームの語り部たち

足立靖

楠本征則

松下真介

小田泰之

おぐらえいすけ

庄田淳一

1978年、川崎英吉によって創業した株式会社新日本企画（1973年創業とする説もあるが、本書では1978年とする）から、現在の新生 株式会社SNK

ゲーム開発の歴史を紐解くのは本当に難しい

日本におけるビデオゲームの夜明けが、1970年代のアーケードゲームであることに、異論を唱える人は少ないだろう。

リュウやケンはもちろん、マリオすら生まれていない当時のゲームやその周辺を取材していると、いつも2つの問題が立ちふさがる、1つは時間経過という歴史の壁だ。

関係者の多くが、既に70歳を超えており、現役で働いている人は少なく、消息がわからず、連絡がつかない方もいる。

もう1つの問題は関係者が「しゃべりたがらない」ことだ。例えば、古くからあるゲーム会社の初代オーナーに取材を申し込んだとしても、断られるケースが多い。時代的なこともあり、混迷のなか、思い出したくないこと、話をしたくないという事象もあるのかもしれない。

現在のSNKのルーツを辿ると、1978年に新日本企画として設立され、1986年に社名をSNK（当時の正式表記は株式会社エス・エヌ・ケイ）に商号変更を行っている。しかし、そのSNKは2001年に倒産しており、現在のSNKはその知的財産を買い取った会社、厳密に言うなら別の会社だ。浮き沈みの激しいこの業界でも、SNKほど波瀾万丈、激変の歴史を辿った企業は、他にないだろう。

ちなみに2021年1月には、サウジアラビアの企業 Electronic Gaming Development

ＳＮＫ本社ビルの入り口
大阪市江坂市（現在は大阪市淀川区へ移転）

Company（以下EGDC）がＳＮＫの株式、33％超を取得したことは記憶に新しい。このEGDCは、ミスク財団が保有するもので、ミスク財団はサウジアラビアのムハンマド・ビン・サルマン皇太子が設立したものである。ムハンマド皇太子はアニメやゲームコンテンツが好きで、積極的にそのジャンルへの投資を行っている。ＳＮＫのゲームはアジア圏でも人気が高いことも投資の理由に挙げられるのだろう。

激変する状況は今に始まったことではないが、「The Future Is Now」という力強く希望に満ちたコーポレートメッセージを持つＳＮＫが歩んできた道と「Now」を紐解いていくことにしよう。

敏腕経営者にして開発者だった川崎英吉

新日本企画が設立された経緯について、まず話を聞くべきは創設者の川崎英吉だ。筆者はさまざまな方面からコンタクトを取ろうと尽力したが、残念ながらかなわなかった。

本章では、まず、赤木真澄の著書「それは『ポン』から始まった」（２００５年アミューズメント通信社刊）を基に、新日本企画の〝創世記〟を簡単にまとめておこう。

もともと大阪で喫茶店と土木建設会社を経営していた川崎は、１９７３年に、神戸在住の知人が経営していたアーケードゲーム筐体の製造・販売を行う会社への資金提供を相談され、その会社を買い取る形でＳＮＫの前身となる、新日本企画を創業した。

それは、「スペースインベーダー」をはじめとしたビデオゲームのブームが起こる前の話である。資金提供に留まらず買収に至った詳しい経緯は定かではないが、川崎独特の嗅覚がこの頃から発揮されていた可能性は高い。

創業直後は、「マイコンブロック」（１９７８年４月）などのブロック崩し系ゲームを開発していた。ちなみに「マイコンブロック」は瞬く間に他社にコピーされたという。

１９７８年７月22日に、株式会社新日本企画として正式に法人格を得たが、その背景にはタイトーと「スペースインベーダー」のライセンス生産契約を締結したことがあったようだ。当時タイトーでは同作の生産が追いつかず、同社から許諾を得た他社が生産するケースがあったのである。今で言うＯＥＭだ。

「スペースインベーダー」のブームが去った後、しばらく経営状況が芳しくない状態が続いたが、１９８０年代に入るとスペース・シューティング「ヴァンガード」（１９８１年６月）がヒットし、「ヴァンガードⅡ」（１９８４年３月）がこれに続く。

「怒（IKARI）」のインストカード

さらに、絶妙な難度調整が評価された「ゼビウス」タイプのシューティング「ASO」（1985年11月）、戦車を操るシューティング「T・A・N・K」（1985年）や、同作のシステムを引き継ぎつつ大ヒット映画「ランボー」をモチーフにしたと思われる「怒（IKARI）」（1986年）といったヒット作を連発。1986年には社名をエス・エヌ・ケイに変更した。

躍進を遂げたこの頃の開発スタッフは少人数で、コアメンバーはわずか12人だったという。川崎は彼らを「二十四の瞳」と呼んだそうだ。

このエピソードからもうかがえるように、川崎は実際にゲーム開発の現場に入り、さまざまな指示を出していた。経営者としてだけではなく、実務者としても非凡な才能を発揮していたようだ。

SNKのタイトルラインナップに対戦格闘ゲームが多いのも、元プロボクサーであった川崎の嗜好だと言う人もいる。

まるで遊んでいるような開発室での日々

東京で暮らす筆者にとって、SNKは遠く離れた関西の企業であり、情報の少なさも相まって、ずっと〝得体の知れなさ〟のようなものを感じていた。ゲーマー的な言い方をすれば、遠方のゲームセンターにいるという強豪プレイヤーの存在を風の便りに聞くという感じだろう。

まずお話をうかがったのは、元SNKで現在はゲーム開発会社エンジンズの代表取締役を務める、楠本征則《くすもとまさのり》、同社取締役の足立靖《あだちやすし》、そして現在もSNKで活躍する松下真介《まつしたしんすけ》（マーケティング本部デザイン部部長）だ。

まずは楠本と足立に、1980年代半ばに入社した頃の〝原風景〟から語ってもらうことにしよう。松下は1998年入社のため、後ほど、ご登場いただく。

足立がSNKの採用試験を受けたのは、1985年のことだった。

「SNKがグラフィックデザイナーを募集していることを、当時通っていた大阪デザイナー専門学校で知りました。それでちょっと調べたところ、『SNKって、ゲームを作っているんだ』と分かって、友だちと一緒に受けに行ったんです。ちなみにその友だちも合格して、『龍虎の拳』[※1]などのディレクターとして活躍しました」と足立は笑う。

「面接ではゲームの企画書を見せました。当時は企画書を持ってくるヤツなんていなかったようで、その日のうちに『ああ、自分（関西弁で「君」「あなた」の意味）採用な！』と言われました」

※1　龍虎の拳…1992年にNEOGEO（SNKが独自に開発した家庭用ゲーム機）対応ソフトとして発売された対戦格闘ゲーム。NEOGEOの「100メガショック」第1弾ソフト。後にシリーズ化された

足立の服装も、ＳＮＫ側に強烈な印象を残したようだ。

「僕は記憶にないんですが、入社後先輩に『面接に人民服を着て人民帽かぶってきたのを覚えてるわ』と言われたことがあります。その頃ブームだったＹＭＯ（イエロー・マジック・オーケストラ）が、初期のアルバムで着ていた赤い人民服が話題になっていて、それで人民服を着ていったようです。当時はそれでも採用されたんです。今じゃ考えられないですよね（笑）」

楠本は、足立の1年後に入社した。

「足立と同じ大阪デザイナー専門学校の卒業です。在学中はお互いのことを知らなかったですけ

左から足立靖、楠本征則、松下真介

どね。入社の経緯も足立とほとんど同じで、SNKのグラフィックデザイナー募集を見て応募しましたが、その時点でゲームを作っている会社だとは知りませんでした。

なぜSNKを選んだかというと、初任給が同業他社さんより少しだけ高かったからです。それで面接に作品を持っていったら、5分くらいで足立と同じように『キミ、採用!』って言われて」

あまりのあっけなさに、楠本は逆に不安を感じたという。

「これはアカンやつやな~と思いましたね(笑)。もっと何かしなくてもいいんですか? とは聞いたんですけど、『オッケーです』と。まあ、就活はすごく楽でした。

面接には学校から行って、終了後に戻ったんですけど、さっき『面接に行ってきます』って出ていったのが、戻るなり『採用って言われたんですけど』と報告したので、先生も『それはちょっとどうなんやろなぁ』と心配顔になっていたのを覚えています」

楠本や足立が入社した頃のSNKは、大阪府吹田市江坂に移転してきたばかりだった。

「創業の頃は、江坂駅の次にある、東三国駅近くのビルに本社があったということですが、アーケードゲームのヒットが生まれず、経営状況が悪くなった時期に江坂へ引っ越してきたと先輩に聞いたことがあります。

江坂に移転した頃の拠点は3つに分かれていたと記憶しています。ゲーム開発部門の建物と、通りを挟んで向かい合う工場のようなところに機構設計や商品部、購買部、それと小さい組み立てラインを持った部門。それと江坂駅近くのジョーシン(上新電機)が入っているビルの6階に、経理や営業、広報など本社機能の部門がありました」

足立や楠本が開発に勤しんだプレハブ建屋があった付近。田んぼは跡形もない

足立の記憶によると、工場は田んぼの真ん中に建つ、プレハブのようなものだったという。江坂周辺を知っている人であれば大まかな位置関係は把握できると思うが、現在、ハンズ江坂店（旧・東急ハンズ）がある場所の西側はもともと田んぼが広がっていたそうだ。SNKが移転してきたのはその中に住宅地や工場のようなものがポツンポツンとでき始めた頃で、牧歌的な風景が広がっていたという。

この頃の社名はまだ「新日本企画」であったが、ロゴにはSNKの文字が使われていた。その色は最初赤だったが、ほどなくして現在も引き継がれている青文字に変更された。物証はないのだが、変更の理由は川崎が「赤字はダメだ」と指示したからという話がある。

ただ、足立も楠本も、この頃リリースしていたファミコンソフトの海外版に付属する印刷物に、赤や青だけでなく緑のロゴが描かれていた記憶があるそうなので、コーポレートカラーが決まっていたというわけでもなさそうだ。

足立が覚えている開発拠点の話に戻そう。

「僕らがいた部屋は建物の2階でした。開発室と言うと聞こえはいいですが、8畳くらいの部屋が3つ、4つだけみたいな作りです。窓から外を見ると、水が張られている田んぼが広がっていました。1階に

新日本企画時代のSNKロゴ

はカセットテープなどを販売していた会社が入居していたと思います。

僕が入社したときは、先輩方が『怒《いかり》』※2の開発を終えて、『怒号層圏《どごうそうけん》』※3に取りかかろうとしていたくらいの時期でした。まだ『怒』を開発した名残があって、方眼紙にドットを打ったものも見た記憶があります」

当時はゲームが産業として明確に社会の中に位置づけられていない時代だ。「『スペースインベーダー』なら儲かりそうだから、詳しい奴を雇って同じようなものを作らせよう」といった感じで事業を始める会社もあったが、とにかく勢いだけはすごかった。ＳＮＫの社風も今とは大きく違っていたようだ。

……足立はこう回想する。

「僕らの頃は、とにかくメチャクチャでしたね。勤務時間は自己申請で、残業も250時間とか300時間とかになっていました。その分残業代が入っても、当時のゲーム業界人がよく言っていたように、お金があっても、使うヒマなんてなかったです。

それで、社内の規律とか就業規則などが整うほど、残業代が減って年俸が下がっていく（笑）」

「働き方改革」が叫ばれる昨今ではありえない勤務状況だが、これには当時の開発体制が影響している。

「当時は1チームが4～5人で、企画者はせいぜい1人か2人。グラフィッカー

※2　怒…1986年にアーケード向けゲームとして導入。縦スクロール型アクションシューティングゲーム

※3　怒号層圏…1986年にアーケード向けゲームとして導入されアクションシューティングゲーム。「怒」の続編

も人物やエフェクトなど、SNKでは『フロント』と呼ばれていたものを描く人間と、背景などの『バック』を担当する2人ぐらいでしたからね。

なので、その頃は本社や工場にいる社員を全部足しても50人くらいでした。その後10年ほどで社員が1000人レベルになったわけですが、急成長していたときの雰囲気は独特なものがありました」

具体的にどんな雰囲気だったのか、詳しく聞いてみると……。

「言ってみれば毎日遊んでいるような、自由な感じでしたね。昼休みに開発者同士で『ファミスタ』[※4]をやったりしていました。勤務時間の概念も管理も、何もなかったんですよ。朝から夜中の2時とか3時まで、遊んだりゲームの仕事をしたりして、会社が用意してくれた寮に帰る——そんな生活をずーっと繰り返していました」

かなり無茶苦茶に思えるが、そんな足立の上を行く猛者もいたようだ。

「僕は自分の布団で寝たいタイプだったので、比較的ちゃんと寮に戻っていましたけど、そうじゃない連中は会社に泊まっていましたね。夕方になると会社に布団の業者が来るんですよ。で、『布団とパンがいる人』って注文を取って回って、布団を持ち込んでくれるんです。それを机の下に敷いて寝て、次の日になると布団を業者が回収しにくるっていう……いい時代でしたね(笑)」

※4　ファミスタ…ナムコ（現・バンダイナムコエンターテインメント）が開発した野球ゲーム「プロ野球ファミリースタジアム」の略称

「でや⁉」の声とともにやってきた川崎

「スペースインベーダー」のブームが去った後、SNKにとって厳しい時期があったのは前述の通りだが、そんなときもオーナーである川崎のエネルギッシュな仕事ぶりは変わらなかったようで、足立によれば、ほぼ毎日のように開発現場を訪れていたという。

「川崎さんは、江坂の開発拠点に毎日来るんですよ。事実上の開発部長みたいな感じで、今で言うクリエイティブ全部に関わられていました。

昼間に社長の業務をこなした後、ボクシングのスパーリングで汗を流していたそうなので、こちらに来るのは夜になってからでしたけど（笑）。塩のビンを持っていて、僕らに指示を出しながら口に入れて塩分補給していました。考えてみたらアレ、体に悪いですよね（笑）」

川崎には、お決まりのかけ声があったという。

「いつも一言目は『でや⁉』（どうだ？の意味）。川崎さんの話は、いつもそんな感じの短い言葉で進むので、ニュアンスをうまく把握するのが大変でした。間違った理解をすると後がまずいことになってしまうので……。

例えば、ゲーム画面を『ここは宇宙人に侵略された街なので、紫色になっています』と説明しても、川崎さんの中で違うとなったら、『紫じゃないなあ、緑だな』みたいな感じのオーダーが入ります」

ところが、素直に川崎のオーダーに従えばいいというものでもなかったようだ。

「僕が『サイコソルジャー』[※5]のグラフィックスをやっていたとき、川崎さんはちょうど娘さんが生まれたこともあって、女の子の表現にはメチャメチャうるさかったんですね。

あるとき『女性はもっとふっくらしているほうがいいんだ』と言われたんですが、当時は解像度が低かったので、1ドット増やしただけでもすごく太くなってしまうので、次の日に川崎さんが『でや?』って言ってきたとき、『はい、ちょっと直しときました!』と言って同じものを見せたんですよ。

すると『ほら、ようなったやろ、この方がええんや』って言って去っていきました」

ここだけ読むと笑い話のようだが、これは単に手を抜いたとか、指示を無視したのではなく、

「サイコソルジャー」メインビジュアル

※5　サイコソルジャー…1987年にリリースされた横スクロールアクションシューティングゲーム。超能力を使う女子高生、麻宮アテナが登場した最初の作品

川崎の意図を汲んだうえでの行動だった。

「社長がこだわりたいのは女性の可愛らしさなのだと、自分なりに理解したうえで、キャラクターを見ての判断でした。そういった事をできるかできないかは大切なコツだったと思います」

確かに、言われるままにドットを増やしていたら、逆に川崎の意にそぐわないものになっていた可能性もありそうだ。

ところで、筆者は初期のSNK作品には、ヒット映画などへのオマージュ、悪しざまに言えばコピーに近い手法を感じていた。代表的なものが前述の「怒」だが、開発側はそのあたりについて、どのように考えていたのだろうか。楠本に語ってもらおう。

「『怒』は当時のハリウッドのヒーロー映画に触発されたというか、影響を受けました。あの頃は業界全体がそんなでしたよね。あの映画のヒーローがキャラクターとしてカッコいいから、あんなふうにしようっていう感じです。

時代と共にSNKにも法務や知的財産などがある程度分かる人が入社するようになって、一部のタイトルについては、法務部から開発メンバーに『いや、それはちょっとアカンでぇ』と注意が行くこともありました。そのあたりから意識が変わったんだと思います」

「アテナ」は、ファンタジー世界を舞台にビクトリー国の王女となって戦うRPGテイストのアクションゲーム。リリースは1986年

SNKを大きく変えた「餓狼伝説」のヒット

足立は、現在に至るまでのSNK作品の流れを作ったのは、当時の開発者たちの熱い想いだと語る。

「当時のSNKは、開発者の人数が少なかったこともあって、ディレクターやプランナーといったクリエイターひとりひとりの『俺はこういうゲームが好きなんだ』とか『こういうゲームを作るんだ』という思いをはっきり打ち出せていました。それで、大きく分けて2つの流れができたんです。

1つは『怒』に端を発するアクションゲームです。自分はたまたまそちらに配属されて、後に『SAMURAI SPIRITS』※6などを作らせていただきました。

もう1つは『ASO』※7（エー・エス・オー）とか、『アテナ』※8といった、現在はディンプス※9にいらっしゃる河野《こうの》（和《かず》人《ひと》）※10さんが作られたRPG的なストーリーを持った作品の流れです。『ASO』も『アテナ』もシューティングゲームですけど、どちらもRPGの要素があるんです」

※6　SAMURAI SPIRITS（サムライスピリッツ）…1993年にリリースされた対戦型格闘ゲーム。江戸時代の天明〜寛政期を舞台としたもの。シリーズ化され現在に至る
※7　ASO…Armored Scrum Object。1985年に導入されたアーケード用縦スクロールシューティングゲーム
※8　アテナ…1986年に導入されたアーケードゲーム。アクション系ロールプレイングゲーム
※9　ディンプス…株式会社ディンプス。大阪府豊中市に本社を構えるゲーム開発会社。西山隆志が代表取締役を務める
※10　河野和人　2023年度の株式会社ディンプス株主総会の後に退任。現在は顧問として勤務している

この2つの流れは、単なるゲームジャンルの違いを示すものに留まらず、SNKにとってもっと大きなものになっていく。

「アクションゲームの流れがアーケード部門、RPGが家庭用部門につながっている感じがします。当時は気づきませんでしたが、振り返ってみて分かって、ちょっと面白かったです」

そして、SNKを急速に成長させたのはアーケードゲームだった。1990年にリリースされたアーケード基板（または筐体）のMVS[※11]（Multi Video System）向けに、格闘ゲームを中心としたヒットタイトルが次々に送り出されたのである。

格闘ゲームの中でも『餓狼伝説』は別格だ。楠本が語る。

「SNKにとって『餓狼伝説』がヒットしたのは大きかったですね。『ストリートファイターII』で格闘ゲームが非常に目立っていたところにリリースできて、あとはMVSのおかげでしょう。MVSは1つの筐体で2人が対戦できる仕組みになっていましたし。

対戦ってどっちかが必ず短い時間で排除されて、また次の相手が来るじゃないですか。その仕組みと合ったといいますか。あれはアーケードゲーム史に残る〝発明〟ですね。勝った人はそのまま続けられるけど、負けた人は例え10秒で試合が終わっても続けるためお金を入れなくてはいけない。おかげで時間あたりのインカムが、ガッと上がりました。それまで1日の上限が、いいとこ1万とか1万5000円くらいだったのが、5万、6万、7万と伸びていきました」

その『餓狼伝説』開発の歴史を紐解いてみよう。足立はまずキーパーソンの名前を挙げた。

「西山さん（現・ディンプス代表取締役社長の西山隆志《にしやまたかし》）がカプコンからSNKに移籍してきて、

※11 MVS…Multi Video System。SNKが開発したアーケードゲーム用の基板、または同基板が導入された筐体のことを指す

オリジナルの格闘ゲームを作ろうとなったことがきっかけだったと思います」

西山は、アイレムを経て、カプコンで初代『ストリートファイター』の開発に携わったのち、SNKに入社した人物だ。

「開発の自由度は高かったですね。制限らしい制限はなかったです。プロトタイプもなかったし、開発予算について何か言われたことも、決済のスキームもほとんどなかった。それがいいわけでもないんですけど……。
2、3人で企画をまとめて、『足立は次何すんの?』って言われたら、じゃあこれやろうかくらいのノリと言いますか。自分たちも企画を考えるときに、ボツになるっていう思考がなくて、まあ好き放題やっていましたね。
『餓狼伝説』に関してもヒットするのは見えていた感じです。その理由は、今だから言えますが、『ストリートファイターⅡ』によく似ていたから(苦笑)」

もちろんそれだけではない。足立は「ストⅡ」に〝ないもの〟を「餓狼伝説」に入れて、差別化を図っていた。

「やっぱりキャラクターです。SNK開発タイトルの多くに言えることですが、『餓狼伝説』は『ストリートファイターⅡ』より物語性があって、キャラクター設定がはっきりしていましたよね。パッと見もカッコいいですし、そういう意味でもイケる感、ヒットする感はすごくありました。もちろん『ストリートファイターⅡ』のヒットから始まった格闘ゲームブームという追い風もあったと思います」

キャラクターについて、楠本はまた違った角度から分析をしている。

「例えばカプコンさんのキャラクターメイキングって、傍から見ているとですけど、機能からデザインされている印象があるんです。大きい人はこういう動きをするでしょう、といった感じの。SNKは機能とデザインを一致させちゃうと広がりが出ないという発想で、例えば身体が細くても重い攻撃を出すヤツがいました。僕はデザイン部門で、開発部門を少し外から見ていて、そこが興味深かったです」

足立もその点を補足した。

「『ストⅡ』は、岡本（吉起）さんが関わった作品。岡本さんって、メチャメチャ、ロジカルなんですよ。西山さんが作られた初代『ストリートファイター』と『餓狼伝説』は、やっぱり非常に似ていて、まず意匠からキャラクターが作られている感じがしますが、『ストⅡ』のキャラクターはロジックで組み立てられていて、非常に分かりやすいんですよね」

簡単に言ってしまうと、キャラクターのカッコよさや、アクションの華麗さにこだわったのが「餓狼伝説」で、キャラクターの性能を可視化させることに重点を置いたのが「ストⅡ」、といったところか。これは目指す方向性の違いであって、優劣を付けるようなものではない。実際足立は、〝岡本流〟の手法を参考に別のヒット作を生み出している。

「なんで『SAMURAI SPIRITS』が面白くなったかというと、『ストⅡ』をメチャメチャ研究したからです。もう遊び倒して、当たり判定の位置から大きさまで全て把握していました。だからなのか、実は『SAMURAI SPIRITS』の設定ロジックはストⅡにかなり近いんですよ（笑）」

短い開発期間でリリースされたタイトルたち

◉ **1989 年**
「ストリートスマート」

◉ **1991 年**
「餓狼伝説」

◉ **1992 年**
「龍虎の拳」
「餓狼伝説 2」

◉ **1993 年**
「SAMURAI SPIRITS」

◉ **1994 年**
「THE KING OF FIGHTERS '94」
「真 SAMURAI SPIRITS」

◉ **1995 年**
「餓狼伝説 3」

◉ **1999 年**
「餓狼 MARK OF THE WOLVES」

◉ **2000 年**
「THE KING OF FIGHTERS 2000」

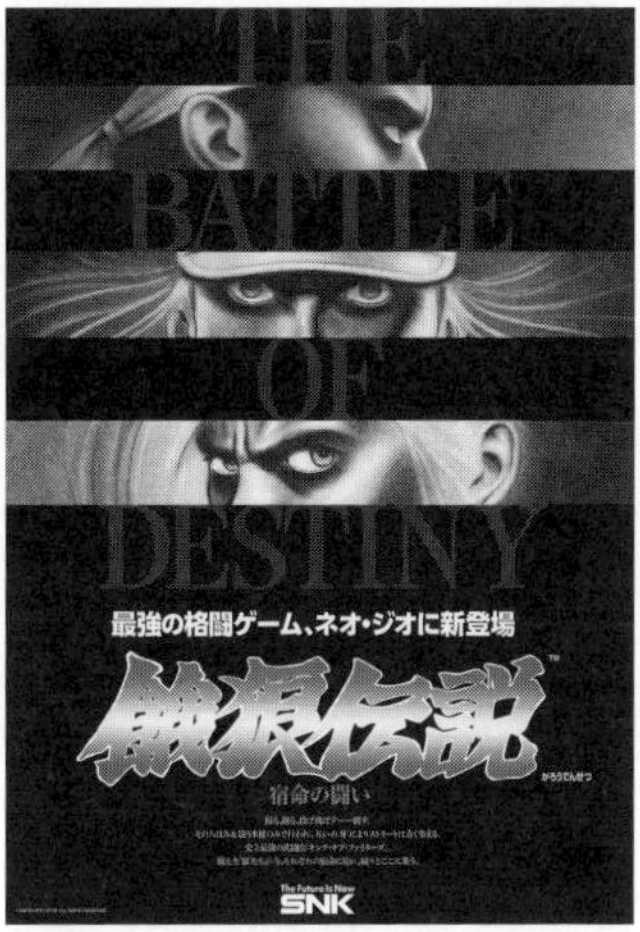

「餓狼伝説」店頭用告知ポスタービジュアル

「餓狼伝説」ゲーム画面

「KING OF FIGHTERS」ゲーム画面

「『餓狼伝説』の開発では、カプコンにいらっしゃった皆さんが、ＳＮＫという新天地に来て『俺たちが、俺たちらしく』という思いがあったと思うんです。開発期間が短くて、ゲーム性の部分ではまだまだのところもありました。〝こうやったほうが新しいから〟といったことが優先だったんでしょうね。ただ、それがあったから『餓狼』の物語ができて、『THE KING OF FIGHTERS』[※12]（以下『ＫＯＦ』）までつながっていったとは思うので、面白いですよね」

日陰者だった「ファミコン課」

アーケードゲームのヒットで成長していったＳＮＫは、ファミリーコンピュータをはじめとするコンシューマゲーム機向けにもソフトを開発しており、自社でもＭＶＳとほぼ同じ性能を持つゲーム機「NEOGEO」[※13]を１９９１年に発売し、NEOGEO の CD-ROM ドライブ搭載版とも呼ぶべき「ネオジオ ＣＤ」[※14]を１９９４年に発売した。

アーケードゲームを開発していた足立は、コンシューマゲーム機向けの開発をどのように見ていたのだろうか。

「『他社のハード向けに作りたい』とまでは思いませんでしたが、隣の芝生は青く見えると言いますか、新しいハードを見て、『あの機能はいいなぁ』ってみんなで言い合ったりしていました」

※12　THE KING OF FIGHTERS…1994 年 NEOGEO 向けに発売された対戦型格闘ゲーム。数多くのシリーズ作品がリリースされた

※13　NEOGEO（ネオジオ）…ＳＮＫが開発・販売、およびレンタルしていた家庭用ゲーム機、並びに業務用ゲーム機の名称

※14　ネオジオ CD…ＳＮＫが 1994 年９月９日に発売した家庭用ゲーム機

その一方で、アーケードゲームを開発しているプライドのようなものもあったようだ。

「コンシューマゲーム開発の部署って、長いこと『ファミコン課』と呼ばれていたんですが、当時アーケードの開発からファミコン課に行くことは、アーケードの華々しい舞台から降りた、左遷されたみたいな空気があって……。もちろん実際はそんなことないんですよ。

その後にできたモバイル部署への配置換えのときも、同じような雰囲気がありました。けど、結局そちらに行った人たちが最後は勝っているという（笑）」

新しいものが軽く見られるという傾向は、ＳＮＫやゲーム業界に限らずある話ではないだろうか。

「だから今考えると、『アテナ』とか『ＡＳＯ』を開発した河野さんの功績は素晴らしいと思いますよ。アーケードゲーム全盛時代のＳＮＫでＲＰＧを作られていましたから。河野さんがＳＮＫのＲＰＧのルーツを作られたんだなぁと感じます」

そんな河野に、チャンスが訪れる。

「河野さんが上長だったときに、外部から『SAMURAI SPIRITS

NEOGEO 本体

「真説 SAMURAI SPIRITS 武士道列伝」
店頭告知用ポスタービジュアル

でＲＰＧを作りましょう』っていう話が持ち込まれたんです。あのときの河野さんは『ようし！』って感じで色めきたっていました」

それが１９９７年6月にネオジオＣＤ、PlayStation、セガサターン向けにリリースされた「真説 SAMURAI SPIRITS 武士道烈伝」である。だが、同作はハードウェアの仕様（詳細は後述する）に起因する長めのロード時間などが災いして、思ったほどの評価を得られなかった。

「みんなＲＰＧで新しい家庭用ハードを売るぞって意気込んで、先走った感じはありましたね。NEOGEO というハードに、ＲＰＧのようなじっくり腰を据えて遊ぶものが合わなかったということもありますが」

前述したように、NEOGEO はＭＶＳとほぼ同じ性能を有しており、〝アーケードゲームが家で遊べる〟ということを売りにしていた。コンシューマゲーム機であっても、アーケードゲーム向けのハードウェアだったのである。

同じゲームと言っても、コンシューマ向けとアーケード向けでは大きく違う。足立は、アーケードゲームならではの作り方を語ってくれた。

「スタートボタンを押してからゲームが操作可能になるまでを30秒に収めろと言われていました。ＭＶＳは最大で6本ＲＯＭが挿さっていたので、１つが長く回っているとほかのインカムが入らないんです。だから、早く終わらせて次に、という指示があって大変でした。野球ゲームでもチーム選択からルール説明まで、全部30秒でやらないといけないんです。だから、あの頃のデモ画面は、テレビ番組の最後に流れる高速のテロップみたいで面白いですよ」

厳しい条件下での開発作業だったが、得るものも大きかったようだ。

「30秒でも分かるようにしないといけないから、そこで、だいぶ研ぎ澄まされた感じはあります。カーソルを最初どこに置いておくかとか、一番目立つところに何を置くか、みたいな……、今でいうユーザー・インタフェースですね。それこそ何度も繰り返して、スパルタの中で学んだ感じです。

ゲームセンターの騒音の中で、通りがかった人をどう捕まえるか、筐体の前で足を止めさせるかということでも、いろいろなことを考えました。目立つ音を大きく鳴らしてみたり、ピカピカ光らせてみたり。そこはパチンコとかパチスロとかの見せ方にちょっと近い部分がありますね。コンティニューのカウントダウンも、どうやったらもう1回お金を入れたくなるか、だいぶ考えました。開発している空気感はそんな感じでした」

楠本も回想する。

「アーケードゲームの基本ですよね。1分でも30秒でもいいんですけど、プレイしているのを見た人が、面白そうだからお金を入れよう、と思うように誘導するっていう。ルールも何も知らないけど、人がやっているのを見て、これは面白そうだ、こいつが終わったら遊ぼうって思わせるような設計に特化する。

『beatmania』や『Dance Dance Revolution』※15を見たときは、その点で強烈なインパクトを受けました。あれは人がプレイしている姿そのものが、もう最高のプレゼンでしたから、そりゃ遊びたくなるわ……って」

※15　beatmania・Dance Dance Revolution…どちらもコナミデジタルエンタテインメントのリズム・ダンスゲーム。プレイヤーの操作そのものがパフォーマンスになる音楽ゲーム

“常識破り”だらけだったMVSとNEOGEO

1台に6本のROMが挿せるという、MVSならではの仕様はなぜ生まれたのか。楠本はこう推測する。

「狙いは利益の向上だと思うんですよ。アーケードゲームの場合、通常はハードウェアの上限数がソフト販売本数の上限になるんです。たとえば、1店舗に5台入れてもらったとすると、ソフトも5本になる。

でも、6本ROMが入る筐体を5台入れてもらえば、導入時にすべて埋まらなくても、後で営業が行ったときに『スロット空いてますやん。入れて下さいよ』とか言えて（笑）、最大なら30本売れる可能性が出てくる。

ソフト販売の上限を突破するためのアイデアだと思うんです。ゲームセンター側にとってもそんなに悪い話じゃないですよね。1台に2本入りますよとか、4本入りますとかは」

MVSは当時主流だったJAMMA（日本アミューズメントマシン協会）規格に準拠していない部分があったが、それが逆にメリットにもなった。

「JAMMA仕様の筐体はどのメーカーの基板でも入りますが、MVSの場合はMVS仕様のものしか遊べませんよっていう排他的なプラットフォームだったと思うんです。Appleなどと一緒ですよね、発想が」

商品開発やシステム設計の部分で、何をどこで売るか、どこで儲けるかといった、今で言うマネタイズがしっかり考えられていたわけだ。このあたりは、純粋なクリエイターではなかなかできないところだろう。

そして足立は、川崎が「胴元になる」とよく言っていたことを覚えているという。それらを踏まえると、ＭＶＳの発想が川崎から生まれた可能性は高い。

そして楠本の話を聞くと、川崎が現場の反応を見ながら柔軟に対応していったこともうかがえる。

1筐体で複数のタイトルを遊べるのがMVSの特徴だった

「JAMMA仕様の筐体にMVSカセットを挿せる、元々のコンセプトから少し外れた「MVS-1」というものも販売されたと記憶していますが、あれはおそらく『6本もいらん、1本だけ挿せるのをくれ』といったオーダーがあって、それに応えて出したんだろうと思うんです。ただ、最初の理念は先ほどお話した通りで、徹底的にロジカルなものだったと思います」

川崎ならではのセンスを感じるエピソードはほかにもある。

筆者は以前、足立から『バミューダトライアングル』[※16]にまつわるこんな話を聞いた。

このゲームの開発中に行われたロケーションテストでは、自機のパワーアップが強すぎてプレイタイムが長くなり、インカムが伸びないという結果が出た。

そこで開発チームでは、パワーアップを下方修正しようとしたのだが、それを知った川崎は「自機が強すぎるからって弱くしてどうする！　敵をもっと強くするんや！」と怒鳴ったそうだ。

この一件は、その後の足立のゲーム作りのベースになっているという。とにかくインフレーションでサービスを充実させるという考え方だ。

NEOGEOのネーミングの由来

MVSとともにSNK隆盛の立役者となったNEOGEOについても語ってもらおう。

NEOGEOのネーミングの候補は3つあったという。楠本が提案した「NEOGEO」、川崎が推

※16　バミューダトライアングル…1987年リリースのシューティングゲーム

した「クロフネ」、もう1つは「プロス」で、社内投票の結果、NEOGEOに落ち着いたのだが、発案者の楠本に、その由来を聞いてみた。

「美術の本で見かけた『ネオ・ジオ派』という芸術運動の名前だと記憶しています。ネーミング自体に深い意味はなくて、NEO・GEOとアルファベットで並べると綺麗なので、候補に入れておこうって感じでした（笑）。

クロフネは、『海外からやってきたくらいのインパクトがある』といった意味が込められていました。今だったらそのネーミングはアリかなとも思いますが、若かった僕には、ちょっと受け入れられなかったですね（笑）。

余談ですが、筐体に色を付けるとコストがかさむし、表面の仕上げや見栄えの点で都合が良かったので、黒一色のデザイン案を出していた時期があるんです。川崎さんはそこから『クロフネ』っておっしゃられたのかなぁと思っています」

なお、「プロス」の語源はプロフェッショナルなスペックのハードを標榜していたことだそうだ。

NEOGEOといえば、2つの「O」に顔をあしらったロゴマークも印象的だが、これにも楠本が関わっている。

「当初のロゴデザインは、筐体のデザインを阻害しないように、シンプルなサンセリフ系のフォントでやっていたんです。ですが、当時お取引していた代理店のデザイナーの方が、広告やマーケティングの観点からは地味すぎるから、もうちょっと目を引くロゴを作ろうよと言ってこられて。その方が作った丸いロゴを基に、簡単なキャッチボールをしていって、ハロウィンのカボチャをモチーフにしようという話から顔を入れようということになったのだと思います。だから、合作みたいなロゴですが、基点となったのはその代理店の方ですね」

NEOGEOのローンチ時期に、「ゲーマント」というイメージキャラクターがいたことを覚えている人もいるかもしれないが、これは急造のキャラクターだったという。

「ゲーマントは、制作のコストと期間があまりなかったんですよね。当時は個々のソフトよりも、システム自体を売るっていうのが先で、それには何かキャラクターが必要だって話になって作ったものだと記憶しています」

NEOGEOは一般向けの販売に先駆けて、1990年からレンタルビデオチェーンのTSUTAYAなどを通してのレンタルが行われていた。

現TSUTAYAのルーツとなるのは、1983年に大阪府枚方市にオープンした「蔦屋書店 枚方店」だった。翌年、江坂に「蔦屋書店 江坂店」が開業。ご近所の縁がTSUTAYAでのNEOGEOレンタルにつながったという証言を、筆者は当時のTSUTAYA関係者から聞いている。

〝異色の商売〟を展開した営業部署

SNK躍進の要因にその開発力があったことは言うまでもないが、楠本によれば、アーケードゲームの営業体制も斬新だったという。

ゲーマントはNEOGEOだけでなく、SNKの社員募集広告などにも登場した

「会社の規模が大きくなる中で、販売部と営業部という2つの部署ができました。販売部はほかのゲーム会社さんにもあるBtoBで、ゲームセンターとの間で筐体を売ったり、買ったりっていう部門です。

じゃあ営業部は何をしていたかというと、風営法に抵触しない場所への営業です。今でいうところのイオンさんとかの遊技機コーナーやボウリング場などですね」

風営法の適用はゲーム機の設置面積割合などで決められており、適用されない場所であれば営業時間などの規制は緩かった。このあたりに目を付けていたのも、実にSNKらしい。

「そういった店に行って、『SNKが筐体を用意します。ソフトウェアも用意します。お店のほうで提供していただくのは電気代とスペースだけです』という営業をするわけです。さらには売上利益も一定の割合で配分しますという、BtoBtoCのシェアビジネスのようなものを展開していました。当時の他社と比べて、かなり異色な商売をしていたと思います。

もちろん、ほかのメーカーさんも同じようなことをやろうとは思っていたんでしょうけど、SNKは〝設置する側が楽なサー

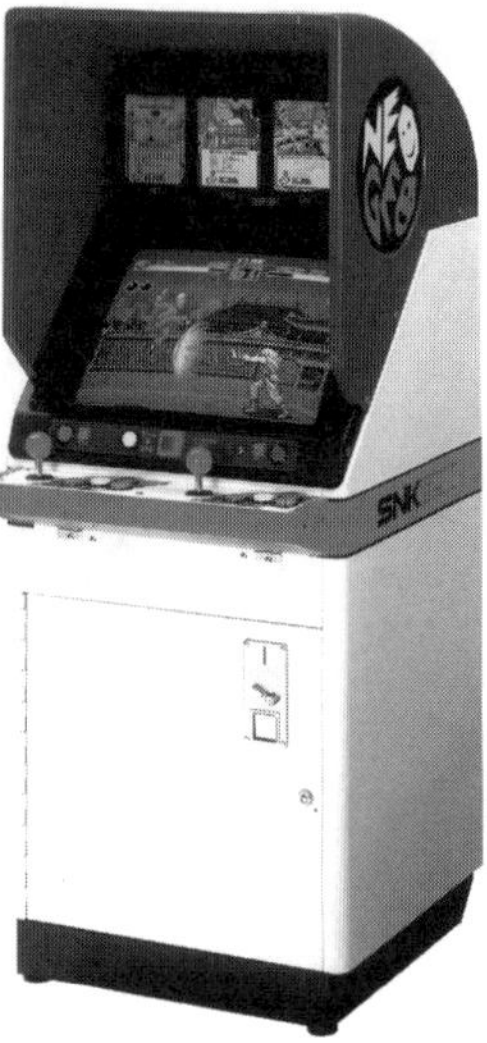

写真の筐体は、そのコンパクトさから、ゲームセンター以外の場所に置かれることも多かった。2018年に発売された「NEOGEO mini」のモチーフにもなっている

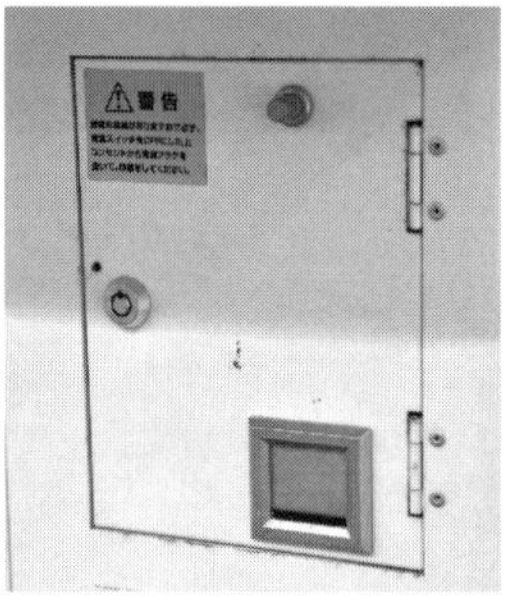

強化されたコインボックス周辺

ビス〟をやっていたと思います。メンテナンスもします。ソフトも交換しますよと」

設置される場所の状況がさまざまであったからか、筐体の設計方針もユニークだったという。

「自販機などと同じような考え方だと思うのですが、コインボックス周辺の板厚を厚くするとか、バールでこじ開けようとしても壊れないようにしましょうってことですよね。そこにお金が入っているのをみんな知っている、いわば貯金箱ですから。

営業から、筐体の移動を楽にするための軽量化を要望されて、機構設計の担当者が、薄鋼板を指定したら、オーナーの川崎さんからは『ココは厚い鋼板やろ！』って怒鳴られていました（笑）」

好調な業績を受けて、ＳＮＫの支店は一時期40以上に増え、すべての都道府県に支店を作ることが目標になっていたという。

「当時のＳＮＫの勢いを象徴するようなエピソードとしては、社用車に描かれていたNEOGEO

のロゴマークを剥がしたことがあります。集金に使っていたので、『狙われるぞ』って話になったんですよ」

しかし、SNKの営業体制には問題もあったようだ。足立は、営業が外回りをする中で得た、他社のヒットタイトルを始めとする情報を、開発にフィードバックできる仕組みがなかったことが残念だと振り返る。その要因の1つには、川崎が営業に対して「とにかく作ったものを売ってこい」というスタンスで接していたことがあるかもしれないとも語った。

SNKは開発と営業がつながっていない、奇妙な二人三脚で突っ走っていたのだ。

ネオジオ CDから始まった不振

SNKは1994年9月9日に「ネオジオ CD」を発売した。ゲームメディアをROMカートリッジからCD-ROMに変更して低価格化を図った、いわばライトユーザー向けNEOGEOだったが、その評判は芳しくなかった。等倍速のCD-ROMドライブを搭載したため、読み込み時間の長さが目立ち、4万9800円という価格もネックになったとされている。

高い3Dグラフィックス性能を持ち、2倍速CD-ROMドライブを搭載して当時「次世代機」ともてはやされたPlayStation（1994年12月3日発売、3万9800円）やセガサターン（1994年11月22日発売、4万4800円）が、ネオジオ CDより安い価格で発売されたこと

アーケードクオリティを限りなく純粋に追求した、
ゲームのためのゲームマシン、ネオジオCD。
NEO·GEO CD
NEO·GEO CD

NEO·GEO CD

ネオジオCDは発売後すぐにモデルチェンジが行われ、ディスクの挿入方式も変更された

も影響したのだろう。

楠本は当時もＳＮＫに在籍していたが、ネオジオＣＤについてあまり多くを知らないという。

「初代NEOGEOのデザインには関わりましたが、ネオジオＣＤの頃には、インダストリアルデザインや家庭用ゲーム機の商品企画、設計といった仕事からはだいぶ離れてしまっていました。

あまりにも仕事が多くなり、機構設計やインダストリアルデザイン系の仕事は外部にお願いしようということになり、そういった情報が自分にあまり入らなくなったんです」

そのため、「これは想像ですが」と断りを入れつつも、以下のように語ってくれた。

「CD-ROMは、ＲＯＭカートリッジと違って原価が安いし、製造期間も短縮できる。イコール利益率が高い……だから、今あるソフトも全部CD-ROMで作り直したら、商売として成立するのではないか？　といった考えがベースだったのではないでしょうか」

「NEOGEOは欲しいけど、ソフトが高いから」と二の足を踏

んでいる人をターゲットにしたかったのでは、というわけだ。何にせよ、ネオジオCDが躓《つまず》いてしまったため、社内は大慌てになったようだ。

「セガサターンとPlayStationは2倍速なのに、ネオジオCDは等倍速でローディング時間が長くてROMの容量も少ないから、『これはもうあかん』という話になって。すぐに2倍速の『ネオジオ CD-Z』を出したんですが、そのあたりから迷走している感じがありました。見た目のデザインも全然違うものになっていて、整合性があまりなかったと思います」

足立が付け加える。

「今だから分かりますが、開発における段取りやゴール設定の部分が足りなかったんだと思います。チップ開発やハード開発をしながらゲームの企画を立てるみたいなことをやっていましたから。ネオジオCDもそうですけど、あの当時ゼロからモノを作っていた人たちはホント大変だったろうなとは思います。

最近のゲーム開発で例えるなら、家庭用ゲームを作っていた人たちが、いきなりオンラインゲームの開発を任されて、それまでと同じ速度感で『3か月もあればできるよね』と思ってしまった……といった感じが割と近いのではないでしょうか。

成功するためにはきちんとした計画が必要だったと思いますが、当時のSNKが持っていた、前へ前へと走ろうとする力は、すごかったんだとも思います。とにかく強気の姿勢でしたからね」

ネオジオCDの後、SNKは携帯ゲーム機事業に参入。1998年10月に「ネオジオポケット」[※17]、1999年3月に「ネオジオポケット カラー」[※18]をリリースした。

※17　ネオジオポケット…1998年10月28日に発売された携帯型ゲーム機
※18　ネオジオポケット カラー…1999年3月19日に発売されたネオジオポケットのカラー液晶版

「ネオジオポケット」と「ネオジオポケット カラー」

半年も経たないタイミングで、新型機をリリースした理由は、多くの人が想像するであろう通りで、「ネオジオポケット」の売れ行きが振るわなかったためだ。だが「カラー」も、とくに北米市場での不振が目立ち、挽回を果たすことはなかった。ネオジオＣＤから続く不調がＳＮＫの財務状況に与えたマイナスの影響は、決して小さくなかっただろう。

そんな中、ＳＮＫはもう１つ、別の事業を進めていた。１９９９年３月、当時開発が急ピッチで進んでいた東京・お台場にオープンした屋内型テーマパーク「ネオジオワールド東京ベイサイド[※19]」である。

ＳＮＫは、これに先駆けて「ネオジオワールド つくば」などを運営していたのだが、アトラクションは他社が手がける施設で稼働しているものと同じだったようだ。それに対して「東京ベイサイド」には、ここでしか楽しめないアトラクション、しかもローラーコースターなどのライド型や３Ｄシアターといった、大がかりなものが用意されていた。

当時、筆者はその情報を聞いて驚くとともに「大丈夫だろうか」という不安を感じたのを覚えている。１９９７年に「ぷよ

※19　ネオジオワールド 東京ベイサイド…東京都江東区青海のパレットタウンにあったＳＮＫの大型レジャー施設。2017 年 7 月 17 日に閉店

ぷよランド」の構想を発表したコンパイル[※20]が、翌1998年に75億円の負債を抱えて事実上の破産に至った、その時期とほぼ重なっているのだ。

SNK社内は、どのような状況だったのかと、足立に聞いてみると……。

「開発メンバーはゲーム作りに集中していたので、詳しいことまでは分かりませんでしたが、川崎オーナーと自分たち社員では、見えている景色が違ったんだと思います。おそらく、さきほど話したゲームバランスのように〝もっと強くしろ〟という感覚だったのではないでしょうか」

確かに、いいときも悪いときも、SNKは常に攻めの経営を続けてきた。楠本もそれを強く感じていたようだ。

「守る選択もあったと思いますが、攻めたんですよ。SNKブランドを高めて、世界的なものにしようと。

ネオジオワールドって、東京ベイサイドのお台場だけじゃなかったですからね。関東だと、つくばにも作りましたし、さらには海外、ブラジルとか……。1か所だけでもすごい費用がかかるのに、それを3個も4個も建てたら……。

それでも収益につながっていったらよかったんでしょうけど、望むに足るインプットを毎月稼ぎ出したかっていうと、そうではなかったと思います。このあたりは、どうしても口が重くなっちゃいますね……」

楠本が話したように、ネオジオワールドもSNK起死回生の一手にはならなかった。

「今だったら、ユニバーサルスタジオジャパンという分かりやすいモデルケースがあるんですけ

※20　コンパイル…1982年、仁井谷正充（にいたに・まさみつ）が、コンピューターソフトの開発・情報誌の企画などを行うベンチャー企業として創業。落ち物パズルゲーム「ぷよぷよ」で知られる。2004年に破産

どね。VRとかARとかの技術を駆使したものですよね。ただ、あそこまでの施設型じゃないものを目指していたとも感じるんです。

きっと、川崎さんには見えていた手があったんじゃないでしょうか。1つの筐体にROMを6本挿したら6本売れる……的な発想が」

ネオジオワールド東京ベイサイドのエントランス

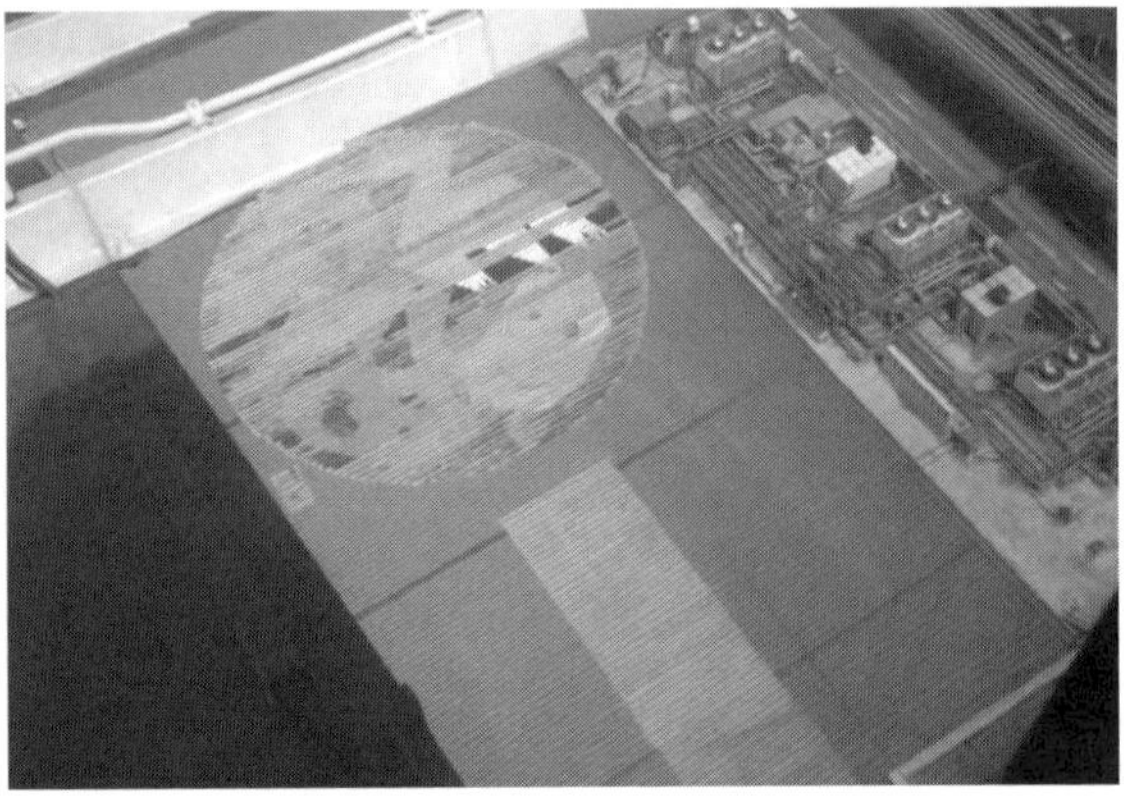
観覧車から見た消えかかったNEOGEOのロゴマーク
写真提供：dreamrise!

川崎やSNK幹部が未来を託した「ネオジオワールド東京ベイサイド」は、SNKの経営悪化により開業から2年半足らずの2001年7月31日に閉園。その後には「東京レジャーランドパレットタウン店」が入り、2017年7月17日に営業を終了し、2022年8月31日にはパレットタウンのシンボルであった「パレットタウン大観覧車」もサービスを終了、パレットタウンはすでに解体され、数年後には多目的アリーナに変貌を遂げるという。

在りし日のパレットタウンの屋上には、ネオジオワールド営業時に描かれたNEOGEOのロゴマークがかすかに残っており、パレットタウンの観覧車からそれを確認できたが、今はそれもない。

アルゼによる買収と、SNK倒産、そして残ったもの

ここまで紹介してきたように、1990年代後半にSNKが打った施策の多くは、思うような結果を残せなかった。その結果、2000年に入ってSNKの経営は行き詰まる。

そこでSNKは、以前から近しい関係にあったアルゼ（現・ユニバーサルエンターテインメント）[※21]からの支援を取り付けた。具体的な支援内容は、SNKの第三者割当増資にアルゼが50億円を出してSNK株式の50・9%を取得し、親会社として同社の再建を目指すというものだった。

しかしそうなった以上、SNKはアルゼの意向を無視できない。優秀なスタッフがアルゼに移籍したり、営業部門が厳しく管理されたりといったことが起こった。会社再建に痛みは付きもの

※21　ユニバーサルエンターテインメント…パチンコ、パチスロなどの遊技系の開発、ゲーム開発を行う企業

とはいえ、ＳＮＫ社員には心血を注いで育ててきたものが食い尽くされるような気持ちを覚える者もいただろう。

結局、アルゼの支援も功を奏さず、ＳＮＫは２００１年４月２日、大阪地裁に民事再生法の適用を申請、その後、破産宣告を受け倒産した。負債総額は約380億円。このニュースには多くのゲームファンが衝撃を受け、落胆した。

最後のゲームタイトルは、２０００年7月26日に稼働を開始したアーケードゲーム「THE KING OF FIGHTERS 2000」だった（その後NEOGEO、PlayStation 2、ドリームキャスト向けにもリリース）。

楠本は倒産までＳＮＫに残った社員の１人である。

「こんなことを言ったら誤解されるかもしれませんが、ＳＮＫのいろいろな仕組みや関係性が少しずつ崩れていく様を見るのは、それはそれで勉強になると考えていました。悲壮感もなかったですし……かといって過剰に前向きな気持ちでもなかったですが。

再建は難しいだろうと思っていましたけど、最後までつき合ってみようと思って会社に残りました。

そして潰れるときに、資料などはきっちり整理したんです。取扱い説明書やイラスト原画などは散逸しちゃう可能性がありますから。次世代の基盤になるものを残しておこう、きっちりファイリングして、デジタルデータにするものはして……と、段取りを組んで作業したと記憶しています」

楠本を始めとする、最後の勇士たちの活動が後に、新生ＳＮＫにとって功を奏することになる。

さて、かなり登場が遅くなってしまったが、ここからは松下の視点からも旧ＳＮＫ末期の様子を語ってもらおう。松下は足立、楠本と同じ大阪デザイナー専門学校を卒業し、１９９８年にＳＮＫに入社した。

「江坂にあった開発系の事務所で、楠本さんに面接していただいて入社しました。ＳＮＫを選んだ理由は、募集を見た中で給料が一番高かったからです。ほかの会社が安過ぎたのかもしれませんが」

足立や楠本と違い、松下が入社した頃のＳＮＫは、NEOGEOや格闘ゲームタイトルの数々でその名を知られた、押しも押されもせぬ存在だった。それに見合うような好待遇を提示していたのだろうが、この3年後には破産へ至るのだから、その急激な衰退ぶりが感じられる。

松下真介

「ＳＮＫが倒産したとき、私はまだ右も左も分からないような若手でしたが、短期間で、入社、倒産、新会社の立ち上げと、ちょっとあり得ないような経験をさせていただきました。アルゼ傘下時代は、パチスロのデザインワークを担当していて、倒産のときには楠本さんと一緒に過去のデータの整理作業もやりました」

松下が話した新会社というのは、プレイモアのことである。

ＳＮＫの系列会社として２００１年８月に設立されたプレイモアは、ＳＮＫの倒産後、競売に掛けられたＳＮＫの知的財産権を落札した。松下のような、旧ＳＮＫからの社員も多く、２００３年にはＳＮＫプレイモアと社名を変更し、その後、会長に川崎を迎えるなど、さまざまな面でＳＮＫの〝血〟を受け継いでいる。

「ＳＮＫプレイモア時代は、ゲーム部門と遊技機部門が完全に分かれていて、私の仕事は遊技機がほとんどでした。その頃のゲーム部門は『どきどき魔女神判！』[※22]などをリリースしていましたね」

現在もＳＮＫで働く松下は、旧ＳＮＫが残したものの大きさを常日頃から感じているという。

「あの頃の財産、コンテンツが、今ちょうど中国や韓国などのアジア市場でものすごくヒットしているので、当時の方たちが残してくれたものを継承すると同時に、それを進化させていく責任みたいなものを感じますね」

そして、今回の取材に足立や楠本が参加していることからも分かるように、ＳＮＫを辞めた人々との交流や協力関係も今なお残っている。これもかけがえのない財産と言っていいものだろう。

※22　どきどき魔女神判！…ＳＮＫプレイモアが 2007 年 7 月 5 日に発売したニンテンドー DS 用ゲームソフト

ＳＮＫの目はもとから世界を向いていた

ＳＮＫプレイモアは２０１５年に、Ledo Millenium《レド・ミレニアム》※23の傘下に入り、２０１６年には社名をＳＮＫへと変更した。

外資による買収では社内の雰囲気も大きく変わりそうなものだが、松下によれば、そんなことはなかったそうだ。

「経営のやり方は変わりましたけど、ゲーム開発の雰囲気は同じですね」

その理由の１つと思われることを、楠本が語ってくれた。ＳＮＫでは昔から、常に世界市場を見据えていたのだという。

「当時から『世界に向かって発信する』という意識が当たり前のようにありましたね。〝世界戦略〟みたいに、力んでいるわけではないんですよ。開発する中で、アメリカで売るからこうしよう、中東で売るからこうしよう、といった意識が普通にあったんです」

もとから〝世界基準〟の仕事をしていたということになるのだろうか。これは営業でも同じだったようだ。

「当時から世界展開していたアーケード系のゲーム会社さんは同じような感じだったと思いますが、若い社員が『ブラジル支社や！』、『次は北米や！』とか言われて、海外に１人か２人くらいで行ったんですよね。そういう人たちって、川崎オーナー直属の特命部隊みたいなもので、交渉

※23　レド・ミレニアム…中国に拠点を置きオンラインゲームを開発・運営するパーフェクトワールド社の子会社

や決裁のスピードがものすごく速かった」

筆者は、ＳＮＫがテレビの普及率が低い国での販売に乗り出すとき「テレビがなきゃゲーム機も売れないだろうから、先にテレビを売れ」と指示があったという破天荒なエピソードを聞いたことがある。足立にその真偽を確認してみると……。

「実際に海外営業のメンバーからそう聞きましたね（笑）。『テレビを持っていない国民が多いから、テレビのカタログも一緒に持って売りに行くねん』って。冗談で言ったものではないでしょうが、会社としてその方針を打ち出すとかいう話でもないと思いますけどね」

そして足立は、そんなＳＮＫらしいビジネスが、巡り巡って意外な形で現在のＳＮＫに返ってきていることを教えてくれた。

「現在のＳＮＫは海外の企業からも注目を浴びていますが、そういった会社には『サムスピ』や『ＫＯＦ』が好きだったという方がたくさんいます。

かつて海外に向けて送り出したものが、開発するエネルギーとして返ってきて、また新しいものが作れるのは、非常に面白いなぁと思います。あの頃、日本の企業やファンドでＳＮＫに投資しようというところはなかったですからね」

この話を聞いて、「The Future Is Now」というＳＮＫのコーポレートメッセージを思い浮かべる人もいるのではないだろうか。あの頃の開発者や営業社員の頑張りがなければ、今のＳＮＫもなかったのだ。

海外のファンから教えられたこと

1978年に新日本企画が設立されてから45年以上の月日が流れたが、その間、SNKのゲームは日本のみならず世界中でプレイされ、その国の人々に愛されてきた。

足立は海外のSNKファンから教えられることが多かったという。

「映画や舞台、小説などは文化的、芸術的な側面があって、社会的な価値も認められていますよね。昔の日本では、ゲームにそれが認められていなくて、作っている自分たちも同じような感覚だったんですが、海外の方は『作品』とか『アート』として見てくれていた。その見識が逆輸入された感じです。

大変ありがたかったというか、日本以上に大事にしてもらっていると感じて嬉しかったですね。日本にもそういう機運が生まれてきていますけど、もっともっと強くなってほしいと思います。

現在SNKで開発に携わっている小田《おだ》（泰之《やすゆき》）さんと話していても、『餓狼 MARK OF THE WOLVES』（1997年に発売された「餓狼伝説」シリーズ作品）が海外で高く評価されていることが誇りになっていると感じますし、たぶんそれがエネルギーになっていると思うんです」

足立が名前を挙げた小田泰之は、1990年代半ばにSNKへ入社して、格闘ゲームの開発に関わった後、一度、SNKを離れるも舞い戻って「THE KING OF FIGHTERS XIV」（2016年リリース）を開発した人物である。SNK復活の立役者であるゲーム開発者の小田泰之とおぐらえいすけに、ＳＮＫ復活の軌跡を遡って聞いてみよう。

元の鞘に収まった小田泰之とおぐらえいすけ

まずは小田にＳＮＫ入社の経緯を語ってもらった。

「１９９３年にグラフィックデザイナーとして入社しました。就職活動ではＳＮＫのほかにカプコンとコナミを受けたんです。それで最初にＳＮＫから採用通知が来たので、そのまま入社という感じです」

小田は関西在住だったので、就職活動も関西に本社を置く会社が中心になったようだ（当時コナミの本社は神戸にあった）。

「学生の頃は、さすがに『任天堂はすごい』ぐらいは思っていたんですが、そのほかのゲーム会社になると、大手も含めてイマイチよく分かっていなかったですね。もちろん、どの会社のゲームも遊んだことはあったので、その程度の知識はありましたが。

ただ、当時は僕も回りの友だちや親も、ゲーム業界はうさん臭いと思っていて、『まあ５年食えたらええかな……』ぐらいのつもりでしたね（笑）」

その頃、ＳＮＫはすでに「餓狼伝説」「龍虎の拳」などのヒット作を世に送り出していたが、小田はそれらのタイトルをプレイしながら、ある〝不遜な思い〟を抱いていたという。

「あの……今思えば本当に恥ずかしい話なんですが、『オレがやったら、もっとええモン作れるのに』と思っていました。ＳＮＫのゲームは絵がヘタだと本気で思っていましたね。絶対にオレのほうがうまいって。

入社してみて知ったんですが、ゲーム開発には、いろいろな制限があったわけです。ゲーム内の色数であったり、画面内のスプライト数であったりと……。そういう知識がまったくなかったので、『なんで、もっとキレイな絵を描かへんのやろ』と純粋に思っていました」

小田はＳＮＫ黄金期の開発現場を経験した後、ディンプスへ移り、その後、再びＳＮＫへと戻ってきたのだが、そのあたりの詳しい話は後述する。

おぐらえいすけは１９９６年の入社だ。ドットパターンが描きたくてゲーム会社を志望した。

「格ゲーの一大ブームがあったので、当時、僕らの間ではカプコンとＳＮＫが入りたいゲーム会社のツートップだったんです。それでカプコンさんの入社試験も受けたんですが、最終で落とされちゃって……。でもＳＮＫに合格したので、個人的には『やったぁ！』という感じでしたね」

おぐらは入社後、「餓狼伝説」のチームに配属された。

「『餓狼伝説』シリーズのピークは、それより少し前の時代、『餓狼伝説２』（１９９２年）とか『餓狼伝説スペシャル』（１９９３年）のあたりで、社内の人気もどちらかというと『THE KING OF FIGHTERS』の方にシフトしていました。そんな中で『頑張らなあかん』と思ったのを覚えています」

だが、おぐらが入社して5年後に、ＳＮＫは倒産することになる。

「SNKには会社が倒産する頃までいました。2001年頃、『THE KING OF FIGHTERS 2001』を委託開発していたブレッツァソフト[※24]から『(ウチへ)来ぃへんか』と誘われて入社したんです」

ブレッツァソフトは、その後サン・アミューズメントに買収され、そのサン・アミューズメントもまたSNKプレイモアに吸収された。

小田とおぐらは、ともに元の鞘に戻ってきたというわけだ。

〝体育会系〟だった1990年代のSNK

小田とおぐら入社した1990年代は、SNK全盛期と位置付けてもいい時期だ。カプコンの「ストリートファイター」や、セガの「バーチャファイター」の向こうを張って、「餓狼伝説」、「龍虎の拳」、「SAMURAI SPIRITS」、「THE KING OF FIGHTERS」といった人気シリーズの作品を次々にヒットさせ、まさに黄金期だった。

小田は当時の開発現場をこう振り返る。

「プロジェクトの規模が今よりも小さかったですね。ゲームのボリュームにもよるんですが、基本的に外部発注がなくて、全部内製でした。ハードウェアも自社製でしたから、開発ツールもほとんどが自社で開発したもので、とにかく融通が利いて、利きすぎるくらいでした。

※24　ブレッツァソフト…SNKのグループ会社

たとえば、今ならサーティフィケーションテストやマスター申請とかいうものが入りますが、そういったものがなかったですからね」

他社のプラットフォーム向けにゲームをリリースする場合、事前にプラットフォーマーによるチェックが入る。それを考慮したうえでスケジュールを組まなくてはならないのだが、当時のSNKではそれが必要なかったというわけだ。

「ソフトを量産するために押さえた工場が稼働するときに、製品版ROMを渡さないといけないのは当然なんですが、そこさえ守れていれば、あとの時間配分はいい意味でも悪い意味でも自由でした。納期までにどれだけ詰め込めるかっていう。入社当時はまだ容量制限が厳しかったんですが、1994年か1995年あたりから、それも気にしなくてもいいようになりました」

作り手にとって、この自由さはありがたかっただろうが、会社の事業として考えるとあまりに

小田泰之（上）とおぐらえいすけ（下）

〝無計画〟であろう。

「とりあえずのスケジュールや納期は計画に基づいていたと思いたいですけれど、分かりませんね（笑）。だから開発に関しては、好きなようにやらせてもらえた気がします。川崎さんがフラっと現れて『ボツ！』と言うときもありましたけど。

今は計画をきっちり立ててマネージメントしますから、感覚的には大きく変わりましたね」

小田によると、1990年代のゲーム開発は個人の才能でプロジェクトを引っ張れたという。

「声が行き渡る範囲でゲームが作れましたからね。2Dグラフィックスというのも大きかったです。たとえば『サムスピ』の覇王丸というキャラクターを完成させるのに必要なデザイナーって、2Dなら1人なんですよ。覇王丸担当の人が頑張ってくれたら、グラフィックス的にはいいキャラになるんです。

今は3Dグラフィックスの時代ですから、覇王丸1体を動かすにも、何人もの手を経なくてはいけません。モデルとモーションで2人必要ですし、モデルのギミックを作る人も別に必要ですし、さらにエフェクトの人がいて……と、同じ1キャラでも絵を作るだけで4人のタスクを管理する必要があるんです。彼らの時間に無駄が生じないようにスケジューリングしないといけないので、作り方がまったく違うといいますか、昔の僕らみたいなバカな作り方では絶対に作れません」

ゴルゴダ・システムとは……？

おぐらの話からも、当時の開発現場の自由な雰囲気がうかがえる。

「当時は、やっぱりちょっとユルいっていうか、何でもアリでした。泊まりもあってしんどかったですけど、若かったこともあって個人的には非常に楽しかったです。青臭い、青春の匂いがする思い出になっています。多分、業界全体がそうだったんじゃないかと思います。平均年齢も20代で若くて、部活のノリに近いというか。毎日が文化祭みたいな感じでしたね」

ただ、多くの人が知っている通り、〝部活のノリ〟は楽しいことだけではない。

「僕が入る直前あたりが一番すごかったらしいんですけど、体育会系の雰囲気も強かったです。だから『上の人は怖い』と感じることがありました」

〝一番すごかったらしい〟という時期のことを少し小田に聞いてみよう。

「暴力とかは一切なかったですよ。ただ、『ゴルゴダ・システム』というものがありました（苦笑）」

ある階段の踊り場が「ゴルゴダの丘」（キリストが処刑された地）と呼ばれていて、ヘマをやらかした社員は、みんなそこに連れて行かれたという。

「おそらく、説教されてたんじゃないですかね（笑）。居眠りしている社員の椅子を、僕の上司が目にも止まらぬ速さで近づいて蹴り飛ばすのを見たことがあります。強調しておきますが、眠っていた人を蹴ったわけではないですよ。ものすごいスピードで近づいて、椅子を蹴って起こしたんです。あまりの早ワザに、『あ、これ、必殺技に使えるな』って思ったくらいでした（笑）」

小田によると、そんな雰囲気はある出来事をきっかけに失われていったようだ。

「ちょうど僕の1つ下の代で急激に社員が増えたんです。『餓狼伝説スペシャル』や『真SAMURAI SPIRITS 覇王丸地獄変』をリリースした頃、江坂駅前のビルに引っ越したときですね。女性社員が一気に増えたこともあって、会社としてもちゃんとしたんだと思います。社内をパンツ一丁で歩く人が、この頃からいなくなりました（笑）」

その頃のSNKの格闘ゲームを語るなら、魅力的なキャラクターを外すわけにはいかない。ファッションや繰り出す技の数々、そして決めポーズに至るまでの独特なスタイリッシュさはプレイヤーを熱狂させただけでなく、多くのコスプレイヤーを生んだ。

小田はキャラクター作りにおいて、常に「物語上の役割」を想定していたという。

「格闘ゲームのキャラクターには、遊びの部分での役割があります。〝スタンダード〟、〝スピード〟、〝パワー〟、〝投げ〟、といったように。そういったバリエーションは誰でも思いつくんですけど、僕らは物語上の役割も常に考えていました。

『このキャラはこういう背景があるからこうしよう』とか、『かわいい女の子を出すなら、お姉さま系も出さないと面白くない』とか、キャラクターにはこだわっていました」

「SAMURAI SPIRITS」、「月華の剣士」などは言うまでもないが、それ以外のSNK作品でも、「餓狼伝説」の不知火舞など、和の雰囲気を感じさせるキャラクターが多い。

筆者はてっきり会社の方針としてそういったキャラクター作りをしているのかと思っていたが、

そうではなかった。

おぐらはこう推測している。

「世界設定を構築するネタを考えている中で拾ったネタが、たまたまそれだったということじゃ

当時のSNK本社近くの場所が、「THE KING OF FIGHTERS」などのステージとして使われている

ないでしょうか。江戸時代に詳しいプランナーさんがいたとか、幕末が好きな人がいたとか。会社の戦略や色として、そこを推し出していたわけではなかったと思います。

ただ、当時は格闘ゲームブームで、各社からさまざまなタイトルが出ていましたから、そこでうまく隙間を突こう、というところはありましたよね」

新旧の力を合わせて開発した「THE KING OF FIGHTERS XIV」

前述したように、小田とおぐらは一度SNKを退職したが、縁あってSNKに戻り、ともに「THE KING OF FIGHTERS XIV」の開発に携わることになった。その流れを振り返ってもらおう。

小田は2000年の初頭にSNKを離れた。

「退職したのは、会社が倒産するちょっと前でした。開発の専務取締役だった西山さんと同じ時期です」

ディンプスは西山とSNKの開発1部に所属していたメンバーが中心になって創業した会社である。2000年3月にソキアックとして創業し、同年7月にサミー、バンダイ、ソニー・コンピュータエンタテインメント、セガの資本を受けて社名をディンプスに変更し、現在に至る。

小田は、ディンプスでいくつかのゲームタイトルの開発に関わり、2014年にSNKに復職した。

転職には勇気がいる。一度辞めた会社に戻る形であっても、そこは変わらないだろう。かつて所属していたとはいえ、再びフィットする保証はない。

事実、SNKに戻った小田は、以前と違う雰囲気に戸惑ったようだ。

「当時のSNKは、開発をやっている雰囲気があまりなくて、ゲーム会社っぽくなかったです。実際、開発はそれほどやっていなかったようですが……。なので、『この会社、大丈夫かなぁ』と感じました。新しい『KOF』を開発したいから……という話があったので戻ったんですけど、『ホントに、ここで作れるのか？』と」

小田を迎えることになったおぐらは当時をこう述懐する。

「その頃のSNKは、コンシューマゲームを開発していなくて、ゲームはパチスロのIPを使ったソーシャルゲームのみになっていました。当時の主力商品は、『シスタークエスト[※25]』などのパチスロで、『KOF』を題材にしたパチスロもあったんです。

小田が戻ってきたときの社内には、格闘ゲームを作れる人間、とくにモデルやモーションデザインができる人はほとんどいなくなっていて、ゼロからのスタートに近いものがありました」

そんな状況だったため、小田とおぐらは人材探しから始めた。おぐらが毎年のように開催していたSNKのOBを中心にした飲み会のネットワークを通じて声をかけるうち、小田がSNKに復職した情報も広がり、かつてSNKの格闘ゲームを開発していたメンバーが再び集結したという。そこに新卒の社員が加わり、2015年に入る頃には体制が固まって制作が進み、「THE KING OF FIGHTERS XIV」は無事に2016年8月25日の発売までこぎつけた。

※25　シスタークエスト…2007年9月、SNKプレイモアから導入されたパチスロ機

当然ながら、小田の仕事内容は旧ＳＮＫ時代とは大きく変わっていた。

「開発の責任者になったので、どうしても地味な仕事が多くなりました。エクセルとジーっとにらめっこして、出来上がったものをチェックしたり、スケジュールや予算を管理したりっていう。もう完全な裏方で（笑）。

パワーゲイザー（「餓狼伝説」シリーズに登場するテリー・ボガードの必殺技）にでっかい攻撃判定を付けているときが、一番楽しかったですね」

おぐらもこう語る。

「旧ＳＮＫ時代は、ほとんど〝ドットの人〟でしたが、今は黒木（信幸《のぶゆき》）などがアートディレクターとして立っているので、基本的には彼らの主導で進めています。ただ、彼らと僕の思いが合致していなきゃいけないんで、キャラクターデザインや、グラフィックスの方向に関しては、ちょっと話をさせてもらっています」

かつて自分がいた場所で働く若いメンバーを見ると、いろいろ思うことがあるようだ。

「最近入社してきた若い人たちには、ＳＮＫのゲームが好きで入ったという人がけっこういます。彼らがプレイヤーだったときの解釈を聞いて、『一般の人には、そう思われていたんだ』とギャップを感じるのが面白いですね。

こっちの単純なミスについて、『このキャラクターにはこういう設定があるから、こうなっているんですよね』などと話しているところに『ちゃうで、それミスや。バ

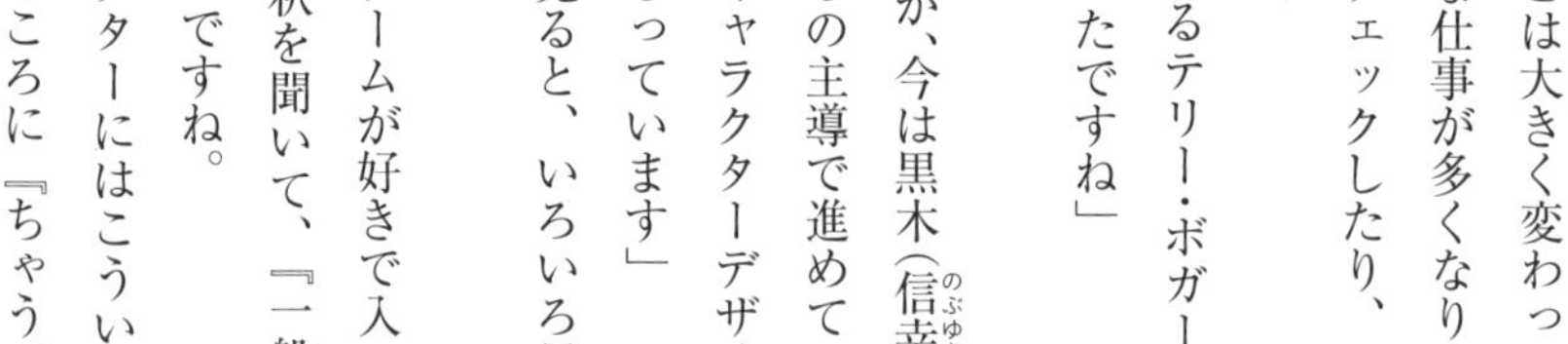

「THE KING OF FIGHTERS XIV」ゲーム画面

グやから』と言ったらショックを受けていたりしていましたね（笑）」

小田も似たような経験があるという。

「ゲーム容量や開発の時間が足らなかったゆえの仕様を、良いように解釈してくれているので『そんなことないで』と言うことがよくあります」

そんな笑い話を披露しつつも、2人は若いメンバーを頼もしく思っているようだ。おぐらはこう語った。

「年を取るごとに若い子とのギャップができてきますけど、その人の意見なりデザインなりは、なるべく尊重したいと思っています」

〝15年の遅れ〟を2年で取り戻す

SNKの格闘ゲームシリーズには長い歴史があるため、登場キャラクターを描いたイラストレーターもその時代によって異なる。

それぞれのイラストに、それぞれの魅力があるわけだが、おぐらは、〝SNKの絵〟のイメージを決定づけたのは森気楼《しんきろう》※26だろうと話す。

「国内はもちろんですけど、海外でも森気楼さんの絵がSNKの絵だと今でもよく言われます」

「THE KING OF FIGHTERS XIV」の開発では、そんな確固としたイメージを持つキャラクター

※26　森気楼…SNKで多くのキャラクターイラストや販促物を手がける。退職後はカプコンに入社し現在に至る

たちを表現するうえで、大きな挑戦があった。おぐらはここで相当悩んだようだ。

「グラフィックスが2Dから3Dになって、作り方がガラっと変わりました。2Dで表現していたキャラクターを3Dにしなきゃいけないとなったときに、情報量をどこまで上げていいのかに戸惑ったんです。

表面の解像度と言えばいいのでしょうか……『KOF』のキャラって、アニメっぽい中に、ある種のリアルさもあると思うんですよ。2Dをそのまま3Dにしたとして、それで情報が足りるのか、顔の作り方についても、単純にリアルにするのは違うだろうとか、いろいろ考えて。その落としどころに一番悩みましたね」

3DCGの採用については小田も戸惑いを覚えたようだが、その内容はおぐらと大きく違う。

「SNKを出てからは3DCGのゲームしか作っていなかったので、2Dか3Dかで議論が起きること自体が疑問でした。

最新のプラットフォームに向けてリリースということは最初に決まっていたので、そこで2Dが出てくることに『なんで?』と」

ここで小田が言っている2Dは、ポリゴンで作った板にテクスチャを貼るような、厳密に言えば3DCGだが、旧態依然の手法のことだ。

「あのときのSNKは、3DCGにどんな技術を詰め込めるかといった議論なんてできる状態ではなかったんです。正直に言えば、『開発技術が15年前で止まっているのか』と思ったくらいです。焦りましたね。

結局、その部分では満点を取れなかったと思っています。『THE KING OF FIGHTERS XIV』は高い評価をいただきましたが、グラフィックスの満足度は低めでしたから。『SAMURAI SPIRITS』で、ようやく脱却できたかなという感じです」

SNKの3DCGを進化させたのは、〝新たな血〟だった。

「最新の3DCGスキルがある人を新たに入れました。一口に3DCGと言っても、流行り廃りがあります。初代PlayStationの時代と現在では、モデルの使い方からして違いますから。

トレンドを追いかけられている人、知識とスキルがある人たちのふだんの会話を、チーム内で当たり前にできるようにするのが大変でした。それこそ文化を入れ替えるぐらいの感覚です。急激な変化に拒否感を覚えたり、ストレスを抱えたりした人もいたと思います」

〝15年の遅れ〟をわずか2年程度で取り返すためには、痛みも伴ったということだろう。

それを成し遂げられたのは、開発メンバーの責任感と、コンテンツに対する深い愛情だったのではないだろうか。

「THE KING OF FIGHTERS XIV」は、発売後もアップデートによりグラフィックスの向上が図られた

世界に広がっていたＳＮＫワールド

ＳＮＫのゲームや、そこに登場するキャラクターたちが世界中で愛されていることは前述した通りだが、おぐらもそれを強く感じている。

「最近でこそ、海外のイベントに招待していただくことも増えましたが、ＳＮＫプレイモア時代まではあまりなくて、世界での人気を実感できなかったんです。

いざ行ってみたら、ものすごく熱狂的なんですね。コミュニケーションの取り方も情熱的、直接的で。そこはちょっと驚きましたし、昔の〝種まき〟が実ったのかなと感じますね」

中東の国でも、おぐらは大歓迎されたそうだ。

「クウェートでも、ＳＮＫゲームのファンがすごく多かったんですが、その中のひとりがＭＶＳ筐体を引っ張ってきて『これにサインしてくれ』って……。さすが産油国って思っちゃいました（笑）。レアなカートリッジとかもいっぱい持っているんですよ。『餓狼 MARK OF THE WOLVES』とか」

小田もまた、同じような体験をしている。

「僕もＳＮＫに戻ってからは、『THE KING OF FIGHTERS XIV』や『SAMURAI SPIRITS』の販促活動で、いろいろな国に行っていますが、初期のＳＮＫタイトルの発売当時から好きだったという人の数や熱量は凄いですね。ヨーロッパ、アメリカ、中国もそうです。南米にはまだ行ったことがないんですが」

海外の熱狂ぶりを目の当たりにして、思うところも多かったようだ。それは先に挙げた、SNKの先人たちが遺したものかもしれない。

「当時の海外での販売本数などを正確に把握しているわけではないのですが、あの熱量を見ると、それぞれの国で、あの当時SNKのゲームをしっかり行き渡らせることはできていたんだろうか……と考えましたね。ゲームの開発と同じくらい、マーケティングも重要なんだと感じました」

いくら面白いゲームを作っても、届かなかったら意味がない。もちろん現在の小田は、そのためのさまざまな施策を考えている。

「マーケットが以前よりも大きくなっている分、やらなければいけないことが増えて、開発費もどんどん膨れ上がっています。その開発費を一瞬で回収できればいいのですが、当然、それなりの時間がかかるので、その間はダウンロードコンテンツをリリースしたり、話題を提供したりでプレイヤーのみなさんにモチベーションを維持していただかないといけなくなっているんです。昔とはまったく感覚が違いますね」

おぐらも同感のようだ。

「NEOGEOの時代だと、製品版のROMを焼いたら基本的に作業はおしまい、あとは買ってもらえるかどうか……といった感じでしたが、今は発売後も調整ができますから。大会などに対してのケアもしなきゃいけないですしね。

ただ、そういう意味だと、ファンのみなさんとの距離は近くなっていると思います」

筆者は、2019年7月に台湾の台北市で開催された台北サマーゲームショウの会場で、NEOGEO World Tour 2の模様を観戦した。日本を含むアジアを中心とした多くの国から選手が参加し、World Tour の名にふさわしい大会となっていたが、これを実現したのは、コンテンツの持つポテンシャルはもちろん、ゲームやコミュニティのネットワーク化だった。

小田は、ゲームがオンラインでつながることによって新しい遊び方が生まれ、そのなかでコミュニティも形成されていったと語った。

おぐらも、世界中から反応が返ってくる現在の状況を、かつて行っていたSNK直営ゲームセンターでのロケーションテストと比較すると、隔日の感を覚えるという。

eスポーツが盛り上がる中、対戦格闘ゲームの先頭集団に追いついた感がある最近のSNKだが、おぐらは意外にも、格闘ゲームにこだわるつもりはないという。

「格闘ゲームを作るのは全然やぶさかではないですけど、ほかのジャンルに挑戦させていただけるのであれば、それもやっていきたいですね」

そこは小田も同じようだ。

「若いときは格ゲーばかり作っていた反動で嫌いになって（笑）、新しいことをやろうといろいろ経験した後で、もう一度格ゲーをやるかとSNKに戻ったんです。

そのおかげで妙に達観しているところもあるんですけど、どんなジャンルのゲームでも、十分作り込ませてもらえたらありがたいというか、嬉しいですね。

いろいろジャンルのゲームを作れるようにして、1年で何本もタイトルを出したいと思ってい

※27　SNKエンタテインメント…SNKの子会社で、主にゲーム及びデジタルコンテンツ開発、販売、マーケティング、ライセンス事業を行っていた。現在はSNKに事業移管された

ます。今のペースだと1年に1本出るか出ないかぐらいなので。

リメイクのオファーや、ファンからの要望も山のようにありますし、既存IPもちゃんとやっていきます。ただ、それに全部応えていると、新しいものを作れないというジレンマがあるんですよね」

小田は笑顔で語った。応えきれないほどのオファーや要望があることは、開発者冥利に尽きるのだ。

新生SNKのキーマンが語る今後の展開

さて、ここからはSNKエンタテインメント[※27]の取締役COOを務める庄田《しょうだ》淳一《じゅんいち》に、SNKの国内展開やこれからについて語ってもらうのだが、その前に、庄田とSNKの出会いを遡ってみたい。

「横浜出身の大阪育ちで、小中学生時代はゲームをよくやっていました。家庭用ゲームは『ファイナルファンタジー』や『ドラゴンクエスト』、それ以外にも、いろいろなタイトルをやっていました。アーケードゲームだと『ストリートファイターII』、『THE KING OF FIGHTERS』、『餓狼伝説』とか、とにかくゲームが好きでしたね。

2019年7月、台北サマーゲームショウで開催された NEOGEO World Tour 2 の模様

その中でもやはりＳＮＫは特別で、初代『餓狼伝説』が世代的にもマッチしていたので、一番やり込んだと思います。『メタルスラッグ』[※28]、『SAMURAI SPIRITS』もそうですね」

ＳＮＫが特別な存在になったのはなぜだろうか。

「タイトルに加えて、ＭＶＳ筐体の印象がものすごく強かったからです。小中学生時代に駄菓子屋や玩具店、レジャースポットなどに行くと、必ず設置されていました。今から考えると、生活の中で当然のように筐体があったので、無意識に印象づけられていたんだと思います。そこが決定的だったんじゃないでしょうか」

ＭＶＳの筐体にはいくつか種類があるが、庄田が指しているのは、後に「NEOGEO mini」のモチーフにもなったタイプだ。

「２０１８年、全世界で『NEOGEO mini』を発売しまして、国内だけでも20万台を突破しました。発表直後からさまざまなメディアで取り上げられ、予約販売ではわずか1時間半で完売するなど、大きな話題となりました。その反応を見ても、ＭＶＳ筐体は、単なるアーケード筐体ではなく、１個の確立されたコンテンツであることを改めて認識しました」

庄田は、２００５年にＳＮＫ（当時の社名はＳＮＫプレイモア）へ入社したが、志望動機はゲーム開発ではなかったという。

「幼少の頃からゲームやレジャーが好きだったので、エンタメ業界に携わりたいという思いがあり、その中でゲーム・パチスロ業界を選択しました。

元々は、コンテンツやそれに付随する業務、マーケティング関連職を志望していましたが、当

※28　メタルスラッグ…1996年発売の横スクロール型のアクションシューティングゲーム

時のＳＮＫの事業はパチスロとゲームの２つに分かれていまして、入社後最初の部署は、メインの事業だったパチスロに関わる業務管理部でした」

その後、庄田は、ほどなくして業務管理部からパチスロ独特の申請に携わる部署や開発管理の部署へ異動になったが、これには理由があった。

「あるとき上司から、将来的に会社全体の業務を把握できるよう、一定期間で異動させると言われました。

1つの部署にいるのが早くて半年、最長でも2年ぐらいでしたね。基本的に、原理原則の理解、

庄田淳一

NEOGEO mini

業務の取得、問題定義と改善施策を実施して、ある程度最適化されれば次の部署へ配属というシステムで育成されました。

当初希望していた職種とは異なりましたが、配属先で成果を出していけば、最終的には自分のやりたい仕事に近づけるとイメージしていました。ミッションは会社が決めることで、個人の好みで選べるものではありませんので」

仕事を覚えたと思ったらまた別の仕事……という、なかなか大変そうな働き方に思えるが、これは庄田にとって貴重な経験になったようだ。

「毎日、緊張感がある状態で仕事量も多く、苦しい時期もありましたが、今思えば非常にいい経験でしたし、その中で見えてくるものも多くありました。

クリエイティブな職制とは異なり、1つの部署に長く居続けることは必ずしも生産的ではありません。生産性と要領は異なります。さまざまな部署や業務を取得してきたからこそ、人が発言する内容や判断する視点によって、その人が今までどのような姿勢で、どのような業務に取り組んできたか、ある程度把握できます。

人それぞれの許容範囲を見極めつつではありますが、若いうちに苦労した分は、近い将来、自分の財産となって返ってくることを社員教育のポリシーとしています」

庄田が入社した2005年頃のSNKプレイモアは、旧SNKの親会社であったアルゼに対して起こした知的財産をめぐる損害賠償請求裁判のさなかにあり、アーケード基板の自社開発を諦め、他社のプラットフォーム（セガやサミーが開発した「ATOMISWAVE」[※29]やタイトーの「Type

※29　ATOMISWAVE（アトミスウェイブ）…2003年にサミー株式会社が開発した業務用のシステム基板。2001年にサミーがドリームキャストの余剰部材を購入したことが開発のルーツと言われており、サミーはセガからアーキテクチャ技術のライセンス供与を得て、「システムX」という名前で発表し、その後、名称をアトミスウェイブに変更し発売した

X」）に向けた展開を始めたばかりだった。いわば〝激動の時代〟なのだが、社内にいた庄田自身には、そのような印象はなかったという。

「アルゼとの件は、入社してから徐々に理解していきましたが、特に社内で情報共有などもされていなかったです。会社の配慮でしょうし、もし逐一、知らされていたら、みんな不安になっていたかもしれないですね」

庄田はその後、経営企画室に配属され、著作権や商標、特許といった知的財産権に関する業務を担当したが、その時期に中国のレド・ミレニアム社がＳＮＫを買収する案件が動いていた。

自分の所属する会社が買収されるというただならぬ事態を、庄田はどのように見ていたのだろうか。

「私はレド社を知らなったので、初報を聞いたときは驚きましたが、実情を理解していくうちに期待感が生まれました。

当時の日本のアプリマーケットでは、あまり海外の企業が目立っていませんでしたが、中国のアプリゲームは飛び抜けて勢いがあって、将来的に彼らがゲームマーケットを席巻するのがイメージできる状況でした。レド社は、そんな中国で成功しているわけで、むしろ、いい結果につながるんじゃないかと思うようになりました。

実際、日本のアプリが海外マーケットで目立った結果を残せない一方で、中国のアプリは日本のマーケットで着実に成功していったと思います」

レド・ミレニアムは、２０１５年８月に川崎夫妻の所有株を取得し、ＳＮＫは同社の傘下に入った。筆者の個人的な感想だが、これ以降、ＳＮＫから発信される情報が増えていったように思う。それが近年の躍進につながっているのなら、経営が会社を変えた１つの事例ではないだろうか。

ＳＮＫはまさに「The Future Is Now」

レッド・ミレニアムの傘下に入った翌年、社名が「ＳＮＫプレイモア」から現在の「ＳＮＫ」へと変更された。旧ＳＮＫ倒産から15年越しでの復活を遂げた理由を庄田はこう語る。

「どのように表現すべきか……、ここまで人から愛される社名って、なかなかないと思うんですよね。『ＳＮＫ』の3文字、社名もコンテンツであり、ブランドなんですよ。だから、余計なものを付けるより、ＳＮＫ」

庄田が取締役を務めるＳＮＫエンタテインメントは、ＳＮＫが保有するＩＰを使ったライセンス事業を展開している。

「ライセンス事業への注力が会社の方針であり、ここが今のＳＮＫを勢いづけている一番大きな要因だと思います。以前のＳＮＫは、日本国内でのライセンス展開には消極的でしたので、ＳＮＫエンタテインメントを日本国内のライセンス会社のシンボルとして設立しました。会社設立直後は、ライセンス事業を通して、ＳＮＫコンテンツの再認知と盛り上げに注力しました」

ちょうど、「THE KING OF FIGHTERS XIV」がリリースされた時期と重なったこともあり、同作のキャラクターがスマホアプリに登場するといったコラボのオファーが多かったという。

その中で庄田は、他社がSNKに抱いていたイメージを把握していったようだ。

「どうも弊社は〝武闘派〟というか、近寄りがたい雰囲気があったようで（笑）。なので、第一弾の事業展開としては、事業紹介のための企業訪問を積極的に行いました」

その結果「SNKとは取引できない」という他社の思い込みがなくなり、協業の問い合わせが増えていったそうだ。

「『前からSNKさんと取り引きしたかったんです』、『お願いしたかったんですけど、声をかけづらくて』、『どこに連絡すればいいのか分からなかったので』みたいな感じでした」

そのような事例のなかで庄田の印象に残っているのは、「グランブルーファンタジー」[※30]とのコラボだという。

「当時の『グランブルーファンタジー』のプロデューサーと、2016年8月頃に初めてお会いしました。多忙にも関わらず丁寧に対応していただいて、さまざまな事業の話をご紹介したところ、後日『グランブルーファンタジー』の世界観と『SAMURAI SPIRITS』の親和性から、コラボを提案いただいたんです。

実際にコラボイベントを開催したのは、2017年の1月で、『SAMURAI SPIRITS』の新作も発表前でしたが、このお話をきっかけに活性化していったと思っています」

こういった協業によってSNKコンテンツはマーケット内で再認知されていき、それが新たな協業を呼んだ。

※30　グランブルーファンタジー…Cygamesが開発するスマートフォン向けRPG

「さらに一歩踏み込んだ話が来るようになって、ゲーム分野だけでなく、飲料メーカーのダイドーさんの自動販売機と連動するアプリ『THE KING OF FIGHTERS D ~ DyDo Smile STAND ~』などが実現しました」

このように、ライセンス事業が軌道に乗ったところで、ＳＮＫエンタテインメントは新たな事業に乗り出した。

「新規事業の一環として、マーチャンダイジング事業に着手しました。ゲームから離れているときも、ユーザーがキャラクターに寄り添えて、満足度を高められるのがグッズ等の商品だと考えています。だからこそ、マーチャンダイジングはコンテンツにとって非常に重要な役割を担うと思っています。

今までのＳＮＫは、ライセンス事業で商品化を展開していましたが、自社展開のノウハウがなく、経験がある社員もいなかったので本当に手探りでの立ち上げでしたね。

商品企画からショップのサイト構築まで、苦労しましたが、無事２０１７年9月に『ＳＮＫオンラインショップ』をオープンすることができました」

オープンから1か月ほど経つと、全国から反応が返ってきた。

「ライセンス事業のときと同じように、流通業界で『ＳＮＫがショップを開設した！』という情報が瞬く間に広まり、ハンズさん、ロフトさんなどから次々とオファーをいただきました。

特に印象的だったのは、ハンズさんとの『40 thコラボ』でした。２０１８年はＳＮＫの創業40周年[※31]だったので、その当時、同じ40周年だったハンズさんから『一緒に何かできませんか』と声

※31　2018年はSNKの創業40周年…1978年の株式会社新日本企画創業を起点とする

をかけていただいたんです。

せっかくなので、もっと踏み込んだことをしましょう！ と生まれたのが、ハンズのコーポレートカラーに身を包んだＳＮＫキャラクターのタイアップでした。

ＳＮＫの強みはオンライン分野、ハンズさんの強みはオフライン分野であり、双方の強い分野にリーチすることで、新規のマーケットやユーザーの獲得につながったと思います」

庄田は、このような協業を進める中で、ＳＮＫのキャラクターの魅力を改めて感じたようだ。

「格闘ゲームの中でも、ＳＮＫのキャラクターは歴史が長く、多くのファンがついています。例えば麻宮アテナという1キャラでも、ＫＯＦシリーズのファンや、１９８７年のアーケードゲーム『サイコソルジャー』からのファンなど、多種多様ですからね」

オフラインでのコラボは飲食店でも実現した。東京スカイツリータウン内にある東京ソラマチでのコラボカフェだ。年末年始にキャラクターアートをあしらったメニューが提供されたこのカフェは、それまでＳＮＫにはまったくノウハウがなかった飲食分野だけに、いい経験となったようだ。

そして、現在（連載掲載記事の２０１９年12月時点）のＳＮＫエンタテインメントは、さらなる新規事業に力を入れている。

「これまでは、あくまで一次コンテンツの展開でしたが、現在は二次コンテンツでのブランディングに着手しています。

２０１９年7月に発表した『THE KING OF FIGHTERS for GIRLS』は、名前からも想像で

きるように乙女ゲーです。要はキャラクターをアイドル化したものです。発表時には、トレンドランキングで1位を獲得したり、動画の再生回数が2日経たないうちに100万回を超えたり、ツイッターの「いいね」が1万を超えたりと、かなりバズりました」

KADOKAWAが2019年に立ち上げたライトノベルレーベル「ドラゴンノベルス」からは、「THE KING OF FANTASY 八神庵の異世界無双 月を見るたび思い出せ!」が出版されている。「八神庵が異世界に転生して、ドラゴンやゴブリンと戦う……というスピオンオフ小説ですが、こちらも非常に好評で、重版がかかって、続編とコミック化が進んでいます」

乙女ゲームにライトノベルと、昨今の流行に乗ったかのようにも思えるが、こういったキャラクターの活用は、本来SNKが得意とするところでもあった。経営体制や社内の雰囲気が変わった結果、その血が蘇った、と見た方が正しいようだ。

「たとえば、1990年代に企画された、『KOF』のキャラクターがバンドを組んだという設定の『バンド・オブ・ファイターズ』※32や、SNKの女性キャラクターを集めた恋愛シミュレーションゲームで、携帯電話端末やニンテンドーDS向けにリリースされた『デイズオブメモリーズ』など、もともとSNKのキャラクターはさまざまなジャンルで活躍していました。

格闘ジャンルという枠を飛び出し、新しいマーケットやユーザーにリーチする展開は非常に重要です。同時にその戦略が実現できるのも、各キャラクターにファンがついているSNKのキャラクターだからこそだと確信しています」

庄田は、今後も新たな展開を打ち出していくという。

※32 バンド・オブ・ファイターズ…SNKのゲーム『THE KING OF FIGHTERS』などのキャラクター5名によって結成されたバンド。等身大のロボットによるライブも行われた

「コンテンツというものは、一朝一夕で生まれるものではありません。マーケットへの情報発信やユーザーの満足度を高めていく中で、少しずつ蓄積されていくものだと考えています。大切なことは、情報を発信し続けることです。ＳＮＫは、受け継がれてきたゲームを現代に合わせて昇華し、ＳＮＫエンタテインメントは、コンテンツという幹を大樹に育てる仕掛けを展開していきたいと考えています」

冒頭で記したように、ＳＮＫは、EGDC の資本参加のもと、新しい経営体制が敷かれ、新しいチャレンジの中にある。サウジアラビアでかつてはプレイヤーだったサルマン皇太子は、かつて自身の憧憬のなかにあったキャラクターやブランドに新たな命を吹き込んだ。

旧ＳＮＫで蒔かれた種は、じっくりと実を結び、新たな花が咲き誇らんとしている。まさに、「The Future Is Now」、ＳＮＫの未来は今ここにある。

Chapter 07

究極の体感ゲーム筐体「R360」の開発メンバーが次代に託すセガの遺伝子

語り部

吉本昌男
（よしもと・まさお）

松野雅樹
（まつの・まさき）

ビデオゲームの語り部たち

吉本昌男

1963年、兵庫県生まれ。近畿大学理工学部卒業後、1987年に株式会社セガ・エンタープライゼス入社。1995年、メカトロ開発1課課長、2001年メカトロ研究開発部 部長、2005年クリエイティブオフィサー、2010年 SIMULINE.INC 取締役兼任、2013年セガサミークリエーション株式会社取締役兼任。2021年退社、現在は WISEWORKS 代表。

松野雅樹

1963年、広島県呉市生まれ。明星大学理工学部卒業後、1985年に株式会社セガ・エンタープライゼスに入社、第2研究開発部配属。1988年、第4研究開発部メカトロ開発2課課長に着任したのち、1997年、AM第4研究開発部部長に。2000年にセガ退社。現在は株式会社ユーノゲーミング 代表としてアミューズメント／ゲーミング機器を開発している。

「遊ぶ実験室」――セガ体感ゲームの頂点でありその象徴 R360

「創造は生命（いのち）」

この輝かしいまでの社是を掲げる、総合エンターテインメント企業、セガは、2020年6月3日に設立60周年を迎えた（前身となる日本娯楽物産が登記された1960年6月3日を起点としている）。

人であれば〝還暦〟。そこに関わってきた従業員も、創造したコンテンツも、ある意味、一回りしたと言っても過言ではないだろう。

この60年間、セガはさまざまなゲームをリリースしてきた。とくにアーケードゲームの分野では、ハイエンドチップを惜しみなく使った基板や、大型の可動筐体、それらを存分に活用するソフトウェアなど、時代の最先端を行くエンターテインメントを提供してきたと言っていいだろう。

また、PlayStation VRやMeta社のMeta Quest 2など、今でこそバーチャルリアリティを喧伝する企業は多いが、セガは、VRヘッドマウントディスプレイを使ったアトラクション「VR-1」を1990年代に稼働させていたことからも、常に未来志向のモノづくりを見据えていたことが分かる。

自動車・二輪車メーカーのホンダ（本田技研工業）は、レース活動を「走る実験室」と位置づけ、古くからマン島TTレースや、F1世界選手権などに参戦し、そこで培った技術を市販車にフィードバックしてきたという。それを踏まえて例えるならば、セガのアーケードゲームはさしずめ「遊ぶ実験室」といったところだろうか。

新しい発想や技術を貪欲に求めるセガは、1990年に恐るべきゲーム筐体を生み出した。

その名は「R360」。

プレイヤーの操作に合わせてコックピットがX軸・Y軸方向に360度回転する筐体は、人々の想像を超え、度肝を抜いた。セガのアーケードゲームを語るうえで欠かせない存在であり、〝象徴〟と言ってもいい。

そんな「R360」を開発した同社のルーツを辿ると、1934年にアメリカのホノルルで創業したスタンダード・ゲームズまで遡れる。

セガの〝誕生日〟についてはさまざまな解釈があり得るので、60周年に異議を唱えるわけではないが、黎明期に複雑な経緯を辿った会社でもあるので、その歴史を、次頁にまとめておきたい。

R360

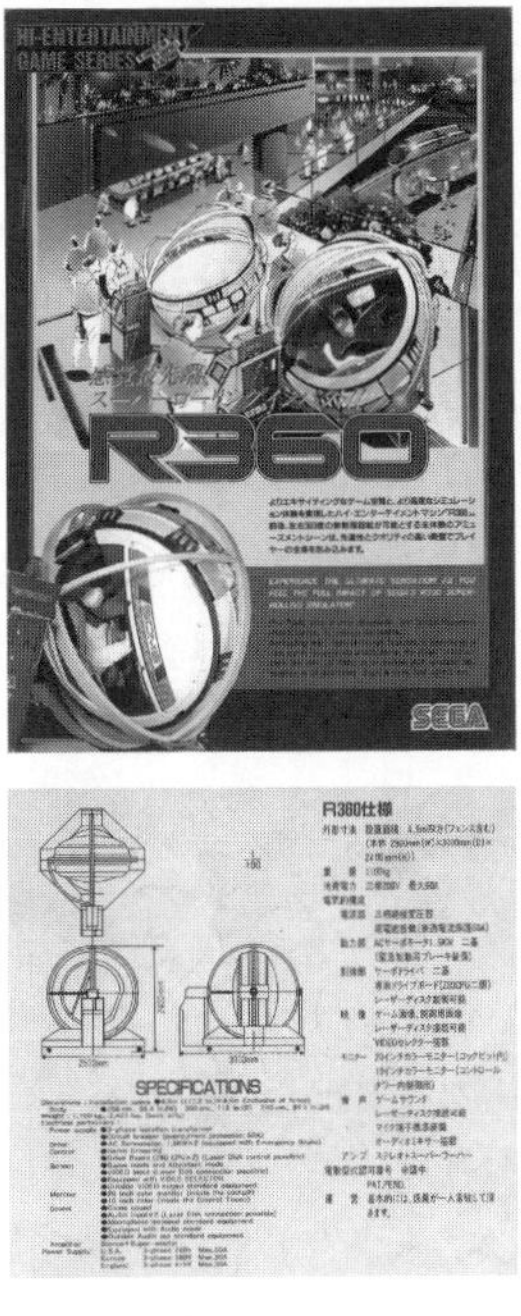

R360のパンフレットとスペックシート

【多くの曲折を経たセガ黎明期】

1934　スタンダード・ゲームズ創業

マーチン・ブロムリー（Martin Bromley）がアメリカのハワイ州・ホノルルで創業。ハワイに駐留するアメリカ軍兵士やその家族のためにゲームを供給する会社だった。

1945　スタンダード・ゲームズがサービス・ゲームズに社名変更

第二次世界大戦が終結した年に社名を変更し、日本に向けてジュークボックスやスロットマシンの輸出を始める。主な顧客はＧＨＱ駐留米軍だった。

1952　レメアー&スチュワート創業

マーチン・ブロムリーの部下であるレイモンド・レメアーとリチャード・スチュワートが日本で立ち上げたジュークボックス・スロットマシンの販売代理店。

1954　ローゼン・エンタープライゼス創業

のちにセガ・エンタープライゼスの社長に就任するデビッド・ローゼンが日本で立ち上げた会社。街頭に設置する証明写真撮影機のフランチャイズで成功をおさめ、その後アーケードゲーム機をアメリカから輸入。

1957　レメアー&スチュワートがサービス・ゲームズと合併し、サービス・ゲームズ・ジャパンに

1960　サービス・ゲームズ・ジャパンが日本娯楽物産と日本機械製造に分社

前述の通り、日本娯楽物産は6月3日に設立登記を行っている。

1964　日本娯楽物産が日本機械製造を吸収合併

日本娯楽物産はジュークボックス販売の成功で資金が潤沢化していた。

1965　日本娯楽物産とローゼン・エンタープライゼスが合併し、セガ・エンタープライゼスに

存続会社は日本娯楽物産だが、企業複合体という背景によりエンタープライゼスという呼称を使うことになった。

1969　ガルフ・アンド・ウェスタン・インダストリーズがセガ・エンタープライゼスを買収

ガルフ・アンド・ウェスタンは1989年にパラマウント・コミュニケーションズへ社名変更。その後バイアコムに買収された。

1979　セガ・エンタープライゼスがエスコ貿易を吸収合併

エスコ創業者で社長の中山隼雄が副社長となる。代表取締役はデビッド・ローゼン。

1984　ガルフ・アンド・ウェスタン・インダストリーズがセガ・エンタープライゼスの米国法人を売却

1984　ガルフ・アンド・ウェスタン・インダストリーズがセガ・エンタープライゼスをCSK[※1]に売却

これに合わせて中山隼雄が代表取締役に就任。

※1　CSK…1968年、大阪にてコンピュータサービス株式会社として創業。コンピュータシステム開発などを行うシステムエンジニアリング企業。創業者は故・大川功。大川は2001年1月に家庭用ゲーム機分野からの撤退を決めた株式会社セガに個人資産約850億円を寄付し、経営危機を救った

深すぎる〝愛〟ゆえの失敗を経てセガを選んだ吉本昌男

「バイクが好きだったから、ヤマハ発動機に入社したかったんです」

かつて、セガで企画設計生産本部参事を務めた吉本昌男は、インタビューの冒頭からそう話して、筆者を驚かせた。

「セガに入社したのは1987年です。その前は大阪の近畿大学理工学部金属工学科で、設計関係の勉強をしていました。

入社のきっかけは、当時、セガ人事部の採用担当だった大学の先輩から声をかけられたからです。その頃のセガは、体感ゲームがヒットし始めた頃ですから、エンジニアが不足して、採用担当者が全国各地でいわゆる青田刈りをしていたんでしょう。私が所属していた研究室の助教授宛てに連絡が来たのですが、その縁がなければ入社には至っていません」

志望とはまったく違う業界からの誘いだったが、大学の先輩と後輩という関係ではむげに断るわけにもいかなかったのか、吉本はセガを見学するために東京へ向かった。

「『まずセガを見に来なさい！』と、半ば命令のように東京に呼びつけられましたが、『ゲームには興味ありません』と言い続けていたんです」

しかし、あるゲームがセガの印象を変えることになったという。

「自分みたいなメカ系の人間とゲーム会社に何の関係があるんですか？　って聞いたら、『こういうものを作っているんだ』って、『ハングオン』を見せられました。そこで初めて、『あぁ、これがセガのゲームなんですね』という感じになったんです。そのときは、セガが『ハングオン』を作っていたとは知らなかったんですよ」

ゲームに興味がなかった吉本にも、「ハングオン」のプレイ経験はあった。

「近畿大の西門のすぐ近くにあるゲームセンターで『ハングオン』が稼働していました。ゲームはほとんどやらなかったのですが、あれだけは、またがってプレイしていたんです。『ハングオン』のようなものを開発するならば、確かに自分の仕事がセガにあるかもしれないと思って、面接を受けることにしました」

ただ、あくまで吉本の第1志望は、前述したようにバイクメーカーのヤマハ発動機だった。

「世代としては、マンガ『バリバリ伝説』の影響を受けていますし、ケニー・ロバーツやフレディ・

吉本昌男

スペンサーの活躍で盛り上がっていた二輪のGPレースも観ていました。

学生時代はろくに大学に通わずバイトをして、それ以外の時間はずっとバイクでしたね。当時乗っていたのはヤマハのRZで、ホームグラウンドは地元の六甲山でした。レース活動もやっていたんですよ。鈴鹿サーキットのレースに出たこともあります。

バイト先のガソリンスタンドが、ヤマハの特約店で二輪の販売もしていたので、好きが高じて卒業後はヤマハで設計をしたいと思うようになりました」

しかし、さすがの「ハングオン」も、本物のバイクの魅力を凌駕するまでにはいかなかったようだ。

「『ゲームなんて……』みたいな感じで、セガへの入社に関しては少し斜に構えていました。実際遊んでいた『ハングオン』に関しても、本物とは全然違う、自分ならもっとリアルに作るのに！なんて生意気ながら思っていましたし。

セガに入社してからは、シミュレーターじゃないし……、ゲームとしてはこれが正解なんだ……と思うようになりましたが」

しかし、本命だったヤマハ発動機への入社はかなわなかった。

「張り切って、ヤマハの入社試験を受けたのはいいんですけど、ヤマハ愛が深すぎて、面接で自分が乗っていたRZの悪口というか、改善すべき点ばかり言ったことを覚えています。天下のヤマハのエンジニアに向かって……。

それが理由かどうかは分かりませんが、あっさり落ちてしまいました。当時、もし内定をもらっていたら、間違いなくヤマハの方に就職していましたね」

吉本が、もしヤマハ発動機に入社していたら、どんなバイクを作っただろうか。そんな想像は尽きないが、人生に「もし」はない。

吉本が最終的にセガを選んだ理由には、「ハングオン」でセガへの印象が変わったことのほかに、採用担当者から聞かされた、ある〝約束〟があった。

「あと2年経ったら大阪にゲーム開発の拠点を作るから、それまで東京で我慢してくれって言われたんです。２年後には優先的に大阪へ配属すると。その話があったので、ひとりっ子の私が上京することについて、親を説得しやすくなりました。

セガは地方の人材を多く採用していたので、私が入社した前後5年くらいはそんな誘い文句を使っていたみたいですね。その頃入ったセガ社員は、同じような話をすると思いますよ。

入社後しばらくして先輩に聞いたら『お前も騙されたか……』と言われましたけど（笑）」

そして、吉本は１９８７年にセガへ入社した。

「１９８７年の新卒社員は、130人もいたんですよ。その頃のセガは全社員を集めても１３００人だったので、10人に1人は新人です。『石を投げたら新人に当たる』って言われました。130人のうちの70人が開発部員でしたから、いかに開発力の増強に力を入れていたかが分かりますね。

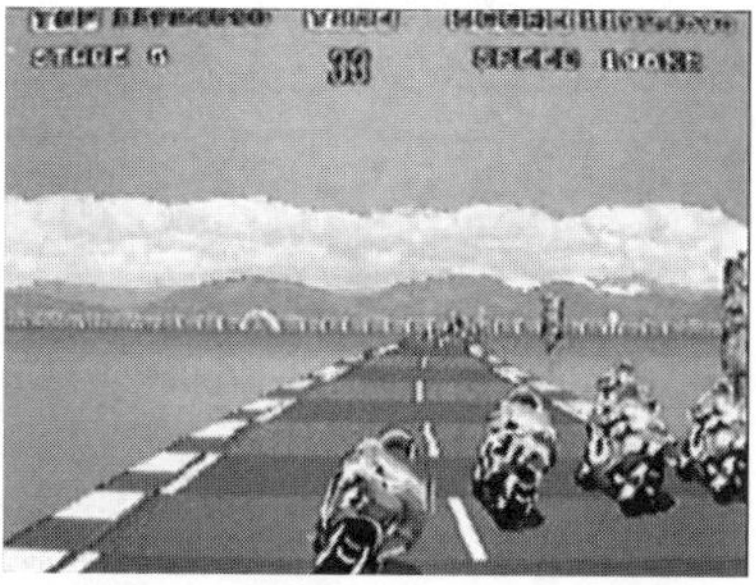

「ハングオン」(右)
とゲーム画面(左)

その頃印象に残っているのは、鈴木久司常務の話が長かったことです（笑）。まぁ、それは冗談ですが、鈴木さんが開発部の新人70人の顔と名前を全部覚えていたことには驚きました。内定式だったか、入社式だったかは忘れましたが、『君は近畿大学の吉本くんだよね』って話しかけられたんです。おそらく70人全員を丸暗記したんでしょうね」

鈴木は、開発部の最終面接も自身で行っていた。もちろん吉本の面接をしたのも鈴木だ。

「後になって聞いた話ですが、鈴木さんは中山社長（中山隼雄）から『いい人材を採るために、朝から晩まで面接してろ。ほかの仕事はしなくていいから、開発の面接だけをしてろ』と言われていたらしいんです。

そういった指示を出せるのが、中山さんのすごいところだと思います。実際、鈴木さんはその頃の5～6年は、面接がメインの仕事だったとおっしゃっていました。

自分も後々面接官をやることになって、『企業は人なり』の意味を痛感しました。企業にとって、人材は重要ですよ」

当時のセガは「ハングオン」で体感ゲームのムーブメントを巻き起こし、株式の店頭公開も終えて、まさに「成長あるのみ」という時期だった。

しかし、入社したばかりの吉本は、日々の仕事に無我夢中だったのか、会社の成長はあまり気にしていなかった。

「まぁ、当時は『体感ゲーム』なんて呼ばれていなかったですしね。ああいったものって、ぜんぶ後付けじゃないですか。当時の社内では『大型筐体』って呼んでいました。

入社したら、いきなり翌年には東証二部上場で会社がさらに大きくなって……でも、そんな実感はありませんでしたね」

セガの株については、ほかにも印象深いエピソードがあるという。

「会社の責任の一端を担えって意味でしょうけれど、中山さんは社員に向けて『(自社)株を買え』と言っていたのを覚えています。当時でも400万円くらいは必要でしたから、いやいや、そんなもの買えないよって……。今思うと買っときゃ良かったですけどね(笑)」

吉本には、1980年代後半から1990年代の頭まで、いわゆるバブルの頃の記憶がほとんどないという。その理由は当時の働き方にあった。

「まぁ、今だから言えますが、毎月200時間ぐらい残業していました。寮から出社して、作業ツナギを着て仕事して、寮に帰るというサイクルです。なので世間知らずでしたね」

筆者も大鳥居の旧セガ本社に通った経験があるから分かることだが、あの場所は大げさに言えば「セガしかない」ところで、ほかのことを知らなくても生きていける、外界から閉ざされたような環境だった。

設計の仕事の進め方も、今とはだいぶ違っていた。

「その頃は、CAD以前の時代なので、図面もドラフター(製図板)を使った手描きです。『R360』もあれから生まれました」

かつて大鳥居にあったセガの社屋。
2019 年 11 月に解体された

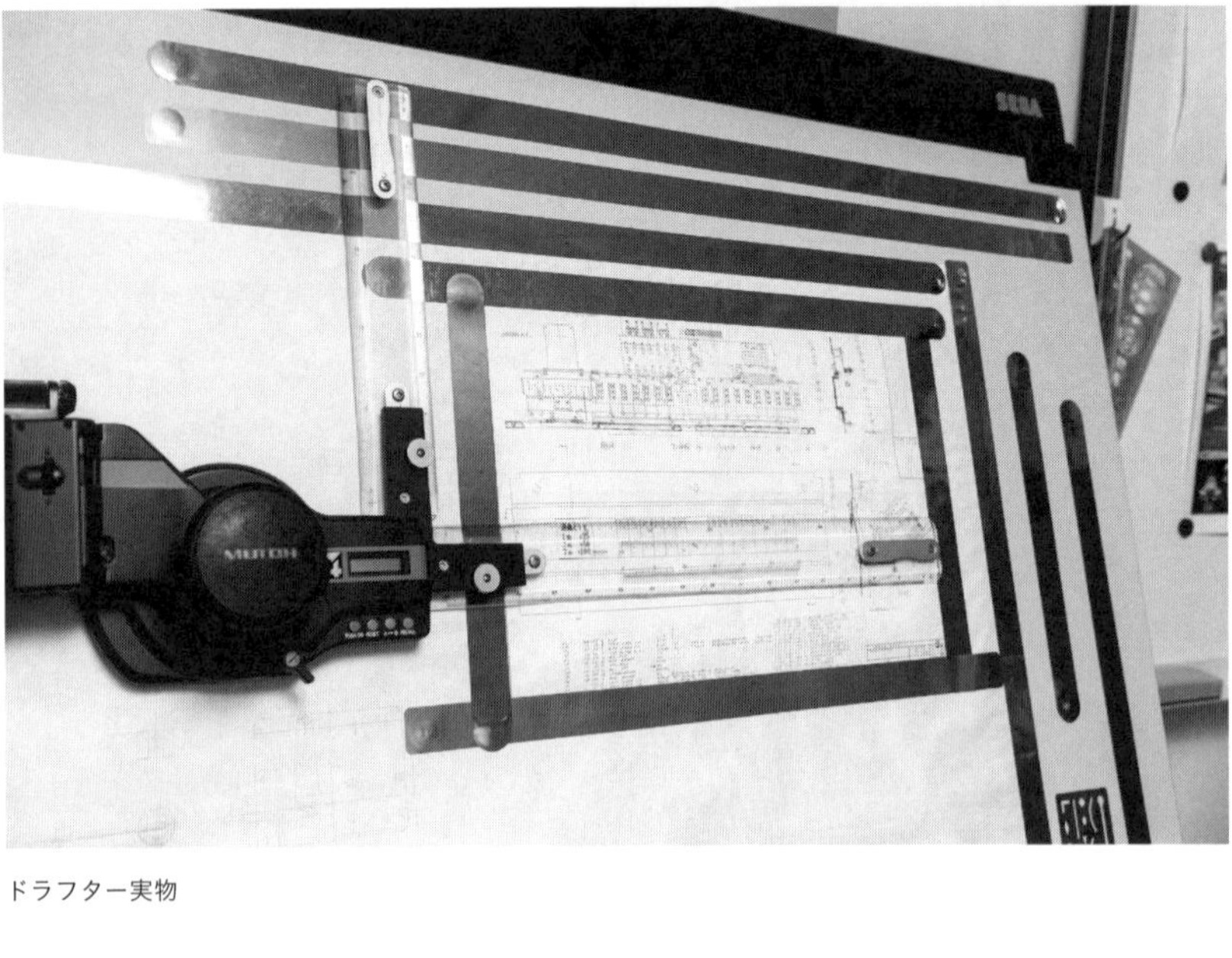

ドラフター実物

社長の鶴の一声で〝飛び級昇進〟した松野雅樹

R360の開発エピソードへ入る前に、もう1人のキーマンを紹介しておこう。それは、R360の開発チームを率いた松野雅樹《まつのまさき》だ。松野はその後、セガを退職したが、現在もゲームの企画開発に勤しんでいる。

松野は、吉本より2年早い１９８５年4月にセガへ入社し、開発現場で経験を積んでいた。

その前年の１９８４年、セガは外国資本であるガルフ・アンド・ウェスタン・インダストリーズから、大川功《おおかわいさお》率いるＣＳＫの傘下に移っていた。まだ、社内には外資系企業だった名残があり、書類も英語と日本語の併記だったという。また、松野が新入社員研修の一環で倉庫整理をしたときには、セガがジュークボックスを販売していた時代のものと思われる大量のレコード在庫を見つけたそうだ。

当時は、米国を拠点にしていたデビッド・ローゼン（セガの前身の1つであるローゼン・エンタープライゼス創業者）の姿を見かけたこともあったという。

「当時を振り返ると、六郷土手《ろくごうどて》（大鳥居同様、京急線の停車駅。近くを多摩川下流である六郷川が流れる）のグラウンドで開発部署全体のソフトボール大会が開かれたり、年に一度全社員で社員旅行に行ったりしたことを思い出します。社内のコミュニケーションがよくて、派閥めいたものもありませんでした」

もちろん、仕事にも真剣に打ち込んでいた。

「新卒で配属された月から残業していました。当時は労働時間の制限もなくて、やろうと思えば仕事はいくらでもありましたから。もちろん強制ではなくて、自ら進んで毎日遅くまで仕事をしていたんです。

当時は、すべての図面をドラフターで書いていたんですが、体感ゲームの大きな図面が多かった私は立ち仕事になったので、肩は凝るわ、足はむくむわで、疲労は現在と比べものにならないくらい大きかったです。今だったらあり得ないですね（笑）」

松野は入社後すぐ、鈴木裕が指揮していた「ハングオン」の開発に参加。1985年リリースの「スペースハリアー」では駆動部分を設計した。その後も「アウトラン」、「アフターバーナー」、「バーチャレーシング」など、鈴木が手がけた体感ゲームの筐体設計を担当した。

また、「アストロシティ」[※2]、「ブラストシティ」[※3]、「スーパー・メガロ50」[※4]といった筐体の企画開発責任者も務めるなど、その仕事歴はセガのアーケードゲームの歴史とも呼べるものだ。

その頃の松野は、「仕事（プロジェクト）は自分で創造するもの」だと思っていたそうだが、その積極的な姿勢には社内の雰囲気が関係していたのかもしれない。

「当時のセガは中山社長を筆頭に、鈴木（久司）常務、小口（久雄）さん、（鈴木）裕さんと、とにかく『超』が付くほど個性派揃いでしたが（笑）、みんなアミューズメント出身ということもあって、今で言う『ONE TEAM』的な一体感がありました」

鈴木久司も、そんな松野のひたむきさを買っていて、年度の初めにはいつも「おい松野君よー、

※2　アストロシティ…1993年に導入されたアーケードゲーム用の樹脂製の筐体（キャビネット）。バーチャファイターに使われたことで知られる

※3　ブラストシティ…1996年に導入されたアーケードゲーム用の筐体。ハイレゾリューションモニターを搭載

※4　スーパー・メガロ50…50インチの高画質プロジェクションディスプレイを備え、特殊なサウンドシステムを搭載したアーケード用の筐体

今年は何やるんだ？」と尋ねてきたという。さらに、入社3年ほどの松野に、係長への昇格試験を受けるように指示したそうだ。

かなりの大抜擢なのだが、結果はさらに予想外のものになった。

「当時のセガは、昇格に際して協調性などより強靱性、つまりどれだけタフに働けるかを重視していて、強靱性の評価試験があったんです。今だったらあり得ないような話ですが。私の強靱性はとても高かったそうで、それを見た中山社長が『強靱性が高いし、鈴木裕と組んでいるならば、係長じゃなくて課長に昇格させろ、上に漬物石を置くな』と仰ったそうです。それで『じゃあ、課長ね』みたいな、マンガのような辞令が出ました」

オーストラリアにあった〝謎のマシン〟がR360の発端

プレイヤーを乗せたシートがX軸・Y軸方向に360度回転する「R360」の発想はどこから生まれたのか。

セガの体感ゲームには、「走って、撃って、飛んで」のリアリティを追求しつつ、エンターテイメント性を加えるものが多いが、リアリティを追求する中でシミュレーションの手法をやり尽くした結果、「コックピットごと回してしまえ」という破天荒なアイデアが生まれたのだろうか。

吉本は「R360」の開発について、こう切り出した。

「開発とかコンテンツにまつわる話は、いろいろな人やメディアで語られていますが、ある意味で独り歩きしているところがあると感じます。セガ設立60周年にあたって、それらの第三者的な視点ではなくて、開発に実際に関わった者として、真実を伝えるべきだと思いました」

「R360」の開発については、松野が鈴木久司に呼び出されて「新しいメンバーで新しいゲームを作れ」と指示されたことでプロジェクトが始まったというのが、セガ社内での共通認識だったのだが……。

「松野さんが鈴木常務（※当時）に呼ばれたのは間違いありません。ただ、ここからが大事な所なんですが……実はそのときすでに、〝人が乗ってグルングルン回る訳の分からない乗り物〟がオーストラリアに存在していたんですよ。

それ自体は、詳しくは分からないけれど、人を乗せて回る大きな筐体があって、ディスプレイも付いているらしいと……。それで鈴木常務が、松野さんに『海外事業部のスタッフと一緒に行って確認してこい』という業務命令を出したんです。

鈴木常務も、情報を持ってきた海外事業部のスタッフも、実物を見ていないのに『オーストラリアで何かが回っているらしい……』ということだけで視察命令が出たんですよ。私はまだ入社2年目くらいだったから、連れて行ってもらえませんでした」

この話を松野本人に確認してみたところ、吉本が話した通りだった。

「ある年の夏に、鈴木常務に呼ばれて執務室に行くと、海外事業部の人がいて、『オーストラリアのパースで、変わった体感ゲーム機がロケテストをやっているから、ちょっと偵察して来い』って言われたんです」

松野がパースで見たマシンについて話してもらおう。

「聞いたことのないメーカーが開発した実験機のようでした。R360はX・Yの2軸ですが、そのマシンはX（横）・Y（縦）・Z（奥行）に動ける3軸回転だったんです。肝心の動きは、割とゆったりしたものでした。

驚いたことに、そのマシンにインストールされていたゲームソフトはセガの『アフターバーナー』だったということですね。あの時代ですから、許諾も何もなくて、勝手にインストールさ

R360開発のきっかけとなったオーストラリア視察（詳細は後述）での松野　（写真提供：松野雅樹）

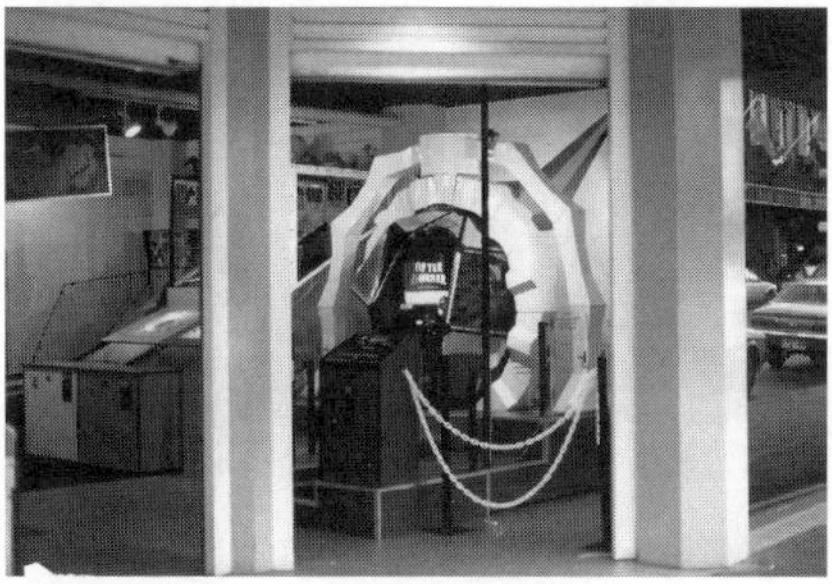
松野がオーストラリアで視察したマシン

れて使われていたんです」

　松野が帰国すると、鈴木はさっそく、「おお、見てきたか。どうだお前たち、うちで作れるか？」と尋ねてきたという。これがR360プロジェクトの発端というわけだ。

　吉本はそのときのことを、こう振り返った。

「松野さんの話を聞いたり、撮ってきた写真を見たりして、『大したことない、セガならもっとすごいものを作れる』ということになったんですよ。

　ちょうどその頃に、松野さんが課長に抜擢されて、メカトロ2課というチームが結成されました。私を含めて、20代前半のバイクや車好きの個性派エンジニアが5人くらい集まって始動したんです。チームの結束を高めようということで、揃いのツナギを作りました」

　課長の松野も含めて、入社間もない若手で構成されたチームは、自由な社風のセガにあっても異端と映ったようで、吉本もそんな雰囲気を感じ取ったという。

「年長の先輩が沢山いる中で、25歳の松野さんが課長に抜擢ですからね。揃いのツナギを着てウキウキしている我々を見た先輩からの『未熟な仲良しチームに何ができるんだよ』と言いたげな冷たい視線は忘れません。あれから30年も経ったんですね」

　取材場所となった資料室のハンガーにかけられたツナギを見ながら、吉本はそうつぶやいた。

原始的な実験から始まったR360の開発

〝見本〟があったとはいえ、R360が単なるコピーではなく、セガ独自の発想がふんだんに取り入れられたものだったことは言うまでもない。吉本によると、開発作業は原始的な実験から始まったようだ。

「鈴木さんから『とりあえず回してみろ』と指示されたので、人が乗って回せるものが何かないかと探していたら……」

吉本氏たちは、電線を巻くための大型木製リールをセガ別館の屋上で見つけた。正しくは「ケーブルドラム」と呼ばれるもので、どういう経緯でそこにあったのかは分からないが、おそらく電話や電気系の工事で使用され、そのまま放置されたものだろう。

「ケーブルドラムの真ん中の部分を電動ノコギリでくり抜いて、そこに自動車のバケットシートと4点式のシートベルトを装着しました。それに開発メンバーが代わる代わる乗って、屋上でゴロゴロ転がしたんです（笑）」

松野もケーブルドラムのことはよく覚えているようで、開発が進むにつれてこの実験作業が進化していったことも話してくれた。

「ケーブルドラムの後に、X軸・Y軸それぞれを人力で回せるモデルを作りました。それで回転速度の目安を付けて、次にその速度を実現できる電動モデルを製作したんです。それは鉄パイプの骨組みにバケットシートとシートベルトを取り付けたもので、外からモーターでX軸とY軸を回転させていました。これには鈴木常務も（鈴木）裕さんも試乗しています」

R360の外観で目を惹くのが、コックピット部分を360度取り巻くアーク（円弧）状のフレームだ。吉本によれば、このパーツの製造は、それまでセガが行ってきた筐体開発では例がないほど高い工作精度を必要とするもので、何度も試作を繰り返したという。

「元となっているのは断面が縦100ミリ、横50ミリで、厚みが2.3ミリの角型鋼管なのですが、それをアーク状に加工するとき、歪みによる残留応力、つまり元の状態に戻ろうとする力が働くんです。それが素材にクラック（ひび）などを生む要因になってしまうので、外部の加工メーカーと試作品を何度も作って、強度や耐久性を確認しました。

ちなみに鋼管は、パイプベンダーという加工治具《じぐ》を使って曲げていました。ハンドクラフトの極地のようなものです。

いかにフレームを真円に近づけるかが重要なポイントでした。組み立てに関しても、細心の注意が必要だったんです」

フレームがここまで重要視されたのは、コックピットの回転に大きく関わっていたからだ。

「ピッチ（Y軸）はフレームの外側、ロール（X軸）はフレームの内側から駆動していましたが、2軸ともフレームに沿って回転する仕組みです。電車で言えばレールに当たるものなので、そこに留意して開発と製造にあたりました」

松野も、フレーム製造の難しさを語っている。

「R360のフレームは加工が難しく、初期に製造されたものの一部に微細なクラックの発生があったので、定期的な打音検査を各アーケードに依頼していました。その後、加工工程が確立してからは、そのようなこともなくなりましたが」

筐体の組み立ても、かなり大がかりなものになったようだ。

「フレームは2分割式で、半分組んだ後にコックピット部分をクレーンで吊るしたまま内側に入れて、残りのフレームを組み込みました。いわゆるハンドメイドですから、1日で3台の製造が限界でした」

このように、いくつかのユニットに分けて製造し、最後に組み合わせる方法はブロック生産と呼ばれており、航空機や鉄道車両、船舶などで採用されている。

この組み立て作業は、千葉県印旛郡栄町にあったセガの自社工場（矢口事業所）で行われたと

ケーブルドラム（筆者撮影。R360の開発に使用されたものではない）

R360という名称が決定する前に制作された10分の1のスケールモデル

のことだ。

松野は、R360の開発を「新しいことずくめ」だったと振り返った。それまでのゲーム開発ではまったく見られなかったパーツや機能が必要になったのだ。

「もっとも苦労したのは、X軸、Y軸が無制限に回転する仕様に対応することでした。ゲーム基板や電源は外に配置するので、回転するコックピットへ電力や制御信号、映像などを送らなければなりません。当時はWi-Fiもなかったので、信号も動力も全て有線接続で伝えることになります」

そのために必要となったのが、回転体に電力や電気信号を伝えられる「スリップリング」というパーツだった。吉本はスリップリングや駆動モーターの選定を行ったという。

「スリップリングは電力、映像、X軸・Y軸の制御信号も伝えなければならないため、耐久性を重視してかなりグレードが高いものを採用しました。軍事船舶のレーダーにも使われる白金《プラチナ》接点のものです。

価格は1個100万円ぐらいで、それをX軸用とY軸用の2つ使用しました。最終的には金額をかなり抑えることができましたが、それでも高価でしたね。駆動モーターは東芝製の1.5㎾のACサーボモーターをX軸用とY軸用に2個使用しています」

サーボモーターとは、回転する角度や速度を正確に制御する用途を想定したモーターで、工業用ロボットなどにも使われている。R360ではそれくらいの精密さが要求されたというわけだ。

また、松野によると電力面でも試行錯誤があったという。

「消費電力が大きくて、セガでは初めて三相交流200Vという産業用電力を使うことになりました。その設備を整えるために、担当者が東京電力に電話をかけて相談していたことを覚えています」

そして、筐体の回転がハードウェアに与える影響への対策も必要になった。

「当時はブラウン管モニターしかなかったので、回転すると地磁気の影響で色ムラが発生したんです。自動消磁をかけるようにしましたが、完全には解消できませんでした」

R360は、このような〝特別仕様〟となったため、販売価格もかなりの高額となった。ゲームセンター事業者への正式販売価格（オペレーター価格）は1800万円、実売価格でも1600万円になったという。さらに生産台数は150台限定で、追加生産もなしとされた。

ここまで紹介してきたことから、〝品質相応〟であることはお分かりいただけると思うが、アーケードゲームとしては法外な価格である。開発を進める中で問題にはならなかったのだろうか。その疑問には吉本が答えてくれた。

「あの頃は、開発と経営の間に絶対的な信頼があって、現場は『これ以上金を使うな』と言われたことはないんです。最終的には鈴木常務

R360の組み立てが行われたセガ・エンタープライゼス矢口事業所。現在はセガ・ロジスティクサービス矢口事業所となっている（写真提供：セガ）

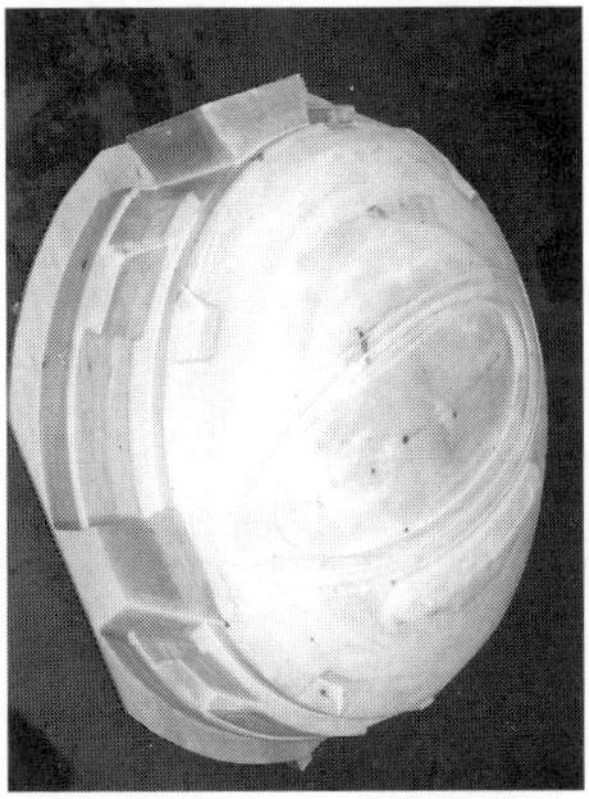

R360の木型

が中山さんのところへ行って、直談判していました」

このように、R360は何から何まで規格外だった。

日本中が好景気に沸き、アーケードゲームが隆盛期を迎えていたあの時代に、社是の通り『創造は生命』、自由な社風のセガの常識にとらわれない若手社員でなければ開発できなかったのではないだろうか。

余談になるがクルマ好きの筆者は、R360にトヨタ2000GT※5を重ねてしまう。ジャンルは違えども、どちらも〝夢のマシン〟だった。

命を乗せて回るR360の設計思想

セガのメカトロ2課が、技術と情熱を結集して開発したR360だが、最も重点が置かれたのはどの部分だったのだろうか。

吉本はその問いに即答した。

「やっぱり、シートベルトでしょうね」

当然と言えば当然だが、プレイヤーの安全が最重要ということだ。

「絶対的な安全性を守るために、シートベルトを重視しました。シートベルトさえちゃんと作れば、あとはマシンをぶんぶん回せばいいんですよ。

※5　トヨタ2000GT…トヨタ自動車とヤマハ発動機が共同開発し製造されたスポーツカー。公式生産台数は337台

ただ、当時はまだちゃんとしたアミューズメントマシン用のシートベルトがなかったので、自分たちで作るしかなかったんです。2点式だと体が浮いてしまうから、4点式にしようということになって、クルマ用のシートベルトをメーカーさんから買って、見よう見まねで作り上げました」

松野も、R360で追求したのは絶対的な安全だと語っている。

「皆さんは意外に思われるかもしれませんが、R360の開発にあたって最重要テーマとして掲げられていたのは『安全であること』でした。いかなることが起こっても、搭乗しているプレイヤーや周辺のお客様が怪我をすることは絶対にあってはならないんです」

松野の話からは、セガとR360の安全思想がほかの筐体より一歩先を行っていたことが窺える。

「オーストラリアで見たマシンや、R360と同時期に他社さんがリリースした3軸体感マシンは、稼働中にシートベルトを外すと緊急停止するようになっていました。しかしマシンが動いている最中にプレイヤーがシートベルトを外せること自体が、とても危険なことなんです。逆さまになった状態だとプレイヤーは落下してしまいますから。

R360では、プレイ中はシートベルトのボタンをロックして、外せないようにしました。自力では降りられず、アテンダント・スタッフの補助が必要です」

この仕様のため、開発中にある〝事件〟が起こった。

「モーションの開発をしていたスタッフが、周囲に誰もいないときにプレイしていたところ、ちょうど逆さになった状態で停止してしまったんです。

何時間かそのまま宙吊りになっていて、たまたま様子を見に行った人が、『うー、あー』と唸っているのを見つけて、やっと降ろすことができました。怪我がなくてよかったです」

　吉本もこの一件を覚えているようだ。

「自分でシートベルトを解除できちゃいけないから、あのアクシデントはしょうがないんですよ。宙吊りの状態でパニくって外したら、落ちて大怪我します」

　R360の安全設計は、開発スタッフの細心の配慮によって生まれた。コックピットのバケットシートはセガの完全オリジナルだ。シートはＦＲＰ（繊維強化プラスチック）製で、表皮はＰＶＣ（塩化樹脂製ビニール）レザー貼り。中にはウレタンが〝餡子《あんこ》〟として充填されていた。

　そのシートに装備されるセイフティシステムの詳細については、松野に説明してもらおう。

「シートベルトは、業界だと『ハーネス』と呼ぶのが通例ですが、R360のハーネスはほぼオリジナルの設計で、既存部品を使ったのはベルトとバックルのみです。

　R360のシートに座ると、上にスチールパイプ製のセイフティバーがあります。アテンダント・スタッフの指示でプレイヤーがそのバーを引き下げて、自身の体にフィットする位置で固定します。

　その次に、左右から伸ばしたシートベルトをセイフティバーに取り付けられているバックルに差し込み、ロックします。さらにサイドにある拘束レバーを締めて、緩みのない状態にしたうえでプレイを開始という流れです。このような4点式でプレイヤーを固定するシステムは当時ほかになく、試作から最終仕様に至るまで1年半かかりました」

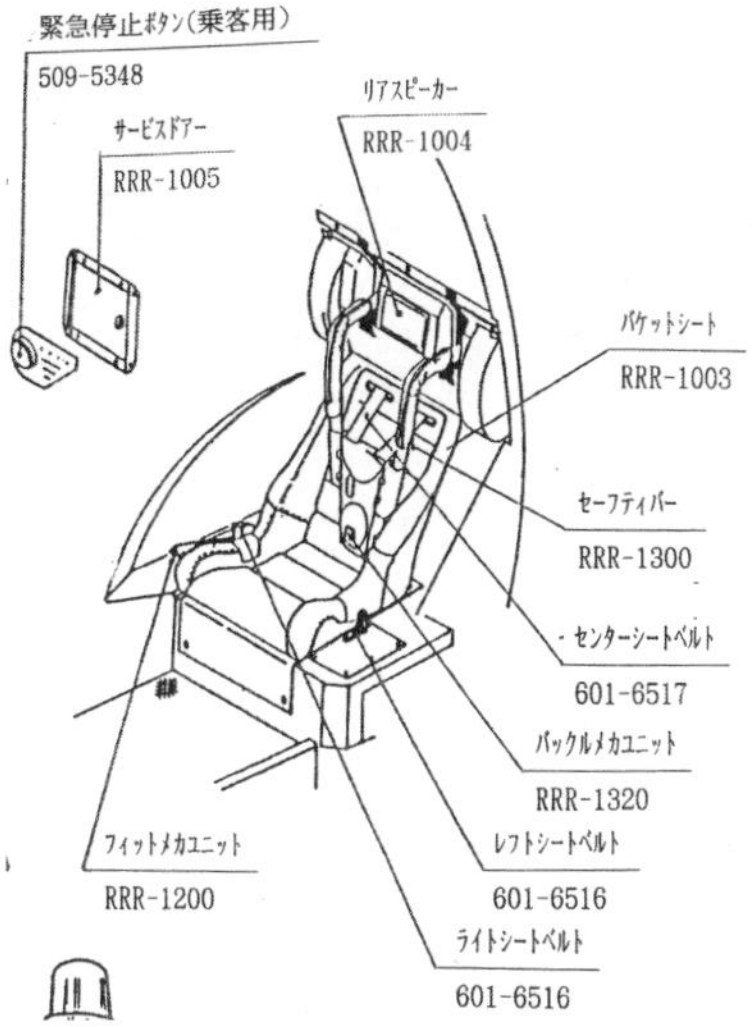
緊急停止ボタン(乗客用)
509-5348
サービスドアー
RRR-1005
リアスピーカー
RRR-1004
バケットシート
RRR-1003
セーフティバー
RRR-1300
センターシートベルト
601-6517
バックルメカユニット
RRR-1320
レフトシートベルト
601-6516
フィットメカユニット
RRR-1200
ライトシートベルト
601-6516

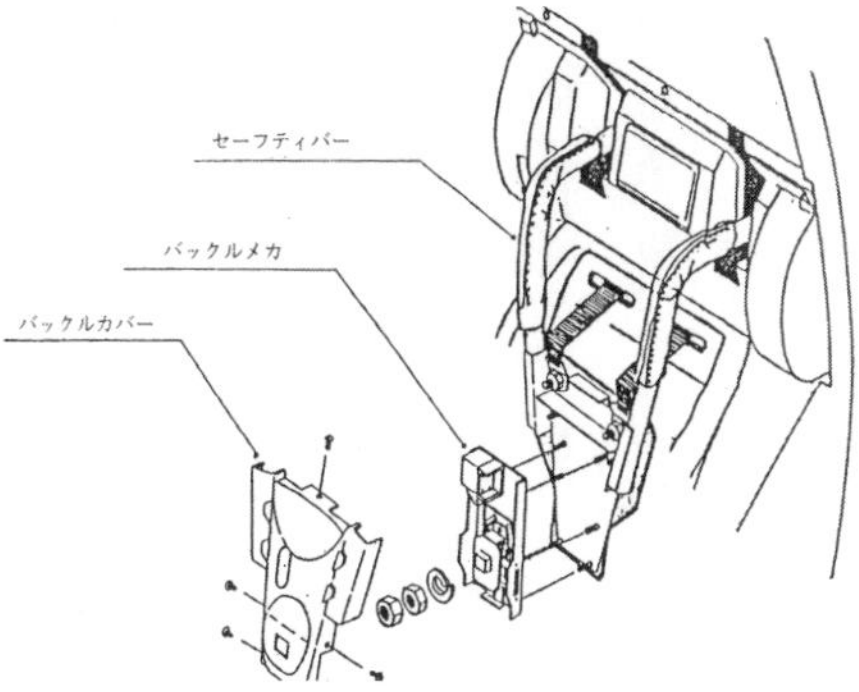
セーフティバー
バックルメカ
バックルカバー

R360のシートやハーネスの図解
（R360のマニュアルより）

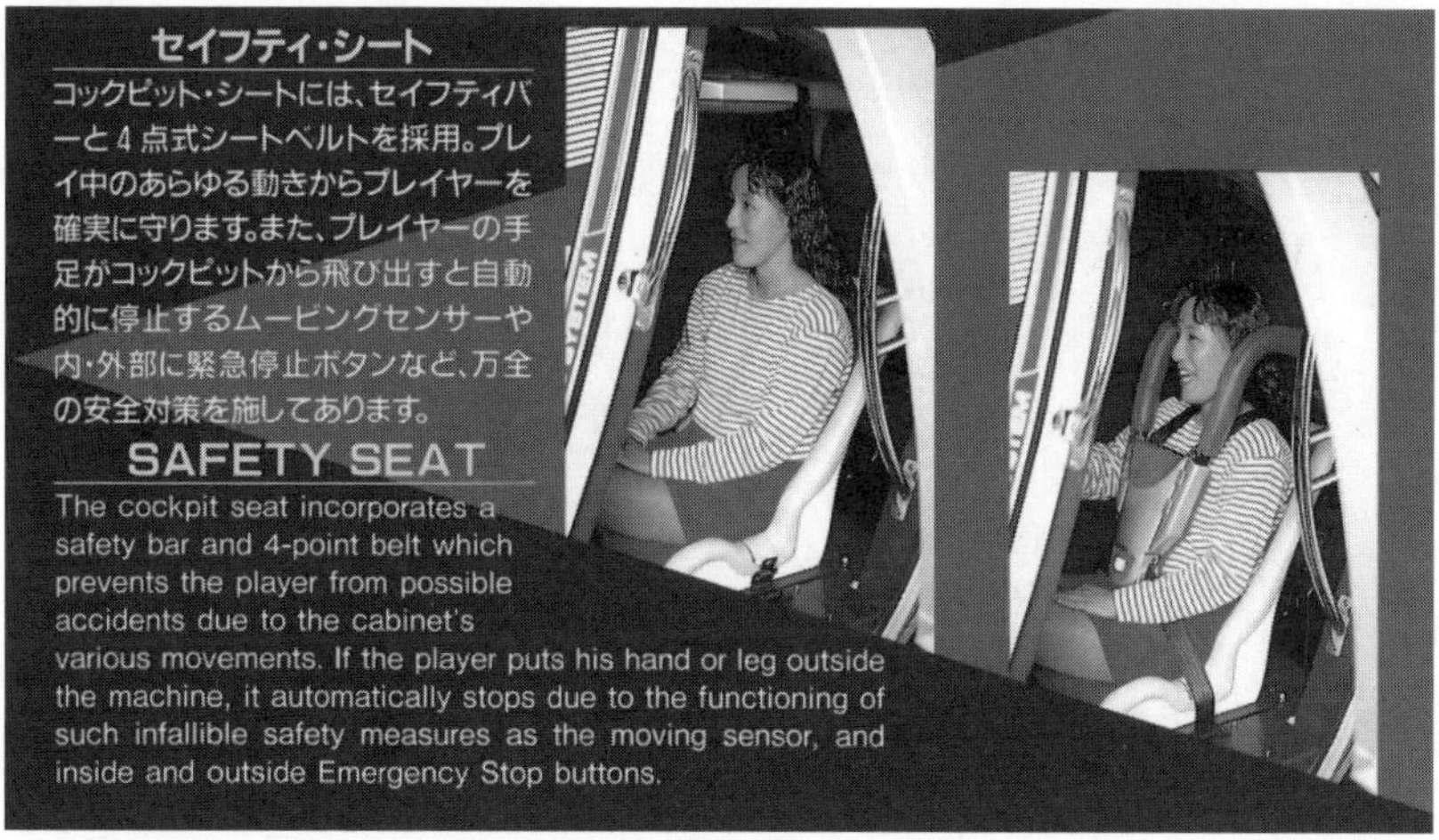
セイフティ・シート
コックピット・シートには、セイフティバーと4点式シートベルトを採用。プレイ中のあらゆる動きからプレイヤーを確実に守ります。また、プレイヤーの手足がコックピットから飛び出すと自動的に停止するムービングセンサーや内・外部に緊急停止ボタンなど、万全の安全対策を施してあります。
SAFETY SEAT
The cockpit seat incorporates a safety bar and 4-point belt which prevents the player from possible accidents due to the cabinet's various movements. If the player puts his hand or leg outside the machine, it automatically stops due to the functioning of such infallible safety measures as the moving sensor, and inside and outside Emergency Stop buttons.

R360のパンフレットより

吉本は、「シートベルトさえちゃんと作れば、あとはマシンをぶんぶん回せばいい」と話していたが、もちろん無制限に回転できたわけではない。プレイヤーの健康を配慮し、負荷が2G以内に収まる設定がなされていた。

ジェットコースターなどでは、最大Gが3以上のものが珍しくないので、それに比べると控えめに感じられるかもしれない。しかし、瞬間的にかかるGと、R360のように持続するGでは感じ方が大きく変わる。

プレイヤーが回転に耐えきれなくなった場合の緊急停止ボタンも用意された。R360を体験したことのある人ならご存じだと思うが、コックピット内右側の壁面に設置された赤いボタンがそれだ。開発スタッフの間では、「ギブアップ・ボタン」と呼ばれていたという。

筐体の横に備え付けられた「コントロールタワー」も、安全対策の一環だ。こちらは吉本が説明してくれた。

「R360の稼働においては、ゲームセンターのアテンダント・スタッフが立ち会うことをマストとしていました。そのスタッフが、コントロールタワーにあるキースイッチを操作しないと起動しないんです。

コントロールタワーで、スタッフ側からも緊急停止ができるようになっていましたし、さらに2軸の回転を個別に操作したり、ワンボタンでイニシャルポジションに戻したりもできる仕様でした」

コントロールタワーには、メイン基板や通信基板、その他の制御システムが内蔵されていたほ

稼働中の R360。コックピットの奥に緊急停止ボタンが見える

R360 のマニュアルは、アテンダント・スタッフ用のものも用意された

か、10インチのモニターでゲーム画面やサービス画面が確認できた。トラブル発生時や緊急停止時には、上部に備え付けられたパトランプが光るなど、まさにプレイヤーの安全を守る〝管制塔〟だったのだ。

プレイヤー以外の安全対策にも抜かりはなかった。筐体の周りにはフェンスが取り付けられただけでなく、フェンスと筐体の間に感圧式のマットスイッチが敷き詰められて、人が近づくとやはり緊急停止するようになっていた。

故障はほとんどありませんでした。R360は『フェイルセーフ』、つまり絶対的な安全を担保した設計のため、セイフティセンサーが多数装備されています。それがわずかな危険を察知して緊急停止するケースは多かったと思います」

R360の緊急停止のほとんどは、設計通りに動作した結果だったわけだ。

それを証明するようなエピソードがある。都内のある施設に設置されたR360は、毎日ほぼ決まった時刻になると緊急停止したそうだ。原因を調べたところ、天窓から差し込んできた日光が、ちょうどその時間、センサーに当たっていたという。そのセンサーはコックピットの乗降口近くに設置されており、プレイヤーが手を伸ばしたりすると反応して、緊急停止する仕組みになっていた。

なおコックピットは、一般的な体格の人間が手を伸ばしてもフレーム部には届かないように設計されていた。万が一に備え、二重三重の安全設計がなされていたというわけだ。

綱渡りだった発表会、そしてデビュー

吉本や松野の努力が実を結んで、R360は完成にこぎ着けた。

最初にインストールされたタイトルは、セガ・AM2研開発の「G-LOC：AIR BATTLE」だ。戦闘機を操るシューティングゲームというR360にうってつけのゲームだが、R360よりも早い1990年5月に稼働を開始したことからも想像できるように、同作はR360ありきで開発されたものではなかった。吉本によると、「タイミングが良かった」のだという。

「当時、（鈴木）裕さんが『G-LOC』を開発していて、R360にはこれしかないということで実装したんです」

そして1990年7月3日、今は無き羽田東急ホテルでR360の発表会が行われることになった。そのときに撮影されたビデオをデッキに入れると淡々と進むR360の搬入作業が映し出された。

「昔のセガは、発表会とか新人歓迎会とかを、会社から近かった羽田東急ホテルで開催していましたね」

「R360のお披露目の搬入は大変でした。朝の8時に、R360を載せたクレーン付きのトラックをホテルの裏口に乗り付けて、釣り上げて降ろして……。重さは1.5トン

「G-LOC: AIR BATTLE」はジェット戦闘機をモチーフとするシューティングゲーム（画像はNintendo Switch用ソフト「SEGA AGES G-LOC AIR BATTLE」のもの）

「R360」発表会の際の、搬入の様子を収めた動画

あります。4トントラックに積めるように計算して設計してはいましたが、積み下ろしはこの日が初めてでしたからね」

それはまさに綱渡りだったようだ。

「最初の搬入口で、まず引っかかってしまったんです。ホテルの図面上は入るはずだったんですけど。もうギリギリで、隙間を縫うように筐体の向きを変えていれました。やっぱり行ってみて、やってみないと分からないんです。

そんな状態から数時間後に発表会が始まるんですから、無茶ですよね。今だったら前日搬入とか前々日搬入が当たり前になっていますけど、当時はそんな贅沢な段取りではなかったんです。

会場では、床に薄っぺらいベニヤ板を敷いて、その上を移動させたんですが、ホテルの宴会場は毛足の長い絨毯なので、入れるそばからベニヤ板がバリバリと割れる音を立てるんです。高級な絨毯なのに！

当時は三相交流電源の200Vを使うゲームマシンはほかになかったので、ホテルの電気容量も心配で、ヒヤヒヤものでしたね」

今だからこそ笑って振り返れるかもしれないが、この作業は大きな危険を伴うものでもあった。本来であれば、筐体の輸送や搬入に関してのマニュアルも納入時期に合わせて作成されているはずだが、発表会の時点では間に合っていなかったようだ。

「ちょっと気を抜いたら、倒れた筐体に挟まれて大怪我をしてもおかしくない状況でしたね。気合でやるしかないという感じでした」

発表会では、当日のアーケードゲーム系部署の3役員が揃って着座し、製品の説明を行ったが、R360を事前に体験し、把握していたのは開発側のトップだった鈴木常務だけだったという。

ちなみに海外のセガマニアの間では、この発表会が行われた1990年7月3日はR360の〝誕生日〟として認識されているようだ。

発表会が無事に終わると、次はロケテストが待っていた。

前代未聞の大型マシンが置かれるだけで、相当な話題になることは想像できるが、実際にはどのような反応があったのだろうか。吉本に聞いた。

「実質的なR360のマシンデビューとしてロケテストを行ったのは、渋谷の宮益坂にあるハイテクランド セガ渋谷でした。当時のアーケードゲームは1プレイ100円でしたが、R360は1プレイ500円だったにも関わらず長蛇の列ができて、整理券を配布したのを覚えています。

1日14時間フル稼働で100プレイが限界でしたが、順番待ちのお客様がほかのゲームで遊びながら待つので、店舗全体のインカムに大きく貢献したんで

左から永井明（常務・AM事業本部）、小形武徳（常務・AM営業本部）、
鈴木久司（常務・AM開発本部）

す。鈴木常務は『R360は客寄せパンダだ！』と言ったとか言わなかったとか……。それだけ話題性と実益があったんです」

発表会と同様に搬入には苦労して、このときは現地でR360の土台と回転部に分割したうえで搬入したという。

ロケテストを終えて正式に稼働したR360は、わずか150という限られた台数ながらも当時の人たちに強烈な印象を与え、多くの称賛を集めた。

ただ、当時の吉本は、R360が高く評価される中で、複雑な感情を抱いていたという。

「R360を『究極の体感機』と評価されて嬉しくもありましたが、『次に作るものがなくなった』という喪失感を覚えたのも事実です。まだ入社して3年目の春でした」

移り変わる時代と忘れられない思い出

他に類を見ない規模の資金や最新技術が注ぎ込まれたR360を完成させたことで『次に作るものがなくなった』と感じた吉本ではあったが、創作意欲が失われたわけではなかった。その頃の吉本を突き動かしていたものの1つは、バイク愛だったようだ。

「『マンクスTT スーパーバイク』（1995年）は、私が水口《みずぐち》（哲也《てつや》※6）をそそのかして立ち上げたプロジェクトです。

※6　水口哲也…1965年生まれ、1990年セガ入社。クリエイター、プロデューサーとして活躍。現在は独立し、大学教員、Enhance代表も務める

入社のきっかけになった『ハングオン』を超えるバイクゲームをどうしても作りたい、その舞台は学生のときから憧れていたマン島しかない！[※7] ということで、まずは1995年5月にマン島でコースやレースを取材して、9月のJAMMAショーに出展しました。

取材では、チーム監督としてマン島入りしていた元レーサーの高橋国光さんにお目にかかることができました。モータースポーツ系のミュージアムには本田宗一郎さんや、当時セガ副社長だった入交昭一郎さんの写真が展示されていたのを覚えています」

マンクスTTには、吉本のバイク愛が惜しみなく注ぎ込まれた。

「『ハングオン』でできなかったことをやろうということで、ハンドルを固定して、オン・ザ・ステップでバランスをとれるようにしたり、マフラー自体をスピーカーにして迫力を出したりといった仕掛けを施しました。

結果、ツイン筐体が7000台近く販売される大ヒットになって、特にヨーロッパでバカ売れしたんですよ。日本では生産が追い付かなくなったので、イギリスで現地生産するために、セガの名刺と『マンクスTT』の設計図面を持って、板金屋を探しに行きました」

この業者探しはかなり難航したようだ。

「『What? What did you say?』といった感じで、ほとんど相手にしてもらえなかったのを覚えています。

日本からやって来た若いヤツが、本物かどうかも分からないセガの名刺を出して、ほかの仕事で埋まっている工場のラインを空けてくれって言うわけですから、なかなか信じてもらえなかっ

※7　マン島…グレートブリテン島とアイルランド島に囲まれたアイリッシュ海の中央に位置する島。島の公道を使って一周60kmを走るオートバイレース、マン島TTレースは、世界でもっとも歴史の長いオートバイレース

たんです。

最終的には、ウィンブルドンの近くに工場が見つかって、ほとんどが現地製造になりました。数千台の発注が来たものだから、そこの職人さんはみんなびっくりしていましたよ」

セガ入社のきっかけとなったバイクゲームを完成させた後には、就職活動で涙を飲んだヤマハ発動機との仕事が実現した。

「ヤマハさんの協力のもとで『ウェーブランナー』（1996年）を開発しました。その名称自体がヤマハさんの登録商標なんです。私からヤマハさんに話を持ち込んだのですが、面接のときとは違って、ちゃんとヤマハ愛が伝わったようです（笑）」

吉本は今でも、就職活動をしていた頃を思い出すことがあるという。

「ヤマハに入っていたらどうなっていただろう……と思いますよ。ヤマハに入社していたらバイクしか作っていなかったかもしれませんが、セガに入ったことで、バイクもレースカーも戦闘機も戦車も全部作ることができました。それらは、今の技術力でリメイクすれば、もっとすごいものになるでしょうね」

R360をはじめとする体感ゲームに加えて、ポリゴンによる3DCGを採用した「バーチャレーシング」、「バーチャファイター」、「バーチャファイター2」、「DAYTONA USA」などもあって、1990年代のセガは〝黄金期〟を迎えたのだが、時代は移り変わっていく。

「2000年代に入った頃、組織が大きく変わった時期にもあたるのですが、会社の業績が芳しくなくなってきて、大きなリストラが行われたんです。〝開発者＝プロダクト〟と言ってもいい組織なので、その期間は大きなヒット作品が生まれませんでした」

吉本はそう言って、セガの年表を指さした。年表には、その時代時代でヒットしたタイトルの筐体写真が添えられているのだが、2000年頃にぽっかりと空白ができてしまっている。吉本も年表を作ってみて初めてその空白に気づき、驚いたそうだ。

その空白期が過ぎると、吉本は「時代が変わった」と思うことが増えたという。

1995年のアミューズメントマシンショーに出展された「マンクスTT」（写真提供：吉本昌男）

JAMMAショーに出展された「ウェーブランナー」

セガの開発年表とプロダクトの相関関係を説明する吉本昌男

「自分たちが若い頃は、昼間は『バリバリ伝説』、夜は『頭文字D』を地で行くようなライフスタイルでしたけど、今の若い人たちには免許を持っていない人が多いですよね。クルマとかバイクとかの乗り物に乗って楽しむことも、昔ほどないんじゃないかと思うんです。今では中国や欧米の方のほうが体感ゲームを好むようで、だから日本では自ずとそういう企画も出てこなくなった」

前述したように、吉本はエンジニアの採用面接を行っていた時期があるのだが、入社希望者の志望動機にも変化があったそうだ。

「ある時期までは、『R360みたいなゲームを作りたくてセガに入った』という人が多かったんですよ。でも、少し時代が経つと今度は『〝三国志大戦〟[※8]みたいなものを作りたい』となったんですよね。フラットカードリーダーを使って新しいゲームを作りたいということだと思うんですが。ただ、フラットカードリーダーも20年近く使っているわけじゃないですか。だから開発に関しては、もっと突き抜けたような革命を起こしてほしい、という思いがありますよね」

そう話す吉本は、まさに突き抜けた発想と手法で、ヒットタイトルを世に送り出してきた。

プレイヤーが筐体のステップに上がり、回りながらプレイする超大型のＵＦＯキャッチャー「ドリームパレス」（１９９２年）では、1日で60万円超という当時のインカム記録を作った。１９９４年に横浜ジョイポリスで稼働を開始した「VR-1」は、ＶＲヘッドマウントディスプレイを使ったアトラクションだ。

「２０１８年頃〝ＶＲ元年〟とか騒がれていましたが、こっちは『はぁ？　25年前にやってるぜ』

※8　三国志大戦…三国志をテーマにしたセガのオンライントレーディングカード・アーケードゲーム

という感覚でした」

吉本が開発したものではないが、「セガカラ」の「ソングナビゲーター」もセガが起こした革命といっていいだろう。分厚い「歌本」を電子化して、新曲情報を即座に更新できるようにしたり、曲のコード入力ミスをなくしたりしたのだ。

「あれはセガにとっては『あって当たり前の機能』だったので、普通に開発したんでしょうけど、おそらく他社だったら特許ものでしょう。

そんな感じだから、セガが持っているパテントって少ないんですけど、セガの開発者は、発明ぐらいのことをやってこそだと思いますね」

そんなセガで育った吉本だけに、開発のエピソードにも型破りなものが多い。吉本は楽しそうに振り返ってくれた。

「『ゲットバス』（1998年）を開発しているときは、会社に水槽を置いて、実際にバスを飼ってましたから（笑）。毎日、金魚を餌としてあげていたんですよ。バスは釣り具の上州屋さんから借りたんです。いつもそんな感じで、リアルなものから研究していました。

回転ずしのUFOキャッチャー『スーパーグルグルステーション』（2008年）って知ってますか？　ベルトの上をプライズ（アミューズメント機器の景品のこと）が回って、ちゃんと中に人が入ってオペレーショ

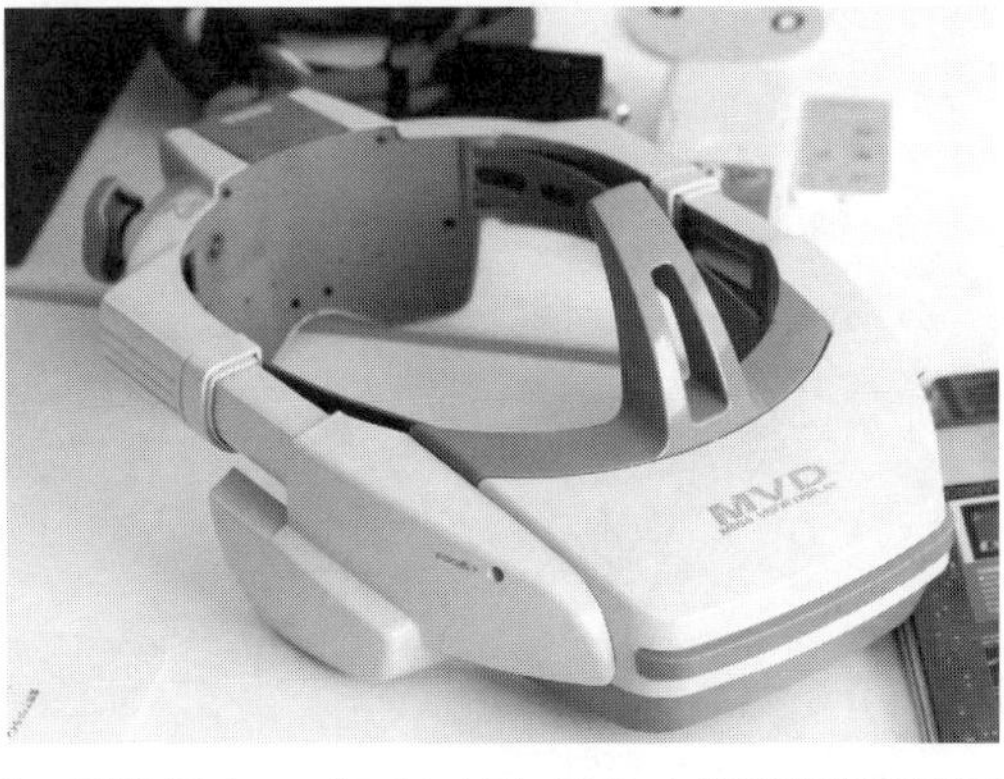

「VR-1」で使用されたヘッドマウントディスプレイ「MEGA VISOR DISPLAY」

ンするもので、ショーに出展したときは、寿司のぬいぐるみを回したんです。

ベルトコンベアは、富山県にある業者さんが製作した本物の回転寿司用のものを使用しているんです。その会社に行って、売ってくださいとお願いしたら『何に使うんですか？』って笑いながら対応されましたね（笑）」

セガでなければ体験できなかった思い出もある。

「セガに入ったおかげで、いろいろな人に会えました。

1991年だったと思いますが、F1チャンピオンドライバーで〝音速の貴公子〟と呼ばれていたアイルトン・セナがセガに来て、会うことができたんです。マイケル・ジャクソンやスティーヴン・スピルバーグ監督にも。

その頃の給料は安かったけど、見えないご褒美が多かったですね。もうすべてがプライスレスでした。だって普通の会社にいたら会える人たちじゃないでしょ（笑）」

夢のある話だが、若い人に向けてこういったことを話すことはあまりないという。

「話しても『……いい時代でしたねー』で話が終わっちゃうから。今の子にアイルトン・セナとか、映画の『トップガン』を語っても分からないでしょうし。フェラーリって言ったって、『あぁ、あの赤いヤツですか？』みたいな（笑）」

そう言って、吉本は窓際に飾られていたレースゲーム筐体のモックアップ（完成形に近い模型のこと）を指さした。それはフェラーリをテーマにしたもので、そのシンボルである跳ね馬も描かれているが、フェラーリのライセンスを受けたレースゲーム「F355チャレンジ」（1999年）

の筐体とは異なるようだ。

「それはピニンファリーナ[※9]にデザインしてもらったんですよ。サインも入っています。(当時社長だった）大川さんに『お前なぁ、こんなことしとるんやったら1回ピニンファリーナと仕事してみいや』、『ピニンファリーナ呼んであるから、会えや』って言われて会ったんです」

このモックアップは、吉本と大川の2人に作られたという。

「製作費はとんでもなく高かったんですけど、大川さんとの良い思い出です。これをもとに

セガのゲームをプレイするアイルトン・セナ（手前中央）と、それを見守る吉本（セナの後ろの列の右から3人目）

ピニンファリーナによるF355チャレンジ筐体のモックアップ（イメージ模型）

※9　ピニンファリーナ…イタリア・トリノ市に本拠を持つ工業デザインスタジオ。特にフェラーリの車体の多くをデザインしていることで知られる

F355チャレンジのスペシャルバージョン筐体をと思ったんですが、最終的には実現しませんでした。その開発中に大川さんが他界されたんです。

大川さんは、さっき話した『スーパーグルグルステーション』も、『面白いから、やれや』って言ってくれたんですよ」

人々の夢を乗せて今も回り続けるR360

ここで、話をR360に戻したい。といっても過去ではなく、現在のR360である。

リリースから33年が経った今も、稼働しているR360はあるのだろうか。筆者はそれが気になっていた。以前業務用ゲームの下取りや販売を行う業者に取材をしたときに聞いたことがあるが、国内には1台もないとの返答だった。

海外に輸出されたR360で有名なのが、2009年にこの世を去った〝King of Pop〟ことマイケル・ジャクソンが保有していたものだろう。マイケルは来日時に、たびたびセガを訪れたほどのファンで、R360も彼の住まいであるネバーランドに設置された。

しかしマイケルの死後、そのR360はオークションにかけられ、その後は行方知れずとなっている。

ほかの情報を探したところ、カナダでの記録を見つけた。ナイアガラの滝近くにあるスカイロン・タワー（Skylon Tower）の地下、スカイクエスト・アーケード（Skyquest Arcade）で、1990年代に稼働していたようだ。

スカイクエスト・アーケードのR360は1999年の終わりに撤去され、その後、ケベック州ラヴァルのショッピングモールにあるゲームセンターに導入された。そこで、2000年頃まで稼働していたというが、ゲームセンターの電気工事の際に損傷してしまい、修理が不可能と判断されてスクラップ処理されたようだ。

ちなみに松野によると、アメリカで初めて稼働したR360は、カリフォルニア州アナハイムにあるディズニーランドのアーケードに設置されたものだという。

「自分が数十キロの部品を担いで、現地まで修理に行きました。スリップリングなどの定期的なメンテナンスも必要でしたから、R360は手間がかかるマシンだったかもしれません」

興味深いエピソードは出てきたのだが、筆者が調べたところでは国内でも海外でも、現役で稼働しているR360は見つけられなかった。

しかしである。その顛末を吉本に話すと、驚きの答えが返ってきた。

「世界にはいるんですよ。持っている人が……。スペインやオランダにいるし、なかでもイギリスのゲーム修理業者のクレイグさんは稼働するR360を持っているんです。『RETRO GAMER』という雑誌の取材に協力している人なんですけどね」そのクレイグ・ウォーカーはゲームのコレクターでもあり、イギリス在住、R360を個人で保有しているという。筆者はクレイグ・ウォーカーにコンタクトを取った。

当時のスカイクエスト・アーケード。R360 以外にも「スペースハリアー」「アウトラン」「アフターバーナー」などが配置され、さながらセガの博物館のような様相だったという
（写真提供：Sara Zielinski）

クレイグ・ウォーカーが保有しているR360は、1994年にAM1研が開発した「ウイングウォー（Wing War）」がインストールされた貴重なバージョンと思われる。「G-LOC」のロムも保有しており、「ものの10分もあればゲームの変更は可能」だそうだ。

なお、R360にインストールされたタイトルは、前述の「G-LOC」（AM2研開発）と、この「ウイングウォー」に加えて、AM3研が開発した「ラッドモビール」[※10]があった。つまりAM1研、AM2研、AM3研が開発したコンテンツそれぞれがR360で稼働したということになる。

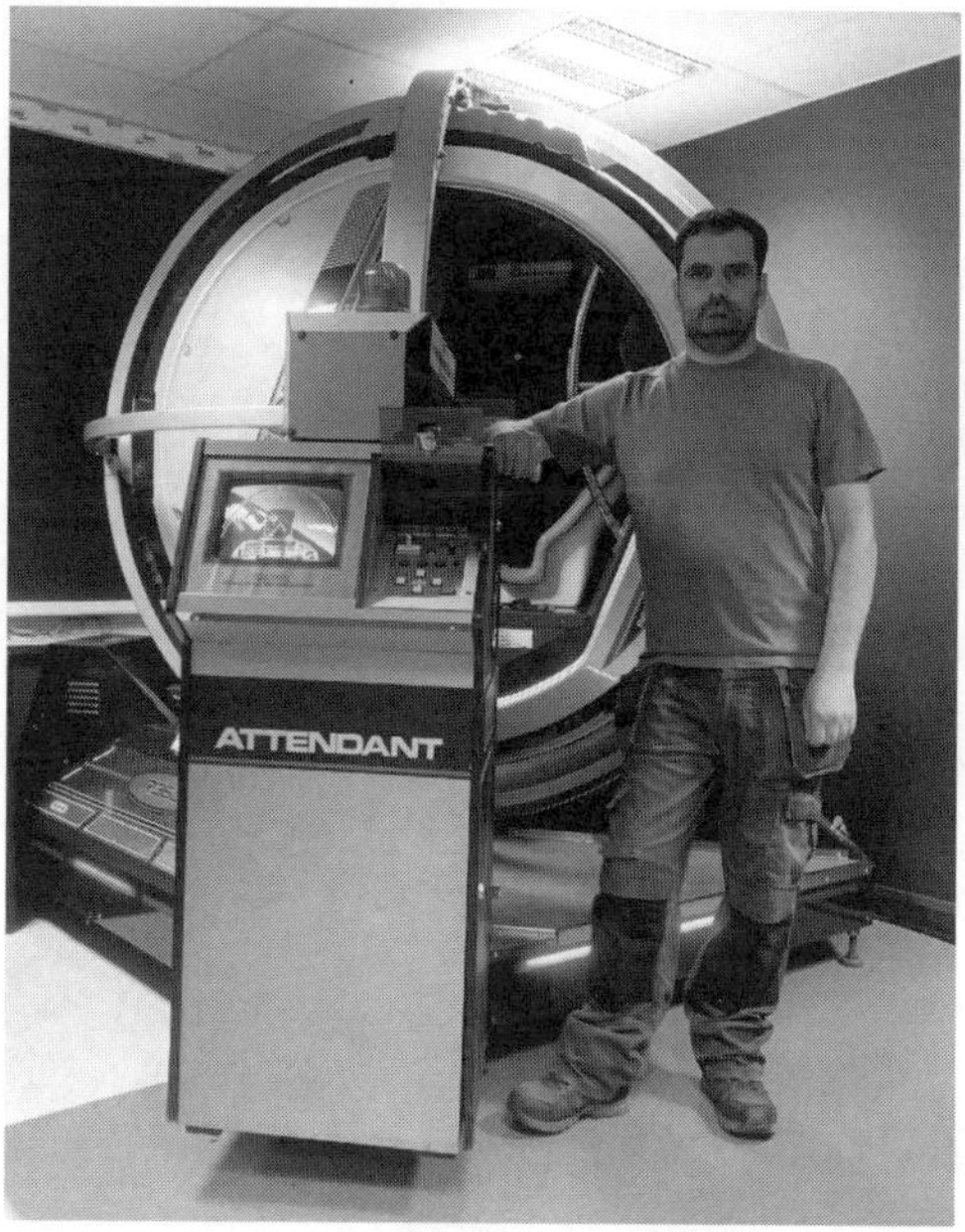

クレイグ・ウォーカーと、彼が保有するR360

※10　ラッドモビール…1991年導入。アメリカ横断をテーマにしたレースゲーム

ウォーカーのコレクションは博物館級

クレイグ・ウォーカーが提供してくれた写真とムービーには、現在も稼働するR360の姿があった。

このような熱烈なファンによって保存されているR360が海外にある一方で、国内のR360はセガでも確認できていない。それはつまり、開発したセガでも現在保有していないということだ。吉本はそれを話したあとで、こうつぶやいた。

「本当はセガが1台持っていたいマシンなんですが……」

その声には、いくばくかの悔しさも感じられた。

R360は、「創造は生命」というセガの社是を体現するものでもあった。

開発当時は残業休日出勤が当たり前で、1年間で出社しなかった日が6日だけだったと明かした松野は「今じゃ考えられないですよね（笑）」と言いつつも、一緒に仕事をした人たちとの忘れられないエピソードを嬉しそうに語った。

「R360の開発で地方のFRP成型工場に行き、そこの工員さんと一緒に作業をすることがありました。夜中まで続くこともあったんですが、彼らはセガとの仕事がとても楽しいと言うんです。『普段は浄化槽のような人の目に触れない製品を作っているけど、セガの体感ゲーム機は街のゲームセンターでピカピカ輝いているんです』とか、『このマシンは父ちゃんが一生懸命作っているんだと子供に自慢できる』といった話をしてくれて、『そのセガのフラッグシップモデルを作るのだから、この上なく楽しい』と。楽しんでくれるのはプレイヤーばかりではないんだと思いました」

もちろん松野は今も、人々が楽しめるマシンを目指している。

「R360を開発していた頃はVRという言葉が使われ始めたばかりでしたが、今やAR全盛です。[※11]でもこれからは、視覚聴覚だけではなく、五感をフルに刺激してくれるようなアミューズメント・マシンで現実世界を感じてほしいです。それはVRでもARでもない『リアル』ですね。私がその一翼を担えることができればと思っています」

吉本も、R360をはじめとするゲームの開発から得たセガイズムを、次世代に継承しようとしている。

「セガは昔から、ないもの（手に入らないもの）は自ら作るしかない、作ればいい、作れないものはない、というマインドを持っていたと思います。志が高いというより、それが当たり前の社風でした。

『こんなデバイスがあれば面白いゲームができる』となれば、そのデバイスやシステムをゼロから作る。『作れる』ことが前提で、『作れないかも？』という発想がそもそもなかったんです。もちろん技術的なハードルやコストの問題はありましたが、必ず最後には作れるという、裏付けのない確信を持っていた気がします」

吉本が言うように、怖さを知らない『若気の至り』の力は絶大なものだ。経験を積んだ技術者は『作れない理由』をたくさん持っているが、経験が浅いエンジニアにはそれがない。

「ジュール・ヴェルヌ（SF小説の父と呼ばれる作家）は、『人間が想像できることは、人間が必ず実現できる』と言ったそうですが、夢があって素晴らしい言葉だと思います。

※11　AR…オーグメンテッド・リアリティ（Augmented Reality）。現実世界に仮想世界を重ね合わせて表示する技術

私が入社した頃から、セガには『創造は生命』という社是があって、今もセガサミーのグループバリューとして継承されていますし、『若い力』という社歌もあります。これからのセガも、若い人が想像力を発揮して『世界初!』と胸を張って言えるものづくりをしてほしいと思います。

鈴木常務の『とりあえず見に行け! とりあえず回せ!』という激のままに行動した結果、R360が生まれたように、今の若い人もベテラン世代の無茶ぶりに『できるかも?』と思ってくれればありがたいですね(笑)」

R360はプレイヤーだけでなく、セガの夢も乗せて回っていたのだと思う。だからこそ吉本は「セガが1台持っていたい」マシンだと話したのだろう。30年前にリリースされたR360が今なお、世界のどこかで動き続けているように、時代や場所が変わってもセガの遺伝子は受け継がれて、その思いが込められたコンテンツやマシンがぐるんぐるんとエンターテイメントの世界をかき回し続けてほしい。そう思わずにいられない。

Chapter 08

ナムコの未来を夢見た「ベラボーマン」たちの肖像

語り部

中潟憲雄

（なかがた・のりお）

ビデオゲームの語り部たち

福島県生まれ。早稲田大学卒業後、1984年に株式会社ナムコ入社。ロボットバンドプロジェクトを経てゲーム開発へ。サウンド制作の傍ら同期3人で「源平討魔伝」を製作、社内独立プロジェクトとして活動。「サンダーセプター」「ファミスタ」などの音楽を担当し「超絶倫人ベラボーマン」では企画やデバイス設計も、「未来忍者 慶雲機忍外伝」ではゲームのみならず映画サントラも担当。一方、ゲーム音楽普及活動の一環としてライブやビクター音産とのレコード化も手掛ける。退社後は「暴れん坊天狗」や「仮面ライダー」シリーズなど数多くの作品に携わるが、現在は「Fit Boxing 北斗の拳」などフリーランスでサウンド制作及びプロデュースを行う傍ら、支援学級で児童指導員を務める。

純粋さゆえに空気を読まない穴田悟

人それぞれの人生があるように、企業にもまた〝生き方〟がある。同業種であっても、成り立ちや業績の変動、増資、事業拡大、合併、倒産など、歩む道は異なり、それぞれがオンリーワンであることは間違いない。そして、会社や組織を突き動かすのは結局のところ人であり、組織は関係者たちの人生が溶け合ったものと呼べるかもしれない。

本章ではナムコ（現・バンダイナムコエンターテインメント）で新しい挑戦を重ね、ゲーム以外の分野で同社を支えた規格外の人々を紹介したい。ナムコが、かつてリリースしたゲームに「超絶倫人ベラボーマン」というタイトルがあったが、彼らはまさにベラボーな人たちだった。

Chapter 03でも述べた通り、筆者がナムコと接点を持つきっかけはナムコが出資した映画「カブキマン」だった。

ちょうどその頃、ナムコから1人の男がギャガに出向して（ナムコとギャガには資本関係もあった）、私が部長を務める宣伝企画部に所属することとなった。それが穴田悟《あなださとる》である。

筆者が最初に受けた穴田の印象は、マイペースで独自の世界観を持った「空気を読まない男」だった。だが、一緒に働いてみると、とにかく何事にも一生懸命で、自分の知らない世界で新しい何かを吸収しようと奮闘していることが伝わってきた。ナムコとは違う社風のギャガでは空回りしてしまうのではないか、と思うぐらいの情熱を感じたのだ。

空気を読まないのは純粋さゆえだと分かってからは、年齢が近かったこと、お互いに映画が好きだったことなどもあり、個人的に親しくさせてもらった。お酒が好きな穴田は、酔うと同じ話を繰り返したり、情に脆くなったりするが、一晩経てばすっかり忘れている、という憎めないキャラクターの持ち主でもあった。

穴田が、自分からナムコでのビデオゲーム開発について話すことは一度もなかったが、彼がナムコで手がけた商品をいくつか見せてもらったことがある。

彼が筆者のデスクに来て、「黒さん、僕がナムコで作ったキャラクターです。好きな坂本龍馬をイメージして開発したんです」と見せてくれたものが、『はげまし人形 龍馬くん』だった。腰の刀を引くと「小さなことにこだわってちゃいかんぜよ」、「心はいつも太平洋ぜよ」といった音声を発するもので、当時ナムコがリリースしていた「エモーショナル・トイ[※1]」シリーズの商品だった。同シリーズには「がんこ職人」もあるが、こちらにも穴田が関わっている。

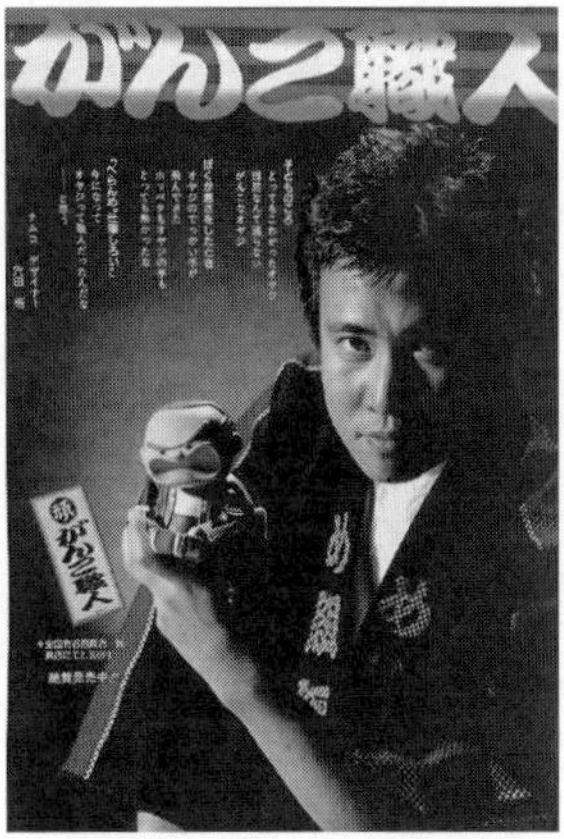

「がんこ職人」の宣伝用チラシに自ら登場した穴田悟

「龍馬くん」。エモーショナル・トイ

「がんこ職人」。エモーショナル・トイ

※1　エモーショナル・トイ…1985-87 年にかけてナムコが製作した玩具シリーズの名称

筆者が初めて、「龍馬くん」を見たとき、「ナムコって変わったモノを作るなぁ」、「キャパシティのある会社だ」と思ったことを覚えている。そんなナムコからギャガに出向し、不安もあったであろう穴田を、「龍馬くん」が励ましていたのかもしれない。

「龍馬くん」、「がんこ職人」はいずれも和風テイストのキャラクターだが、穴田はゲームでも、当時としては珍しい和風の世界観を取り入れた「源平討魔伝」（１９８６年）で、キャラクターデザインを担当した。

「源平討魔伝」は、浄瑠璃「出世《しゅっせ》景清《かげきよ》」をモチーフとしたアーケード向けアクションゲームだ。壇ノ浦で命を落とした主人公の景清が地獄から蘇り、世を乱す源頼朝を倒すため、鎌倉を目指して東上するというストーリーになっている。

穴田が描いた、景清のキャラクタースケッチの複写をご覧いただきたい。鉛筆で一心不乱に描いたと思しきイラストのおどろおどろしい雰囲気は、ゲームでもしっかりと再現されていたと思う。異様かつ妖気漂う、見事な出来栄えのキャラクターだ。

「源平討魔伝」は、野心溢れるナムコの社員たちが非公式に立ち上げ、勤務時間外で打ち合わせを重ねた末、最終的に社内の承認を得たプロジェクトである。

このような型にはまらない作品を生んだナムコが、その後、映画出資、ミュージカル「スターライトエクスプレス」※2日本公演への協賛、「ナムコ・ワンダーエッグ」※3などのテーマパーク開設、ロボット開発など、活動の場をゲーム以外に広げていったのは自然なことだったのかもしれない。

話を穴田に戻そう。

※2　スターライトエクスプレス…イギリスの作曲家アンドルー・ロイド・ウェバーの作曲で、1984年にロンドンのウエスト・エンドで初演されたミュージカル。ナムコは日本公演を協賛した

※3　ナムコ・ワンダーエッグ…ナムコが運営したテーマパーク。1992年の開園以降、1996年にワンダーエッグ2、1999年にワンダーエッグ3と二度のリニューアルオープン。20世紀最終日の2000年12月31日に閉園。現在は商業施設と高層マンションからなる「二子玉川ライズ」になっている

ナムコでの彼を知る人から、「とんでもない暴れん坊でしたね（笑）」という穴田評を聞いたことがある。穴田はあるとき、社長の中村雅哉に面と向かって「社長、それちょっとおかしいよ」と真顔で言ってのけたというのだ。

当時のナムコは、すでにゲーム業界で大きな成功を収めていた。一代でその業績を築いた中村に直言できる社員はそうそういなかっただろう。会社によっては何らかの処分が下されるかもしれないような話だが、中村は逆に穴田をかわいがったという。

大きな成功を得るということは、その分何かを失うことでもある。中村は、会社が大きくなるにつれてイエスマンが増える中、本音を言ってくれる穴田を貴重な人材と捉えていたのだろう。

「源平討魔伝」ゲーム画面

穴田悟が描いた景清のキャラクタースケッチ

穴田は「源平討魔伝」の後、オリジナルビデオ作品「未来忍者 慶雲機忍外伝」[※4]のプロデューサーとなる。同作は、雨宮慶太《あめみやけいた》[※5]の初監督作品で、キャラクターデザインに寺田克也《てらだかつや》[※6]、造形に竹谷隆之《たけやたかゆき》[※7]など、雨宮が在籍した阿佐ヶ谷美術学校つながりで、後に、イラスト、ゲーム業界や特撮業界を支えることになる人物が多く参加していた。

タイトル名に「外伝」とあるのは、並行して開発されていたビデオゲーム版が本編とされていたからである。だが、開発の遅れから、外伝であるオリジナルビデオ版が先に発売されることになってしまった。

そのストーリーは、サイボーグ化された忍者（機忍）である白怒火《しらぬい》の戦いを描くもので、時代劇風の世界と、サイボーグなどの近未来的なメカニカル表現が混在する異色の作品に仕上がっている。ビジュアルエフェクトはCGではなく、光学合成などのアナログ的手法だが、それが使われているシーンの多さは当時の作品として異例だった。

ちなみに本作の誕生には、現・コーエーテクモホールディングス代表取締役会長の襟川恵子《えりかわけいこ》が意外な形で関わっていて、筆者はその話を襟川本人から聞いたことがある。

中村は、穴田が所属する映像プロジェクトチームが提出した「未来忍者」の企画に対し、予算のボリュームや、慣れないオリジナルビデオ製作という

「未来忍者 慶雲機忍外伝」の DVD 版

点で判断しあぐねていた。

たまたま、ナムコを訪れた襟川に、中村がこの件を包み隠さず相談したという。

「いやー襟川さん、困っちゃったよ。映像プロジェクトっていうチームを作って、ゲーム開発を活性化させようと思ったら、『映画を作りたいから、製作費を出してくれ』って言われちゃって、どうしたらいいかな？」

襟川は「雅哉さん、お宅の会社は儲かっているから、多少お金がかかっても、新しいことならいいんじゃない」と返したそうだ。

その後、中村は映像プロジェクトのメンバーに「給料が半分になっても作りたいか？」と迫り、メンバーが「それでもやりたい」と即答するのを確認して、その熱意にほだされる形で稟議を承認したそうだ。

やりたいことがありすぎて、ひたすら突き進んだ中潟憲雄

穴田への直接取材はかなわなかったのだが、ナムコで穴田とともに仕事をしたサウンドクリエイターの中潟憲雄《なかがたのりお》に会って、ご自身の生い立ちや、「源平討魔伝」「未来忍者」のエピソードなどを交え、当時のナムコを振り返ってもらった。

中潟は、ナムコにてゲームクリエイターやサウンドクリエイターを務めた後、現在は有限会社

※4　未来忍者 慶雲機忍外伝…雨宮慶太監督作品。1988 年にオリジナルビデオで発売。サイボーグ忍者の戦いを描く。時代劇に未来感をミックスした異色の作品

※5　雨宮慶太…1959 年生まれ。映画監督、イラストレーター、キャラクターデザイナー。有限会社クラウド代表

※6　寺田克也…1963 年生まれ。イラストレーター、漫画家として知られる。「バーチャファイター」の初期のイメージイラストを手掛けた

※7　竹谷隆之…1963 年生まれ。フィギュア造形作家。雨宮慶太監督作品の造形美術を手掛けた

中潟憲雄

デジフロイドの代表取締役としてゲームをプロデュースする傍ら、音楽制作やライブ活動を行っている。

「福島の高校時代に、ピンク・フロイドやイエスといったプログレッシブロックに影響されてバンドをやっていました。そして、田舎でバンドやっても全然ダメ、やっぱり東京に出て音楽活動しなきゃ……ということで、大学受験するわけなんですけど、もう、ことごとく落ちて（苦笑）」

中潟は、2年間浪人した後、早稲田大学に入学する。

「学内のプログレッシブロックのサークル『イオロス』に入ってAQUA POLISというバンドを結成しました。オリジナル曲を演奏しているうち、ライブハウスにも出演するようになったんです」

中潟は、両親が教員だったこともあり、大学を卒業したら田舎に帰って教員になるという約束で、学費や仕送りの面倒を見てもらっていた。それを守り、大学4年時には一般企業への就職活動はせず、教育実習や教員採用試験の勉強で忙しい日々を過ごしていたが、卒業が近づくにつれ、田舎に帰ることが納得できなくなっていったという。そんな中で知ったのが、ナムコの採用試験だった。

「たまたま、ナムコをプログラム職で受けていたサークルの友だちから、ナムコで音楽枠の採用があることを知ったんです。そのときのナムコは、株式上場前ではありましたけど、かなり大きな会社になっていました。バンドのデモ曲を入れたカセットテープを持っていったら採用が決まって、1984年に新卒として入社したんです。

蓋を開けてみたらロボット事業課への配属だったので、ちょっと驚きましたけど、音楽を作ることに変わりはなかったので、楽しく仕事ができました。ロボット事業課には穴田さんも所属していました」

ロボットと聞いて意外に思う人もいるだろうが、ナムコの前身である中村製作所の事業が、遊園地やデパートの屋上で稼働する「木馬」から始まり、それがエレメカ、ビデオゲームになっていったという経緯を考えれば、それほど遠いものでもないだろう。

中村の夢の1つは、自社で開発したアミューズメントロボットをデパートや催事で展開して、最終的にはディズニーランドのような〝ナムコランド〟を作ることだった。それが、後年のワンダーエッグやナンジャタウンの開園につながっていったと思われる。

「当時のナムコは、蒲田の朝日ビルディングに入っていたんですが、ロボット事業課のフロアは、社長室がある最上階のすぐ下でした。物理的にも近かったんですが、組織としても社長直属で、中村社長がやりたいことを実現させる〝すぐやる課〟みたいな側面もあったと思います。

まだ、サウンド室はなくて、その原型と呼べるものとしては、シンセサイザーとエレクトリックピアノが置いてあるくらいなので、会社には自前のキーボードを持ち込んでいました」

中潟が入社間もないうちから携わったのが、ロボットバンド「ピクパク（PiCPAC）」の開発だった。ピクパクは、バンドメンバーである3体のロボットが、周りの観客ロボット、司会ロボットとともに、30分程度のミュージカル仕立てのショーを見せるものだった。

朝日ビルディング入口

中潟（中央）と中村（右）

「入社したとき、すでにピクパクの大枠はできていたので、僕が主に手がけたのは楽曲制作でした。テーマ曲は大貫妙子さん、エンディングテーマはＥＰＯさんにお願いし、ミュージカル曲の作曲や、声優さんの構成、レコーディング作業などは僕が担当という感じです」

ピクパクのロボットは、モーターとソレノイド（電磁力を利用し、電気エネルギーを直線的な運動に変換する装置）で動く仕組みだった。

中潟が主に関わったサウンド面はというと……。

「ＮＥＣのPC-98が使われていました。それぞれのロボットには、セリフや音源が記録されているレーザーディスクが入っていて、それをPC-98からの命令で時間軸に沿って読み出す（話す・演奏する）という形です。

総勢８体の制御は大変でした。今だったら、MIDIで一括コントロール、ってことになるんでしょうけど」

ピクパクは、中村の夢を実現しようと、ナムコが総力をあげて取り組んだプロジェクトだった。

「ＦＲＰ製のガワは外注でしたが、内部のメカニズムはナムコ社内で作っていました。当時としては相当の開発予算を割いていたと思います」

だが、当時の大手テーマパークでは、ピクパクより緻密な動きができるロボットが既に稼働していたこともあって、満足のいく結果にはならなかったようだ。

「精一杯やりましたが、表情まで出せるようなロボットがある中で、言葉は悪いけど子供騙しにしかならなかったですね。

当時のナムコが持っていた技術はすべて注ぎ込んだと思うんですけど、時代はもっと先に進んでいました。その点はとても残念でした。

ピクパクのセットは巨大になるので、それをトラックに積んでの輸送や現地での設営、撤去などにも手間と費用がかさみ、見合うだけの収益が上げられなかったのだと思います」

しかし、ピクパクでナムコが得た知見は、後年のワンダーエッグなどで活かされることになる。今でこそ、エンターテインメント用のロボットも珍しくなくなったが、今から30年以上も前に、ロボットの事業化にチャレンジしたナムコには、自由な開発環境や発想があったのだろう。中潟はそれを裏付けるエピソードを話してくれた。

「モノにはならなかったんですが、脳波を使ってキャラを操作するプロジェクトがありました。『すげえなぁ、この会社』と思いましたね。僕も試作制作の仕事をいくつかやりました」

本書、Chapter 11でも後述するが、当時のナムコではタイトルごとに開発チームが作られるのではなく、各部署のメンバーがタイトルをかけ持ちする形で開発にあたっていたと、Mr.ドットマンこと小野浩も語っている。

中潟も、1つのタイトルだけに専念することはなかったそうだが、それ以外にも、自分が面白いと思えば、割り振られた業務以外のことにも手を出していたという。言ってみればゲリラ活動のようなものだが、これは穴田も同じだったそうだ。

正式な業務ではないため、誰かに仕事を頼まなければならないときは、業務依頼書などは書かず、直接当事者間でやりとりすることになる。こういった土壌から生まれたヒット作が「源平討

1992 年にオープンしたナムコ・ワンダーエッグ

「ピクパク」をデザインしたのは“ナムコのレオナルド・ダ・ヴィンチ”の異名を持つ遠山茂樹

［上］当時中潟が使用していた機材
［左］スタジオでの中潟

魔伝」だったというわけだ。

「あの頃は、ゲーム音楽のレコード制作やライブ、PVやフィギュア製作など、やりたいことがありすぎて、常に行動していました。若かったこともありますが、保身など考えず、ひたすら突き進んでいたと思います。こうした姿勢は穴田さんの影響が大きいですね」

ゲーム音楽のレコードといっても、中潟が制作し、1986年にビクター音楽産業からリリースされた「ビデオ・ゲーム・グラフィティ」は、特定タイトルのサウンドトラックではなく、さまざまなタイトルから選んだ楽曲をアレンジして収録したものだった。

「今でこそ、ゲームミュージックには大勢のファンがいて、一般にも認知されていると思いますけど、当時は『ゲームの音楽……？』って感じだったんです。

音楽業界に行った大学時代の友人に会ったとき、近況を話したら、『ゲーム音楽なんてやってるんだ？』と返されて、見下された感じがありました。それがすごく悔しくて。

なので、ミュージシャンやアレンジャーを起用した、生楽器やバンドによるゲーム音楽のアレンジバージョンを作って理解してもらおうと思いました」

「ビデオ・ゲーム・グラフィティ」はシリーズ化され、アレンジ版だけでなく、オリジナル音源も収録されるようになった。今ではゲーム音楽が1つの大きなジャンルを形成するまでになっているのは読者もご存じの通りだ。

中潟自身が語ったように、前例にとらわれない積極的な活動は、穴田に影響を受けてのことだ。中潟は「未来忍者」でも音楽を担当しているが、この作品も、穴田がいなければ生まれなかったと語る。

「穴田さんの働きかけを中村社長（当時）が承認する形で、映像制作技術の研究機関を作ることになりました。それで、各部署から僕を含むスタッフが集められ、映画制作に乗り出すきっかけになったんですが、当時社内には映画制作を分かっている人があまりいませんでした。

毎週のようにミーティングをして、各自があいうことをやりたい、こういうことをやりたいと言うんですけど、素人なので具体的に動けないんですよね。そこに穴田さんが雨宮慶太さんを連れてきたんです。雨宮さんは、その頃すでに光学合成で有名なデン・フィルム・エフェクトで仕事をしていて、特撮関係の人脈もありました」

雨宮は、北原聡が原案を手がけた「未来忍者」の企画に肉付けをし、脚本と監督を担当。映画を完成に導いた。また、彼の参加によってキャラクターやクリーチャーのデザインがクオリティアップしたであろうことは想像に難くない。

筆者も映画「ゼイラム」（1991年）で、当時30代前半の雨宮と一緒に仕事をしたことがある。企画段階でも、撮影の現場でもポリシーが一貫しており、シーンごとの撮りたい絵にもブレがないという、「未来忍者」を経ての2作品目とは思えない監督ぶりに驚いた記憶がある。

未来忍者を手がける前の雨宮は、キャラクターデザインなどの仕事が多く、自作のイラストをポートフォリオにして営業活動をしていたが、その傍らで、映画制作への熱い想いを夜な夜な語っていたという。

中潟は、東急目蒲線（当時）の下丸子駅付近にあるアパートに住んでいた頃、穴田や雨宮と酒を飲みながら映画について語ったことを覚えている。

それぞれの立場は違えども「映画を作ってみたい」という思いは同じだったということだろう。

「雨宮さんは映画監督になるべくしてなった、すごい人だと思います。中村雅哉社長の信頼も厚くて、映画と関係ない案件でも雨宮さんを呼んで意見を聞いていました。蒲田に新しくアミューズメントスポットを作るにあたっても、場所選びや、店内装飾とかを相談していたみたいですね。中村社長は雨宮さんを高く評価していたと思います」

さて、正式な業務以外にも自分からさまざまな案件を手がけていた中潟だけに、その勤務状況はすさまじいものであったようだ。

「ナムコット（ナムコのファミコン向けタイトルのブランド）が立ち上がってからのサウンド制作は地獄でした。会社で寝泊まりというか、もはや会社に住んでいましたね（笑）。逆に、『源平討魔伝』のPV撮影では、2か月近く会社に出なかったこともありましたけど（笑）。

当時は、とんでもない残業時間で、今だったらとても許されるような働き方ではありませんでした。そんな状況だったので、ドット絵のアルバイトだった細江慎治《ほそえしんじ》※8君や、同期で企画にいた川田宏行《かわたひろゆき》※9君もこちらに引き入れ、それでも何作か掛け持ちをしなければならない状況でした。今でもよく体がもったものだと思います」

そんな嵐のような時間を過ごした後、中潟はナムコを退職する。入社から6年が経っていた。

「理由はいくつかあるのですが、1つは、映画制作や映画音楽制作、レコード制作、ゲーム音楽のライブといった、会社で実現したかったことはほぼ達成できたからです。

それと、『源平討魔伝』で一緒だった大久保良一君が会社を辞めたことも大きかったですね。彼にしてみたら、僕はナムコに6年もいた……ということになるんでしょうけど（笑）」

大久保は、ナムコを退職後、開発会社のトムキャットシステムを立ち上げ、「いただきストリート」シリーズなどの作品を世に送り出したが、2016年に急逝した。

「大久保君は、本当に才能のあるすごいプログラマーで、彼がいなければ『源平討魔伝』は生まれていなかったと思います」

本当のベラボーマンは中村雅哉

1980年代のナムコには、何人かのキーマンがいた。

※8　細江慎治…1967年生まれ。ゲームミュージック作曲家。現在は、株式会社スーパースィープ代表取締役

※9　川田宏行…1960年生まれ。ゲームミュージック作曲家

中潟は、「ゼビウス」の遠藤雅伸、「ギャラクシアン」の澤野和則、「パックマン」の岩谷 徹、〝ナムコのレオナルド・ダ・ヴィンチ〟こと遠山茂樹、本書Chapter 03に登場いただいた石村繁一の名も挙げ、最後にこう付け加えた。

「穴田さんも、間違いなくその中の1人ですよ」

筆者が穴田と最後に会ったのは、もう25年以上前のことだ。

ナムコを退職後、交通事故に遭うも、一命を取り留めたことを知人から伝え聞いていたが、今回、中潟から近況をうかがうことができた。

「事故の後遺症で、一時期は介助なしで歩けないような状態だったんですが、リハビリの末、ランニングができるまでになりました。僕もそれを聞いて、２０１７年の東京ゲーム音楽ショーに招待したんです。

まだうまくコミュニケーションできない部分もあるようですが、筆で絵は描けるようになっています」

「源平討魔伝」の30周年記念アルバム「源平討魔伝 ～参拾周年記念音盤～」の特典である扇子に、穴田が、景清の絵を描いてくれたという。

「穴田さんは、ナムコの成長期の歴史を作ってきた人なので、直接いろんな話を聞けるとよかったんですけどね……」

そう語る中潟は、実に穴田らしいエピソードも披露してくれた。

「僕が夜中に仕事を終え、クタクタな状態でアパートに帰って、そろそろ寝ようかとベッドで横になると、ドアをガンガン叩く音がするんです。出てみたら穴田さんで『中潟くん、これから蒲田で世直し会議があるから来てくれよ』って言うんですよ。それで蒲田で朝まで飲んで歌って、そのまま会社に行きました（笑）。

穴田さんは坂本龍馬ですから……。龍馬になりきっているんですよ、そういうときは」

穴田がさらに回復し、こんな〝空気の読めなさ〟をまた見せてくれることを、心から願ってやまない。

規格外の人々がいた１９８０年代のナムコは、求人広告も秀逸を飛び越えて前衛的だった。筆者の印象に残っているのは、「集まれ前科者。」というキャッチコピーである。

もちろん本物の犯罪者を探していたのではなく、常識の中に収まらないやる気と、失敗を恐れない行動力を持った人を〝前科者〟と表現したわけだ。

これは建前で終わらず、実際に常識外れな人物が多く入社したようで、中潟はこう振り返る。

「当時は、いい成績を収めてストレートで大学を出たような人はお呼びじゃない感じでしたね。浪人も全然オッケー。学校生活に限らず、いかに面白いことをやらかしてきたか、そこが採用基準だったんじゃないかと思います。なので、かなり面白い人たち、言い換えれば異才の人たちが集まってきたんだと思います」

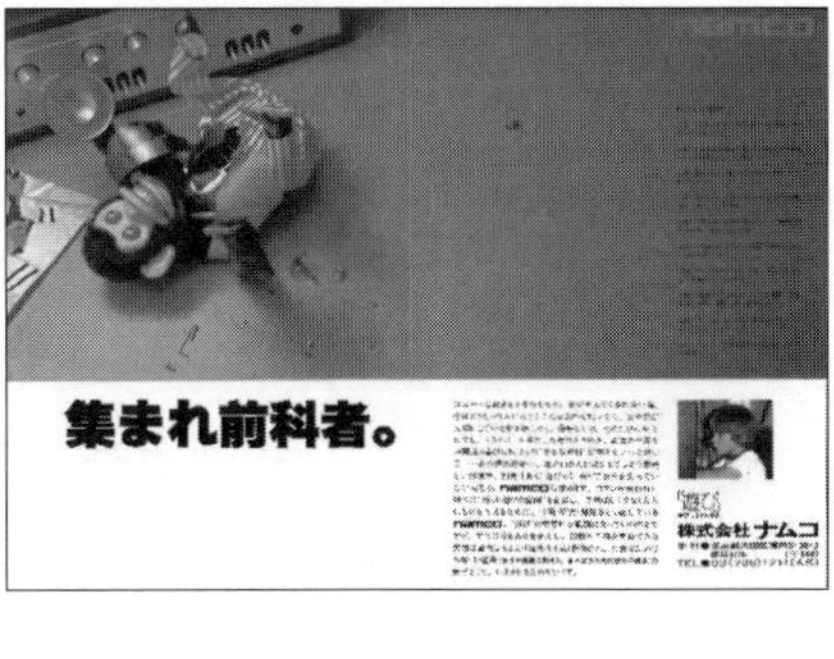

ナムコの求人広告。「集まれ前科者。」のコピーで有名

「超絶倫人ベラボーマン」ゲーム画面

そういった異才の人たちと出会って刺激を受けた中潟が開発を手がけ、1988年にリリースしたのが「超絶倫人ベラボーマン」である。

時代設定は、日本の高度成長期にあたる昭和40年代。悪の科学者、爆田博士率いるロボット軍団は、世界征服の手始めとして新田4丁目への侵略を開始する。保険会社の平凡なサラリーマンである中村等《なかむらひとし》は、残業を終えた帰り道、突如として現れたアルファー遊星人から銀の力と超変身物質（ヘラとボー）を授かり、スーパーヒーロー「ベラボーマン」へと変身。ロボット軍団との戦いを決意する、というプロローグだ。

これだけでも、かなりギャグ要素の強い、独特の世界設定であることが分かると思うが、ゲームのほうも、自在に伸びるベラボーマンの腕・脚・首を駆使しての攻撃方法や、その強弱（腕・脚・首が伸びる長さ）がボタンを押す強さで決まるシステムなど、当時の常識を大きく外れていた。現在のゲーム業界で、このような企画を承認できる会社を探すのは難しいだろう。まさに当時のナムコだったからこそ生まれた作品ではないかと思う。

筆者には、「超絶倫人ベラボーマン」というタイトル名が、ナムコ社員を指しているように思えてならない。ベラボーマンたちがいた会社だからこそ、ベラボーマンは生まれたのだ。

そして中潟は、日本の高度成長期にゲームを愛し、映画を愛し、ナムコとその社員を愛した中村も、穴田や中潟に負けず劣らずのベラボーマンだったと教えてくれた。

「中村社長はダンディーで、独特の美意識を持たれた素敵な方でした。ここでは詳しく語れませんが、〝クリスマスソング制作プレゼント事件〟、〝真夜中の社屋裏駐車場ベンツ事件〟、〝深夜の六本木遭遇事件〟とか、いろいろありましたね。実に人間味溢れた人で、本当のベラボーマンは中村社長だったと思います」

ロボットに囲まれる中村社長

Chapter 09

理想を追求したゲームギアと
時代の先端を行ったアーケード基板——
セガのハードに込められた矢木博の矜持

語り部

矢木博

（やぎ・ひろし）

1950年、東京都大田区久が原生まれ。日本大学理工学部卒業、1975年に株式会社セガ・エンタープライゼス入社。第二研究開発部に配属され、ピンボール、エレメカなどの製造部を経て、研究開発部にて量産前のプロトタイプ開発に携わる。1980年にセガを退社するも1983年に復職し、のちにセガの代表取締役に就任する佐藤秀樹のもと、数多くのアーケードゲーム用のゲーム基板開発を推進する。また本章で触れるセガが任天堂のゲームボーイと異なるアプローチで世に送り出したゲームギアの開発を主導した。

セガが遺した資料と開発のDNAを探る

ゲームの歴史に残る携帯ゲーム機と問われれば、多くの人は、おそらく任天堂のゲームボーイと答えるだろう。だが、セガが任天堂のゲームボーイとは異なるアプローチで携帯ゲーム機を世に送り出したことはご存じであろうか。ゲームボーイのモノクロ液晶とは異なるカラー液晶画面を採用、チューナーパックによるテレビ視聴など、そこには、現在のスマートフォンにも似た機能と希望があった。この数年、かつてのゲーム機が小型化され再発売に至っている。そこには、レトロを体現する思い出と可愛らしさ、当時の人が夢見た未来への希望が凝縮している。その希望の軌跡を紐解いてみたい。

２０２０年10月６日、セガの携帯ゲーム機「ゲームギアミクロ」が発売となった。１９９０年10月６日に発売された「ゲームギア」が約40％に縮小されたデザインの同機は、ゲームギアの発売30周年と、セガの誕生60周年を記念する製品だ。

ゲームギアの全世界累計販売台数は１０００万台以上、任天堂の携帯ゲーム機「ゲームボーイ」の数字にこそ届かなかったものの、ヒット商品であることに疑いの余地はなく、ゲーム史にその名を刻んでいる。そんなゲームギアは、どのようにして生まれたのだろうか。

現在、各ゲーム会社では、１９８０年代から１９９０年代にかけての資料の廃棄や散逸が問題となっていると聞く。

また、それらは仮に各社に保存されているとしても、その状態が良好ではない場合もある。矢木博は、それらを自身で管理保管しているが、セガ社内からも資料を提供いただくことができた。

今回のゲームギアのようにまとまった資料が残っているケースは珍しいかもしれない。

「自分が手がけてきたプロジェクトに関連する書類、メモ、基板などは、セガのほうで管理してもらっています。最終的に残すか残さないかの判断はセガ側にありますが、ゲームギアに関するものは、しっかり保存してありました。

機材類や基板図面、チューナーパック、ACアダプターなども残っていますね。おそらくゲームギアミクロの開発でも使われたんじゃないでしょうか」

資料がしっかり管理されているのは、セガだけでなく矢木の管理によるところも大きいだろう。取材中、話を聞いているなかでも、矢木はどんな話をしたかなどを、その場でノートにまとめていた。矢木の、そんな丁寧な仕事ぶりは、本稿からも感じて頂けるはずだ。

ゲームギアとゲームギアミクロ

矢木博。現在はデータベース開発やウインドサーフィン用具の維持・管理などを手がけるWIND-風 代表

〝近所の会社〟だったセガに入社

矢木は、1950年に東京都大田区の久が原で生まれた。

「東急池上線で蒲田駅から4つ目の駅です。同じ大田区の大鳥居にあったセガに行くには蒲田駅から京急蒲田駅まで徒歩で乗り換えが必要でしたが、近いんですよ。

中学生の頃にトランジスタラジオの組み立てなど、電気系の分野に興味を持つようになって、その後、高校生になってからは、当時ブームになっていたアマチュア無線が趣味になりました」

その後、矢木は日本大学理工学部に進学。卒業後は電気系メーカーに就職しようと思っていたという。

「ですが、70年代初頭から発生した原油の需給逼迫・価格高騰というオイルショックによって経済的な混乱が起こって、電気系メーカーも先行きが不透明になりました。それで、自分なりにいろいろと調べたら、セガ・エンタープライゼスというゲーム会社が自宅近くにある。面白そうだということで試験を受けて、1975年に入社しました」

この時期に、セガへ入社した人の多くがそうであるように、矢木も本来

高校ではエレキバンドを組んでいた。中央でギターを構えているのが矢木

はもともとはセガ志望ではなかった。

「あの頃のセガに入社するハードルはそれほど高くなくて、新入社員は自分も含めて4、5人だったと思います。

デジタル系技術の夜明け前で、会社の事業には、いわゆるエレメカを中心とした業務用ゲームのほかに、ジュークボックス販売がありました。世の中がカラオケに切り替わる前のギリギリのタイミングだったと思います。ゲーム機やジュークボックスマシンのメンテ、補充用レコードの発送といった業務などを全国規模でやっていました」

現在のセガとはだいぶイメージが異なるかもしれないが、それでも当時の社員数は1000人もの規模だったという。

「ルートセールスマン、修理サービスマンなど、営業部だけでも600人以上いたのではないかと思います。また、ゲーム機械を製造していた製造部、パーツ管理、調達部でおよそ200人程度、ゲーム機械を販売していた販売部にも50人以上はいたと思います。それと人事、総務、労務、経理、財務、社長室などは合計すると100人程度ですね」

本書のChapter 07で吉本昌男は、1987年当時のセガの社員数は1300人程度だったと話していた。その間に、セガが「ハングオン」などの大ヒットアーケードタイトルや、家庭用ゲーム機事業への参入などで急成長したことを考えれば、12年で300人の増加は少ないようにも思える。

ここからは想像の域を出ないが、セガの業態がジュークボックス販売からゲームへとシフトしていく中で、人の出入りも相当に激しかったのではないだろうか。

矢木が入社後に配属となったのは製造部で、そこで手がけたものの１つがフリッパー（ピンボール）だった。あまり知られていないかもしれないが、セガは１９７１年から１９７９年頃までフリッパーを製造、販売していたのだ。矢木は、１９７６年製の「ロデオ」（RODEO）を担当したが、これはＣＰＵを搭載した、当時としては画期的なフリッパーだったという。

「それ以前のフリッパーは、リレーやソレノイド、モーター、カム、歯車など、全部機械仕掛けで動いていました。ボールがターゲットに当たってアクションが起こるときに、トントンと音がするのは、ソレノイド、カム、歯車が中で動いていたからなんですよね。

ところが、『ロデオ』では電子化されているんです。当時インテルの４０４０という4ビット

矢木が入社したときの社屋は、〝セガ１号館〟として関係者やプレイヤーに長い間親しまれた建物ではなく、同じ場所にあった大きな工場のようなビルだった

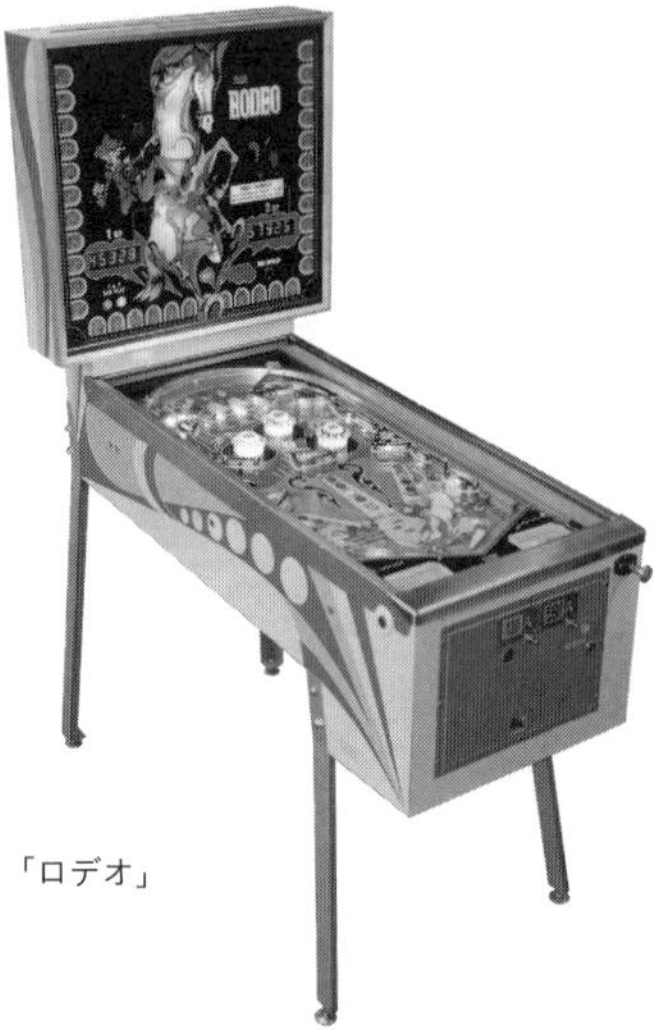

「ロデオ」

プロセッサーが発売されて、それを搭載しました」

もちろん、当時のアーケードゲームの主流であったエレメカの仕事もあった。

「エレメカの製品不良、配線間違いなどを直しましたし、最終出荷するときも自分で配線などを見てチェックをしていました。デジタルとアナログの両方を経験できる、いい時代でした。

セガに入社する前は、『遊びの会社だから面白いんだろうな』ぐらいに思っていたんですが、実際に入ってみたら、デジタルによる変化のすごさを感じました。

自分でアナログ真空管を使ったアンプや、無線の受信機や送信機を作った経験はありましたけど、デジタル機器には100個とか200個とかいう数のＩＣが使われていましたから」

ハードウェア開発とは〝土俵作り〟

矢木はその後、技術開発事業部の研究開発部に異動となり、ビデオゲームのハードウェア開発に関わることになる。

「研究開発部は、いわゆるプロトタイプを作る部署です。量産用の図面を引いたりする部署としては、生産技術部がありました。

『ハングオン』が生まれるもっと前の時代ですから、当時のセガの代表作は、私の直属の上司だった佐藤秀樹《さとうひでき》[※1]さんが中心になって開発し、１９７６年2月にリリースした『ロードレース』[※2]です。

※1　佐藤秀樹…1950年生まれ。1971年セガ・エンタープライゼス入社。1983年にセガの家庭用ゲーム機SG-1000とSC-3000を開発。以降、ドリームキャストまでセガのすべての家庭用ゲーム機に開発に携わる。2001年、セガ代表取締役社長に就任。現在は退任

※2　ロードレース…1976年導入。それまでのレースゲームとは異なり、画面に遠近感の効果を加えたものだった

CPUは使わず、TTLロジック（電子回路）だけで全体の制御をしていました」
矢木には、新人時代に上司だった人々が強く印象に残っている。最初に配属された製造部の部長だった長谷川勝弘《はせがわかつひろ》、生産本部の取締役で生産本部長の北村裕昭《きたむらひろあき》、研究開発部部長の高橋雅夫《たかはしまさお》、取締役技術開発本部長の越智止戈之助《おちしかのすけ》などの名前が挙がった。

本書のChapter 05にて、エピソードを紹介した鈴木久司が、矢木の直属の上司だった時期もある。鈴木が新設の第二研究開発部部長に就任した際、研究開発部のメンバーは同部署に異動となり、佐藤秀樹が副部長、矢木は課長となった。後に鈴木は、ソフトの開発を行う第一研究開発部も監督するようになったという。

そして、矢木が本格的にビデオゲームに関わったのは、のちにセガの代表取締役に就任する佐藤秀樹の下だった。佐藤は業務用のゲーム開発からスタートし、セガの家庭用ゲーム機SG-1000、メガドライブ、セガサターンなどの開発責任者を務めた、当時のセガの中心的な人物である。

「佐藤さんが開発した業務用基板のシステム1を改良して、システム2という基板を作りました。この技術をさらに強化し、テレビモニターを横一列に3台使った『スーパーダービー』を開発しました。

その後、佐藤さんはSG-1000とかSC-3000などの家庭用製品の開発に集中されるようになったんですが、同じ部署の上司と部下という関係は続きました」

1985年の事業計画発表会。右から矢木、鈴木久司、佐藤秀樹

矢木はその後、「ワールドダービー」や「アウトラン」用の基板を開発。アウトランの基板を強化したXボードが「アフターバーナー」「GPライダー」に採用され、さらに画面回転機能を追加したYボードは「パワードリフト」などに使用された。

「Xボードは、スプライトの最大表示数が256で、各スプライトでズーム機能が使用できるように

「ロードレース」

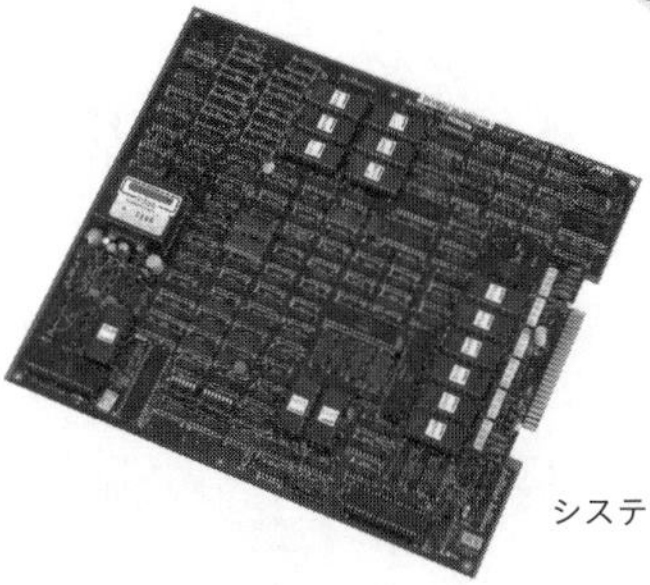
システム１

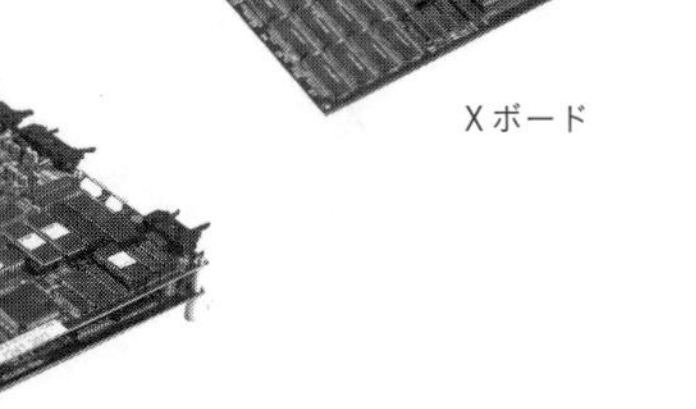
Xボード

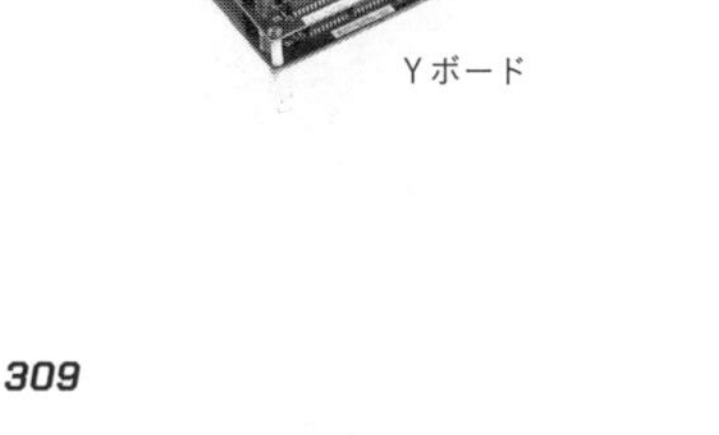
Yボード

しました。ダブル・フレームバッファ方式を採用したので、表示能力としては当時主流だったラインバッファ方式より表示の制限が少なくて自由度が高く、表示能力は3画面分程度あり、〝最強〟だったと思います。

表示解像度は320×224でした。CPUは10MHzのモトローラMC68000を2個、サウンドは別基板になっていて、ヤマハの音源チップYM2151を搭載していました」

セガの名作アーケードゲームをハードウェア面で支えた矢木が社内で最も苦労したのは、常に最先端かつ最大のパフォーマンスを求める鈴木裕との作業だったという。

「『アウトラン』、『アフターバーナー』、『バーチャレーシング』、『バーチャファイター』などで、鈴木裕さんとは侃々諤々《かんかんがくがく》の議論をしましたね（苦笑）。

私たちの仕事は、ゲーム開発のソフト側、開発者側がやりたいことの土俵を作ることなんです。土俵にはどんなものが必要かを考えてやっていました」

だが、作ろうと思ったものをすんなり作れるわけではない。

「ハードは、やるとなれば何でもできるんですが、何事にもコストが影響するわけです。例えば、ある作業の処理時間を半分にしようとすれば、単純に処理速度を2倍にしたり、並列処理化したりといった方法がありますが、結局は何かをトレードオフするということでクリアするしかないんですよ」

高速処理をするならより高価なプロセッサが、並列処理をするなら複数のプロセッサが必要になるといった具合だ。だが予算は限られているから、欲しいものを欲しいだけ使うわけにもいかない。

「Xボードや、アウトランボードで使ったMC68000は、メーカーが推奨する動作周波数が8-10MHzくらいのものまでは安かったんですが、12.5MHzくらいから急に価格が高くなっていたんですよ。

その場合は、安いものを使いつつ、電圧と温度条件を絞ったうえで、推奨以上の周波数で動かすんです。エクセプション（例外処理）と言うんですけど、そういう無理な使い方もしましたね。

「アウトラン」

「アフターバーナー」

ものはやりようです。

ＣＰＵの許容電源電圧を、本来のプラスマイナス10％からプラス10％マイナス５％に調整するとか、ファンを使って温度が40度以上にならないようにするとか。そうすると、安いものでも12.5MHzで動くようになるんです。データを取って、その分布を見てメーカーと協議して、どうすれば動くようになるかを研究するのが仕事でした」

異業種への転身、そして、再びセガへ

矢木には、一度セガを離れていた時期がある。

「１９７５年にセガに入って製造部と研究開発部の仕事をしたあと、１９８０年に一度退職したんですよ。ゲームに関わっているうちにグラフィックスの仕事がしたくなって、辞めたんです。それで、１９８０年に本田技術研究所に入りました」

本田技術研究所と言えば、言わずと知れた本田技研工業のグループ会社であり、主に同社の研究開発を行う企業だが、自動車や二輪車関連でグラフィックスの仕事があったのだろうか。詳しく聞いてみると……。

「まあ、なんていうのかな……グラフィックスもやりたかったけど、クルマが好きだったからというのも大きいんですね。両方できるんじゃないかと思っていました」

残念ながら、本田技術研究所でグラフィックスの仕事を手がけることはなかったようだ。また、同じ電子技術の仕事も、セガと本田技術研究所ではその内容が大きく違っていたという。

「あの頃のクルマは、大規模な自動制御がなく、ワンチップ・マイコンくらいしか搭載していなかったので、そのワンチップ・マイコンを使ってABSやオートレベリングサスペンションが導入され始めました。ゲームですでに使用されていた電子技術が、クルマにも推進されてきたという感じです」

電子技術者から見れば、やはりセガの方が先を行っていて、やりがいを感じたということなのか、矢木は1983年にセガへと再入社した。

「戻ってこられたのは、恩師である佐藤さんのおかげですよ。本当に良くしてもらいました。私から佐藤さんに『セガに戻りたいんです』と言ったら、『まぁ、ちゃんとやれよ』と言って、受け入れてくれました（笑）。

あの頃のセガはキャパシティがありましたね。ちょうど拡大基調で、株式公開のタイミングでもありました」

そして、念願の仕事を手がけることもできた。

「セガに戻ってからは、グラフィックスの仕事をやらせてもらいました。戻った頃はスプライトを使用した2Dのドット絵でしたけど、徐々に進化して3DCGになっていきましたね。その中で『アウトラン』、『アフターバーナー』、『DAYTONA USA』などに関わりました」

グラフィックスの仕事は、結局、セガでしかできなかったのだが、一度セガを離れていなかっ

「ヘッドオン」

たらどうだったのだろう。そもそも矢木がなぜグラフィックスを志したのかも、興味深いところだ。

「セガが買収したアメリカのグレムリン・インダストリーに出張したことがあるんですよ。そこでグラフィックスが面白いなあと思って、はまってしまったんです」

グレムリン・インダストリーは、1970年代にエレメカを中心としたアーケードゲームをリリースしていた会社で、1979年にセガ・エンタープライゼスによって買収された。

〝元祖ドットイーター〟と呼ばれる「ヘッドオン」[※3]も開発している。

「『ヘッドオン』の開発手法を知って、なるほど、こういう風に作るんだと感銘を受けたんです。それは、どういうことかというと……、それまでのゲームにおけるグラフィックスというのは、いわばその都度『絵』を用意する、『絵』を描き変えることによって表現していたのですが、グレムリンがやっていたのは、ゲームの構成をライブラリ化して、最初から最後までのイベントを設定し、ゲームをやっていく中でイベントに合わせて『絵』を呼び出すといった方法でした。

※3　ヘッドオン…1979年に導入されたドットイート・ゲーム、ポスト「スペースインベーダー」を目指して開発されたビデオゲーム

今のゲーム開発では当然のことなんでしょうが、その当時『ヘッドオン』がやっていたことは斬新だったんですよ」

ゲームギアに影響を与えた意外な製品

そして矢木は1989年に、ゲームギアの開発に取りかかることになった。

同年に発売された、任天堂のゲームボーイとATARIのLYNX《リンクス》に対抗する製品として開発されたことはよく知られるエピソードだが、矢木にはもう1つ、意識していた製品があった。

「ソニーさんのハンディカムは、ゲームギア開発の勉強になりました」

1989年6月に発売されたソニーのビデオカメラ「ハンディカム CCD-TR55」は、「パスポートサイズ」というキャッチコピーが付けられた小型サイズが反響を呼び、爆発的なヒット商品となった。

1979年発売のウォークマンで「音楽を携帯する」というスタイルを浸透させたソニーにすれば、音楽の次は映像デバイスという流れだったのかもしれない。だがソニーに限らず、1980年代はメーカー各社がデバイスの小型化に邁進した〝軽薄短小〟の時代だった。NTTが携帯電話サービスを開始したのも1987年のことだ。

ゲームギアの開発も、そんな時代を見据えたものとなる。

「ゲームギアの開発では、まず重さをどうするか検討して、人間が持ってちょうどいい重さは500グラムじゃないかということになりました。電池を含んだ重さは、ゲームボーイが約300グラム、LYNXは約700グラムでしたので、ちょうどその中間くらいの重さです。

LYNXよりも小ぶりにして、あと200グラムくらいの重さをどうやって削るかという問題になったんですが、これにはかなり苦労しました。

それまでやっていた、アーケードゲーム基板の開発は、極端な話、大きな基板の上に電子部品を配置して、大きな筐体にガチャンと入れておしまいですから、まるで勝手が違いました」

ただ、矢木が以前手がけた仕事の中に、ヒントとなるものはあった。

「競馬ゲームの『ワールドダービー』や『ロイヤルアスコット』[※4]が参考になりました。ゲームで走る馬の模型の下にあるキャリアには、2つのモーター、モーター制御部、通信部、電源などを小型化して収めていましたから」

そうやって始まったゲームギアの開発でまず問題となったのは、本体の形状だ。

「携帯ゲーム機はハンドリング、つまりゲームをする時の重量バランスや持ちやすさを考えないといけません。何種類ものサイズや形状のモックアップをダンボールで作成したり、大鳥居の商店街にあるスーパーマーケットでハカリを買ってきて重さを量ったりしました。ゲームボーイのような縦形も試してみましたが、ヘッドが重くバランスが悪くてダメなんです。佐藤さんと何度も議論して、最終的に横形に落ち着きました」

目標の形状と重さを実現するため、ありとあらゆる部分でサイズダウンや軽量化が図られた。

※4　ロイヤルアスコット…1991年導入。競馬をテーマにしたメダルゲーム。最大12人までの同時プレイが可能

「アーケードゲームなどで使用する基板の厚みは1.6ミリなのですが、ゲームギアは軽量化のために1.2ミリにしました。プリプレグ（樹脂シート）を減らしてこの厚さに調整したんです。そこに実装するチップやICなどの高さは平均2ミリ、最大でも5ミリくらいです。それまで使ったことのない表面実装部品も多かったですね。

透明なスケルトンの外装を作って、部品に干渉がないかを確認することもありました。外から見ながら、どうやって入れ込もうかとか、干渉しそうだから設計を変更しようとか、考えたんです。どこにどんな部品や配線を置くかといったことを検討するために、基板からの〝等高線〟も作ったんですよ」

だが、軽量化やサイズダウンは強度とトレードオフの関係にある。もちろん壊れやすいものにはできない。

「プレイヤーがゲームギアを持って、コントロールパッドのボタンを強く押すと、基板の両サイドに力がかかって、ストレスが発生するわけですよ。基板が湾曲すると、スルーホール（部品を挿入する基板の穴）と銅配線の接触不良が起きる可能性があるんです。

それに耐えるために、基板の銅箔は通常より倍の厚みを持たせて、スルーホールと銅配線間の接続部を強化しました。

また、コントロールパッドの裏側にあたる場所には部品を配置しないで、外装で支える構造にしたんです」

前述したように、基板全体では通常のものより薄くなっているのだが、銅箔は逆に厚くしているわけだ。あらゆる部分で、軽量化やサイズダウンを図りつつも、強度には余裕を持たせる方針だったという。

「品質保証テストを繰り返して製品を仕上げて、実際に販売して強度が確保できていることが分かれば、そこからコストダウンすればいいんです。

セガとしては、お客さんに不良品、すぐ壊れるようなものを売って信頼を失ってはいけませんから」

小さなミスが大事件に

ゲームギアの開発では、はんだ付けにもさまざまな工夫が凝らされた。筆者も含め、中学時代にはんだごてを使ったことがある人は多いだろうが、当然ながらそれとはかなり異なる。

「ゲームギア基板の製造には、フローはんだ（溶けているはんだで満たされた槽の上に基板を通す方法）と、リフローはんだ（部品にあらかじめクリーム状のはんだを付けて、熱風ではんだを溶かす方法）の2つを使っています。基板の表側の表面実装部品はリフローはんだ、基板の裏面のDIP部品（基板を貫通させて実装する部品）はフローはんだです」

だが、ここである問題が起こった。

「本来は、表面実装部品なのに、設計上基板の裏面に配置しなければならず、フローはんだで付けなければならなくなったものもありました。そのまま、はんだ槽に通すと内部の水分が膨張して爆発してしまうので、乾燥させるベーキング処理を行うことにしたんです。ほかにも、基板をはんだ槽を通す方向にも気を配るなどしました。部品にはんだが溜まったり、IC同士が干渉したりしないようにするんです」

矢木が取材に持参したゲームギアの基板が、次の写真だ。本体のサイズより大きいのは、2台

ゲームギア基板の実物で矢木が保存していたもの。ただし２台分の基板が１枚になっている製造途中のものである。ゲームギアの基盤を製造する際には、基板制作工程の効率を上げるため１枚の基板に、２枚の基板収める２面付を行っている

分のものだからである。

「基板にも決まりごとがあります。大元となるものには1メートル×1メートルの定尺があって、それをエッチングマシン（回路をプリントするマシン）などに通すワーキングサイズに分割します。何枚取りにするかということです。ゲームギアの場合は16枚取りで、1枚が2台分でしたから、大元からは32台分の基板が作れました。

2台分が1枚になった状態で、エッチングマシンや部品の自動マウンターに通し、はんだ処理などをして、基板が完成します」

1台のゲームギアには、大小計3枚の基板が入っている。写真を見て気づく人もいるかと思うが、小さな2枚の基板を切り離して、本体に装着しているのだ。これも矢木の工夫だ。

「1台のゲームギアはメイン基板、サウンド基板、電源基板の3種類で構成されています。サウンド基板や電源基板を別々に製造すると、工程管理が複雑になってコストも余分にかかります。そこでメイン基板と一緒に面付けし、1回の工程で終わるようにしたんです。サウンド基板と電源基板を切り離して空いた部分に、液晶がピタリとはまるようにしました」

もちろん外装にもミリ単位のこだわりがある。

「外装のプラスチック（ABS）の厚さは2ミリです。メガドライブなどの据え置き機は3ミリですが、それだと携帯ゲーム機としては重くなってしまうので、2ミリにしました。もちろん強度を落としてはいけないので、内部構造に〝骨〟を作り、補強しています。重さや強度など、すべてを考えてレイアウトしていました」

無駄を省きに省いて設計したものだけに、1つのミスが大事件になることもあった。

「1990年の6月頃、『東京おもちゃショー』に出展するデモ機を準備していたときのことなのですが、液晶端子の位置を間違えて基板を設計してしまいました。液晶表示器と基板をポリイミド材のフレキシブル基板（100本程度の信号線を帯状に並べたもの）ではんだ付けし、ケースに収めるときになって、初めて気づいたんです。いくらやっても液晶表示器がケースに収まらないので、さすがに青ざめました。

おもちゃショーは数日後に迫っていて、基板を一から作り直す時間もない。そこで、フレキシブル基板をボンナイフで1本1本きれいに裂いて何とか収めて、液晶表示器と基板をねじ止めして出展しました。

開発部署のスタッフ総出で、20台分のフレキシブル基板をそーっと短冊状に切ったので『短冊事件』と呼ばれてましたよ。やり終わった後は、ほっとしました」

矢木の目から見たライバル、任天堂のゲームボーイ

前述したように、ゲームギアは任天堂のゲームボーイに対抗する製品として開発された。矢木の目にゲームボーイはどう映っていたのだろうか。

「初めてゲームボーイを見たときは、『白黒は面白くないなぁ……』って思いました。ゲームを

携帯して、いつでもどこでも遊べるのはいいと感じましたけど、自分ならもっといいものを作りたいと……。

その後に、上司の佐藤さんから『矢木、お前やれ』と言われてゲームギアの開発が始まったんです。やるからには絶対にゲームボーイに負けたくないと思って、新しいことに取り組みました。重さや持ち方が日本人に合ったもの……ゲームボーイとは決定的に違うもの……つまりゲームボーイが白黒だったので、ゲームギアはカラーだったということです」

ゲームギアで、よく言われるのはバッテリー駆動時間の短さだが、これはあの時代にバックライト搭載のカラー画面を採用したゲームギアの宿命でもあった。矢木はその選択に後悔していない。

「電池の減りの早さは認識していたのですが、あれはしょうがないと思っていました。全体の消費電力が2.5W近くあるうちの1.5Wがバックライトなんです。バックライトを暗くしたり、もしくは画面の輝度をもうすこし下げたりすれば多少は長くできたのですが、そうすると他製品との画質の比較で負け、カラーにする意味やインパクトがなくなって、チープなものになってしまったでしょう」

矢木の言葉からは、技術者としての誇りが伝わってくる。

「ソフトも含めたゲームギアの事業は成功ではなかったとか、任天堂に水をあけられたなどと言う人がいますが、それは任天堂のソフト開発力やマーケティング力がうまかったんだと思います。あとは画面を白黒にしたという割り切りです。

その割り切りに、残念ながらセガとしてはあまり追随できなかった部分があるかもしれませんが、画面のカラー化をはじめとして、当時できることは何でも盛り込みました。

ゲームギアは1000万台販売されたんですよ。金額にすれば2000億円のビジネスを作ったわけで、セガのハードとして十分な成功だったと思います」

ゲームギアがゲームボーイと決定的に異なる点は、カラー画面だけではない。

「ゲームギアは、生活の中でどこでも見ることができるものを目指したんです。いわば『パーソナルディスプレイ』ですね。

家庭で、お子さんが好きなテレビ番組を見たい、ゲームをしたいと思っても、お父さんが野球中継を見ていたら無理じゃないですか。でも、ゲームギアは『パーソナルディスプレイ』だから、自分が好きな時間に好きなものを見られる。チューナーパックの存在価値はそこにあるんです」

「パーソナルディスプレイ」と同じように重要なキーワードがもう1つある。

「『アフターサムシング』も意識しました。ゲームギアは本当の意味でのメインマシンにはなり得ないんです。ゲームの楽しみを追求したいなら、大きい画面で据え置きゲーム機をプレイをしてもらったほうがいいですから。

なので、ゲームギアはちょっと暇なときに触るものだと考えていました。アフターゴルフとか、アフタースキーとか、何かをやったあとにちょっとだけ遊ぶものが、ゲームギアのコンセプトだったんです。ゲーム以外にも、例えばテレビを見たり、AV端子にビデオカメラをつなげて、撮ったばかりの映像を再生したりといったことです。当時のビデオカメラのビューファインダーは白黒でしたし。

セガとしては〝土俵〟を作って、あとはお客さんがどう遊んでくれるか、どう楽しんでくれるか……ということなんですよ」

このあたりは、セガの開発マインドと言っていいだろう。世の中にないものはセガが作る、セガが作るんだったら、その時代で最高のものを……という気概だ。

ゲームギアは、矢木にとってまさに入魂の一作だった。それだけに、納得できない要求を突っぱねたこともある。

「当時、SOA（セガオブアメリカ）から、『マスターシステム[※5]のカートリッジを挿せるようにしてほしい』という要求がありました。でも、そういうものになると自分の考えとはかけ離れたものになってしまうと思って、拒否したんです。SOAのマーケティングディレクターだったアル・ニルセンさんとは、いろいろやりあいました。

結果としては、SOAが、マスターシステム用の変換アダプターを作りました。両方のカートリッジの信号線はほとんど同じなので、変換アダプターを使うことでマスターシステムのROMカートリッジをゲームギアで動作させることができたんです」

数々の苦労を経て、ゲームギアは1990年10月6日に発売となった。

「自分が関わったものですから、発売された時も店舗を何軒か回りました。店頭に並んでいる在庫が少しずつ減っていくのを見て喜んだのを覚えています。それまではアーケードゲームばかりでしたから、新鮮な体験でした」

※5　マスターシステム…1987年10月18日発売。セガ・マークⅢにFMサウンドユニット、ラピッドファイアー（連射装置）を搭載していたゲーム機

矢木自身が宣伝マンになったこともあるという。

「ゲームギアが発売されたあと、プロ野球の日本シリーズのチケットを買うために池袋まで行ったことがありました。今みたいに電子チケットなんてないので、池袋の販売所に徹夜で並んだんですが、そこにゲームギアを持っていったんですよ。

夜中の静かな行列の中で、いろいろとデモンストレーションをしました。ゲームをしたり、音を出してテレビを見たり……。暗い場所でのゲームは、バックライトを搭載しないゲームボーイ

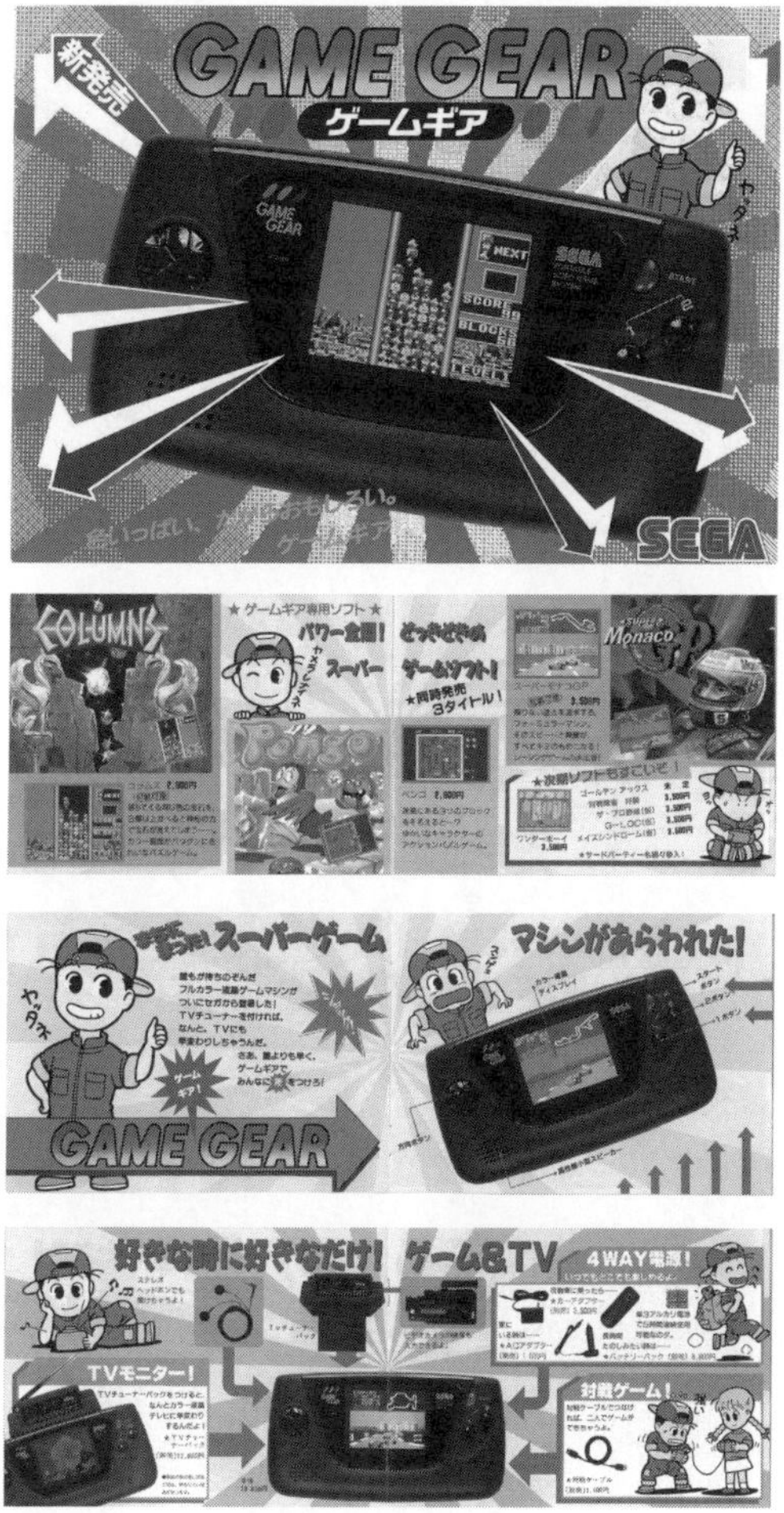

ゲームギア発売当時のパンフレット

では難しかったですからね。

周りの人はゲームギアに興味津々の様子でした。さすがに『使わせてくれ』と言われることはありませんでしたが、便利そうでいいなと思ってくださっていたようです」

全世界販売台数1000万台、そしてゲーム以外の付加価値も備えたゲームギアだったが、後継機の話はなかったのだろうか。

「個人としては後継機を作りたい思いはありましたけど、セガとしてはなかったですね」

もし後継機を作ったとしたら、どのようなものになったのだろうか。

「ゲームギアは5ボルトで動いていましたが、それを3.3ボルトで動くようにすれば電池消耗が減らせます。あとディスプレイのバックライトを蛍光管からLEDにできれば、さらに長時間駆動ができたでしょう。

いろいろとやりたいことはありましたが、次のアーケードゲーム開発の仕事も控えていましたし、諦めました」

数多くのハードウェアに携わった矢木だが、やはりゲームギアには特別な思いがあるようだ。

「ゲームギアは、自分が関わった最初のコンシューマの製品で、自分の考えを製品に込めて開発しました。自分の息子みたいなものですよ」

アメリカ出張で得たもの

矢木が、ゲームギアから離れ、アーケードゲーム開発の仕事に戻った頃は、セガを中心にアーケードゲームにおける表現、ソフト内容が急速に高次元化していた。

それには、時代の変化がもたらしたテクノロジーのスピンアウトが関連していた。

1989年に、ベルリンの壁が崩壊し、アメリカとソビエト連邦（現在のロシア）の間で長く続いた冷戦が終結。それによって、軍需産業が自社の保有する技術を他業種に転換しようとする動きが活発化した。それがゲームの高次元化に貢献したのだ。

その1つが、セガに技術協力を申し出たGE（ゼネラル・エレクトリック社）である。トーマス・エジソンが創業した電機メーカーだが、冷戦が終わる頃には原子力や宇宙工学にまで事業分野を広げていた。（Chapter 05 参照）

セガとの接点は、3DCGだった。おそらく軍事用を想定した戦闘機・戦車などのシミュレーション技術を民間用に転用したものだと思われる。

GEの子会社の1つである、ゼネラル・エレクトリック・エアロスペース（後のロッキード・マーティン）とセガが共同で開発したアーケードゲーム用基板が「MODEL2」「MODEL3」だ。

ここに「MODEL1」の名前がないことを不思議に思う読者もいるだろうが、実はこの取材で、MODEL1 はセガが単独で開発した基板だという証言を矢木から得た。

「MODEL1までの基板は全てセガの社内開発です。私は当初MODEL1の開発には関わっていませんでしたが、開発最終段階になってもバグが取れず動作が不安定だったため、急遽プロジェクトに参加しました。そして『バーチャレーシング』の出荷にこぎつけたんです」

その功績が認められて、矢木はMODEL2からアーケード基板開発を担当することになる。

「私はMODEL2に始まって、MODEL3、NAOMI[※6]、CHIHIRO[※7]、TRIFORCE[※8]、SEGAHIKARU[※9]、LINDBERGH[※10]など、たくさんの基板に関わりました。

MODEL1はテクスチャを使わないフラットシェーディングでしたが、その完成後にGEからテクスチャマッピング技術のオファーがありました。

そして、MODEL2ではセガが演算部分（ジオメトリー演算部）、GEがレンダリング部分を開発し、製品化したという流れです。

MODEL3は、より質の高いグラフィックスを実現するため、セガがシステムのコンセプトデザイン、GEがシステムの設計を担当しました。基板化と量産化はセガが行っています。

MODEL3は、システム自体も高価でしたし、ライセンス料が含まれる関係で、高額になったんです。そのため、SEGAHIKARUがセガの社内で開発されました」

GEエアロスペースとの仕事はなかなかハードだったようだ。

「彼らのテクノロジーの勉強と意見交換のために、何度かアメリカへ出張しました。けっこう苦労もしましたね。彼らは東海岸の人たちだから、西海岸の人みたいに緩くなかったというのもあるかもしれませんが……（苦笑）。

※6　NAOMI（ナオミ）…セガ開発によるアーケード用ゲーム基板。ドリームキャストの基板と互換性を持つ。基板の命名者は鈴木久司と言われており、アーケードゲーム用基板「MODEL3」に続くファイナルモデル・スーパーモデルという意味合いから、当時ファッション界のスーパーモデルであったナオミ・キャンベルにあやかってつけられたという逸話を持つ

※7　CHIHIRO（チヒロ）…セガとマイクロソフトが共同で開発したアーケードゲーム用基板。Xboxがベースのため Xboxへの移植が容易であり、Windows（DirectX）との親和性が高く開発がしやすいものだった

※8　TRIFORCE（トライフォース）…セガ・ナムコ（現在のバンダイナムコエンターテインメント）・任天堂の3社が共同開発したアーケードゲーム用基板

特にグラフィックスやコンピュータの専門用語の解読が大変でした。日本語では知っていても、英語で何と言うかまでは分からなかったんです。彼らからすれば、セガのメンバーは英語もできないのに、何でこんなところに来ているんだ……という感じだったでしょうね」

だが、あるとき、まったく逆の状況になったという。

「GEエアロスペースのスタッフは、ICの作り方や使い方に疎かったんですよ。ゲートアレイ[※11]の使い方も分からなくて、実際やっていなかったようです。ある時、彼らのためにセミカスタムICを2週間くらいで作って、それをハンドキャリーで持って行ったら、『セガはマジカルだ』と驚いていました。彼らにすれば、3か月かかると思っていたものが、2週間でできたわけですから。

セガとしては、高度なCG技術の勉強ができて、GEエアロスペースも大規模回路を集積回路化する勉強ができた。双方にとってよかったことだったと思います」

矢木はアメリカ出張中に、ある名作が誕生するきっかけに立ち会ったことがあるという。

「休日に、現地スタッフが地元の観光ツアーに連れ出してくれて、クルマ好きの人にはおなじみのデイトナ・インターナショナル・スピードウェイに行ったんです。鈴木裕さんも一緒だったと思います。コースを見学したり、デモ走行に同乗したりして、その後にチケットが手に入ったので、レースも観ました。そのレースの感動や印象が『DAYTONA USA』につながっているんです」

この体験を今振り返って、矢木には思うところがあるようだ。

※9　SEGAHIKARU（セガヒカル）…「MODEL」シリーズの延長線上に位置するセガ完全オリジナル CG ボード。コストパフォーマンスよりも最高性能を重視している。当時のゲーム業界で初めてフォンシェーディングを実装。HIKARU の名前の由来にもなった光源数の多さは、フォンシェーディングと併用することによって発色の美しい CG 映像を実現した

※10　LINDBERG（リンドバーグ）…2005 年 9 月に、セガが次世代アーケード用 CG 基板として発表したアーケードゲーム基板。アーキテクチャは PC ベースで構成されており、アプリケーション開発が容易

※11　ゲートアレイ…修正回路の製造手法の一種、汎用的な回路素子を基板上に配置しておき、顧客のニーズやオーダーを受けたのちに、その用途や要望に応じて配線を行う手法

「今（2021年取材時）は新型コロナ感染症の危険があるので、自分からどこかに出向いたり、感じたり、触ったりといったことがままなりませんよね。オンライン会議ツールは便利ですけれど、ライブ性がないんです。もちろん本質的には言葉を交わして、打ち合わせができればいいんですが、ライブ性には隠されたというか、オンラインでは気づけない要素があると思います。実際に会って話してみて、初めて分かる相手の強みとか特徴とかがあるんです。

だから、今はともかく、ライブ性は重視していたいんですね。〝副産物〟を得たいと思うなら、オンラインだけじゃだめだと思います」

ゲームセンターの醍醐味とは

MODEL2やMODEL3でリリースされたタイトルは、「バーチャファイター」、「バーチャストライカー」、「電脳戦機バーチャロン」、「DAYTONA USA」など、人気シリーズが目白押しだ。

MODEL2、MODEL3開発時。GEエアロスペースのスタッフとの会食

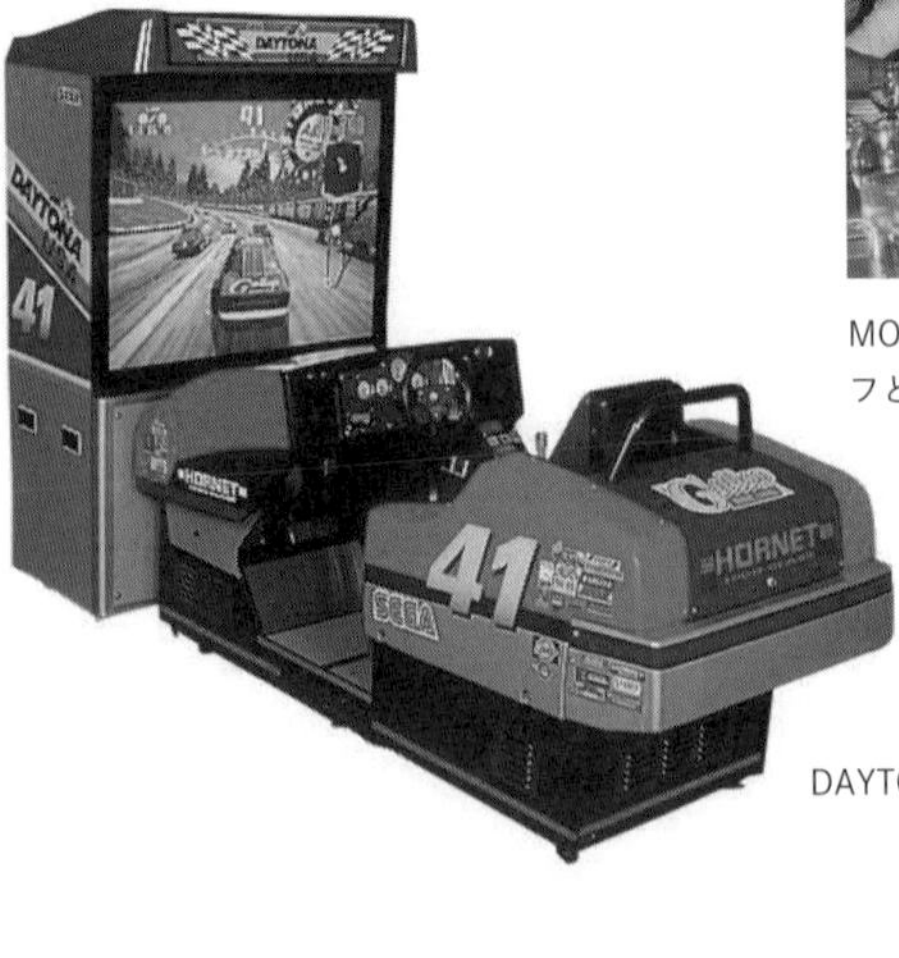

DAYTONA USAの筐体

セガのアーケードゲーム黄金時代と言っていいだろう。

だがそれを過ぎると、アーケードゲーム基板の作り方も変わっていった。

「家庭用ゲーム機のグラフィックスを、アーケードに流用できるようになってきたんです。それまでの家庭用ゲーム機は性能が足りなかったので、オリジナル基板を作っていたのですが、NAOMIやNAOMI2はドリームキャスト、CHIHIROはXbox、TRIFORCEはゲームキューブといったように、ゲーム機をベースとしたものになっていきました」

TRIFORCEは、セガ、任天堂、ナムコの3社が共同で開発した基板だ。セガが家庭用ゲーム機やアーケードゲームの市場で激しく争った任天堂やナムコと手を組むということが、時代の移

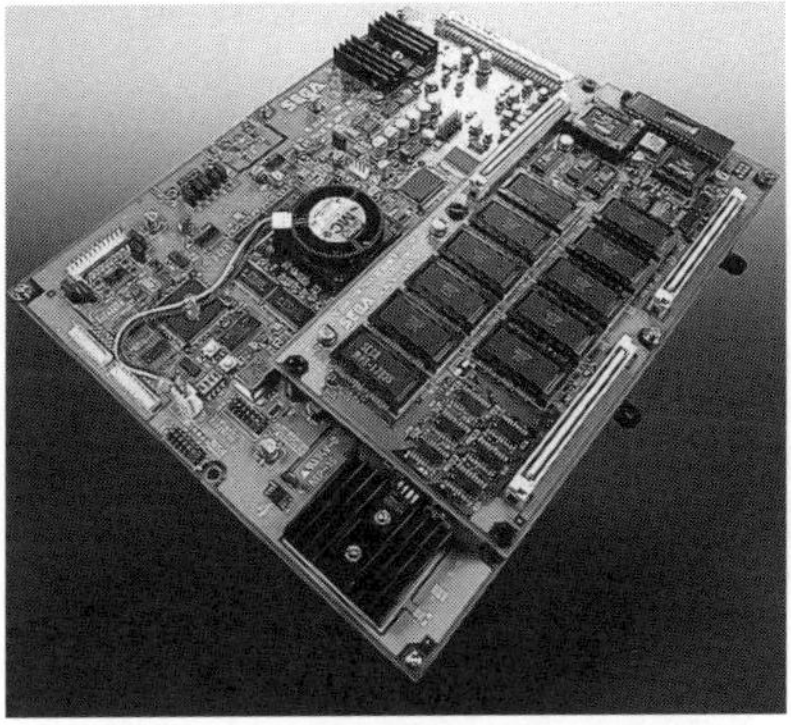

NAOMI

CHIHIRO

NAOMI2の開発時、イマジネーション社との会食

り変わりを象徴していたと言えるだろう。

だが、そんな中で生まれたセガオリジナルの基板が、SEGAHIKARUだ。

「SEGAHIKARUは、『消防士 BRAVE FIRE FIGHTERS』※12などで使われた基板です。この基板は、仕様策定から開発設計まで、全部セガで行いました。かなり苦労しましたね。100万ポリゴンを安定的に出せて、光の表現力が高いものにしようということで、当時一般的だったグーローシェーディング※13ではなく、フォンシェーディング※14を採用したんです」

SEGAHIKARU

「消防士 BRAVE FIRE FIGHTERS」

※12　消防士 BRAVE FIRE FIGHTERS…1999年導入。消防士による消火活動をモチーフにしたアーケードゲーム

※13　グーローシェーディング…1971年にアンリ・グーローが発表したコンピュータグラフィックスの手法。物体の表面での光と色の変化をシミュレートするもので、フォンシェーディングよりもすこし粗めの表現となる

※14　フォンシェーディング…3DCGにおける陰影計算の補間技法で、自然な照明効果が得られる

「安定的に出せて」というのが、矢木のこだわりだ。

「当時、次世代機が100万ポリゴンを出せると話題になっていましたが、セガの考えていた100万ポリゴンは、それとまったく違うんです。

私たちアーケード基板開発チームは、責任者の鈴木久司常務から『あの家庭用ゲーム機でさえ100万ポリゴンを出しているのに、何でこんなに金がかかるんだ。お前らだめだなー！』と叱られたんですが、あちらはベストエフォート、こちらは最低保証で100万ポリゴンですから、全然スケールが違うんですよ。鈴木裕さんからは『常に100万ポリゴンを出してくれ』って言われるんですからね（苦笑）」

セガオリジナルの基板は、SEGAHIKARUが最後となっている。ゲームセンターの衰退は続き、セガサミーホールディングスは、２０２０年末にセガエンタテインメントの株式を株式会社GENDA[※15]に譲渡して、セガはゲームセンター運営から撤退した。

時代は大きく変わり、あの頃と違うセガがある。

「1人が1台スマホを持つ時代になったのが大きなターニングポイントでしょうね。ゲームセンターの醍醐味は、対戦者と顔を合わせて盛り上がれたり、同じ空間で和気藹々とした雰囲気や緊張感を楽しめたりすることだと思うんです。サッカーの応援だって、個人個人がテレビを見て応援するのと、スタジアムで一丸となるのは、まったく違う体験でしょう」

矢木は、全国のセガの直営と協力ゲームセンターをネットワークでつなぐサービス「ALL.Net」[※16]にも関わった。だが、ゲームセンターにとって本当に重要なのはライブ性だと考えている

※15　株式会社GENDA…2018年創業、ゲームセンターを運営する企業

※16　ALL.Net…セガが提供するネットワークサービス。アーケードゲームをインターネットでつなぐことにより、通信対戦や、全国ランキング、プレイデータの保存を可能にした

という。

「インターネットでつなぐことにより、通信対戦や全国ランキング、プレイデータの保存が可能になりました。

でも、実際にその場所で出会うこと、対戦すること、つまりライブの必要性がなくなればゲームセンターは不要になるんです。その点でコロナ渦の状況は厳しいです、これからさらにその傾向が強まるでしょう」

今、セガに思うこと

矢木は、2010年に60歳で定年を迎え、再雇用で2015年までセガで社内コンサルタントとして仕事に携わった後、退職した。

2020年10月に発売されたゲームギアミクロの感想を聞くと、矢木は顔を綻ばせた。

「面白いですよね。良く作ったと思いました。もう少し大きくてもよかったかもしれませんが、開発の発想としてはポケットに入れたかったんでしょうね。それもセガらしいと思います」

矢木は、ゲームギアを「自分の息子みたいなもの」と表現した。だとすれば、ゲームギアミクロは孫のような存在になるのかもしれない。

そんな、ゲームギアミクロをリリースした今のセガを見て、矢木は何を思うのだろうか。

「今いるスタッフの能力をうまく活かしてほしいと思いますね。自分たちが上長だった頃、新人だったメンバーが、大きく育って中堅どころになっているんです。彼らの知識や技術を活かしてほしいと思います」

矢木は70歳を迎えるが、毎日を活発に過ごしている。

「セガ退職後は、個人事業主としてデータベース関連の仕事を受けていました。また、セガのウインドサーフィン部時代から通っていた神奈川県の津久井浜で、ウインドサーフィンの用具を預かる艇庫を作って管理する仕事もやっています。津久井浜は、余生を過ごそうと思って買った場所なんです（笑）」

矢木は、そう言って相好を崩した。日焼けしたその顔は情熱に溢れ、年齢よりも若々しく感じられた。

Chapter 10

小山順一朗が、
数々の成功と失敗から得た
“戦場の絆”

語り部

小山順一朗

（こやま・じゅんいちろう）

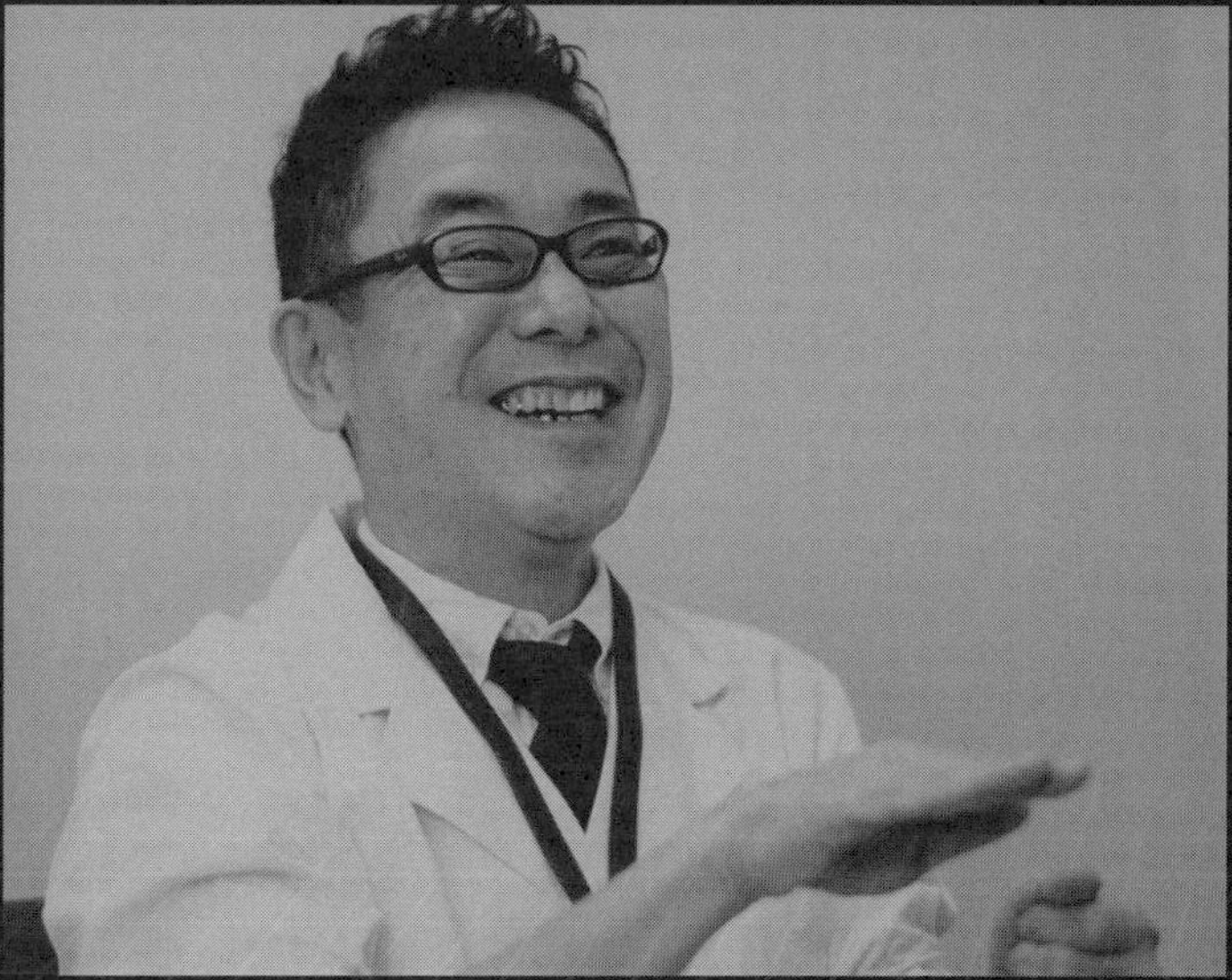

1966年、静岡県生まれ。日本大学理工学部精密機械工学科卒業後、1990年に株式会社ナムコに入社。エンジニアとして「ギャラクシアン3」、「アルペンレーサー」などの体感マシン開発を経て、企画プロデュースへ転向し、「アイドルマスター」、「釣りスピリッツ」、「マリオカート アーケードグランプリ」、「機動戦士ガンダム 戦場の絆」などに携わる。バーチャルリアリティの可能性を探求し、「VR ZONE」を立上げ、VRアクティビティ27種を開発し多くのVRでの知見を得る。現在はバンダイナムコ研究所でXR、Web3.0、AIを活用した商品開発を行っている。

特撮ヒーローと、超合金ロボに憧れた少年時代

小山順一朗は1966年に静岡県沼津市で生まれた。家業は母親が営む美容室だったという。小学生のとき、小山はその年代の男子の例に漏れず、「仮面ライダー」の洗礼を受けた。

「まだ、テレビゲームがなかった時代で、子供たちの関心ごともすべてアナログでした。ポピー[※1]の光って回る変身ベルトも持っていましたし、仮面ライダースナックというお菓子についていたカードも集めていました」

当時は、キャラクターグッズにおける〝最初の全盛期〟とでも呼ぶべき時代だった。

「仮面ライダーのほかにはミクロマン、その後に、超合金のマジンガーZにもハマりました。幼少期はブルマァク[※2]の怪獣ソフビも持っていた記憶があります。あと、夏休みに『東映まんがまつり』の『人造人間キカイダー』を赤青の3Dメガネで見たのを覚えています。今思えばあれは、バーチャルリアリティにつながっていますね。とにかく、そういうキャラクターものが大好きでした」

一般的には、中学に入る頃までに、そういったキャラクター玩具から離れ、部活動や恋愛などに関心が向かうようになると聞いたことがあるが、小山はブレることなく、自らの信じた道を突き進んだ。

「周りがそういったジャンルのホビーに興味がなくなっても、自分だけは買い続けていました。まったく卒業しませんでしたね。もう大好きで、大好きで」

※1　ポピー…1971年にバンダイの子会社として創業。玩具販売ルートとは異なる駄菓子屋などに商品流通を行っていた。玩具メーカーのタカトクトイス（1984年倒産）の仮面ライダー・ベルトをヒントに劇中の演出と同様に「回る」機能を付けて販売したところ大ヒット。その後も独自路線を貫くものの、バンダイの上場計画に伴い1983年に吸収合併されポピー事業部となった

※2　ブルマァク…1969年創業。ソフトビニール（ソフビ）による人形を販売。主な商品に円谷プロダクションによる「ウルトラ」シリーズのものがある。1977年に倒産。現在は創業者の後継者が事業を継承。通信販売などを行っている

小山は、スーパーカーブーム、ラジコンカーブーム、キンケシ（キン肉マン消しゴム）ブームなど、時代時代の流行を押さえつつ、特に気に入った『宇宙刑事シャリバン』[※3]に感化されて、弟と一緒に特撮ヒーローのムービーを作るなど、物作りの面白さにも目覚めていく。そのヒーロー・ムービーはボール紙でスーツを作り、自分たちで演出やカメラワーク、演技を練って、叔父が持っていたカメラを借りて撮影したそうだ。

そして、小山は中学生のとき、自身の人生に大きく関わるコンテンツと出会った。1979年にテレビ放送が始まったアニメ「機動戦士ガンダム」と、その放映後に大ブームとなったガンプラだ。

「当時のガンプラブームはハンパじゃなかったですね。『HOW TO BUILD GUNDAM』という『ホビージャパン』の別冊を夢中になって読んでいましたし、近所の模型店にも、しょっちゅう通って、自作のガンプラ・ジオラマを、店に飾ってもらおうとしたこともありました。

もちろん、アニメの方にもハマっていて、中学3年生のときは劇場版を観るために徹夜で映画館の前に並びました。先着順で、特別にカットしたフィルムをもらえたんです。世話係みたいなお兄さんたち、オタクの先輩たちが『ここに並んでください』とか教えてくれて、ガンダムの音楽を聴きながら、みんなで一晩過ごしたんです。今だと、中学生がそんなことしていたら補導されるでしょう。のんびりとした時代でした」

気に入ったものに対する小山の情熱の注ぎ方は、並々ならぬものがあった。このときの小山少年は、後に自分がガンダムのゲームを開発する側になるとは夢にも思っていなかったはずだが、

※3　宇宙刑事シャリバン…東映製作による特撮ヒーローものテレビ番組。1983年3月4日から1984年2月24日まで、テレビ朝日系列で毎週金曜日に放送され人気を呼んだ。宇宙刑事シリーズ「宇宙刑事ギャバン」に続く2作目、ちなみに3作目は「宇宙刑事シャイダー」

小山の特撮ムービーに登場するヒーロー

バンダイナムコ研究所イノベーション戦略本部
ヘッドプロデューサーの小山順一朗

この情熱が自然と道を切り開いたのだろう。

小山が、コンピュータに興味を持ったのも、中学生のときだった。その頃は図書館で見つけた面白そうな本を週に6冊ほど借りて読んでいたそうだが、その中にコンピュータやマイコンを扱っているものがあったという。

それを読んだ小山は「自分でも何か作れるのではないか」と思い立って、沼津に1軒しかない電子部品取扱店でトランジスタやその他の部品を購入し、風呂の水位ブザーなどを作ったという。書籍から得た知識をもとに、自身で考え、研究し、基礎を身に付けていったわけだ。すさまじい熱意だが、一方で学校の勉強は疎かになりがちだったという。

「ゲームセンター小山」の青春

仮面ライダーや機動戦士ガンダム、そしてコンピュータの洗礼を受けた小山が、ビデオゲームと出会うのはもはや必然だった。小山が初めてゲームに触れたのは、やはり中学生のときで、その頃、爆発的なブームを巻き起こした、タイトーの「スペースインベーダー」である。

「友だちから、『スペースインベーダー』のことを聞いて、『何だ、それは?』と、当時は危ない雰囲気があったゲームセンターに行きました。とにかく衝撃的だったのは、『画面の中のものを自分で動かせる』というところでした。テレビに映るものは、観るだけだったのに、自分が動かすものになったんですから。当時の中学生の間では、補導を恐れながら『スペースインベーダー』で1万点を超えることが自慢でしたが、そこまでは行きませんでしたね（苦笑）。『スペースアタック』[※4]や『スペースフィーバー』[※5]など、インベーダーの亜流みたいなものを遊んだこともあります。そちらのほうが易しかったですし、100円で少しでも長く遊びたかったんですよ」

この頃、小山は友人たちから「ゲームセンター小山」と呼ばれていたという。

当時、コロコロコミックに連載されていた、すがやみつるによる人気漫画「ゲームセンターあらし」にちなんだものかと思いきや、違ったようだ。

当時の小山は、流行りのゲームをほとんど遊びつくしていただけでなく、蛍光表示管（FL管）を使ったゲームや、任天堂の「ゲーム&ウオッチ」なども多数所有していた。そのため、友人たちが放課後に小山の自宅を駄菓子屋感覚で訪れ、一緒になってワイワイとプレイするのが日課になり、〝屋号〟がついたようだ。

高校3年になった小山は、卒業後の進路をメカトロニクス分野と決め、本人曰く「10校受けた中でここしか受からなかった」という日本大学理工学部に入学。沼津を離れて、東京での生活が

※4　スペースアタック…1972年にセガ・エンタープライゼスから導入された「スペースインベーダー」タイプのシューティングゲーム

※5　スペースフィーバー…1979年に任天堂レジャーシステムから導入された「スペースインベーダー」タイプのシューティングゲーム。この時代はヒットゲームの模倣的な作品が多かった

始まると、ゲーム熱はさらに加速していった。

「ちょうど、ファミコンブームが来て、アルバイト料や奨学金はファミコンソフトとゲームセンターにつぎ込んでいました。ほぼ、すべてのゲームソフトとハードは体験していて、コレクターに近い状態でしたね。アルバイト先も、西葛西にあったハイテクセガ※6でしたから、毎日がゲーム漬けです」

ただこの頃になると、小山の嗜好にある変化が起こった。それまでは流行しているもの、人気のものを追いかけていたのが、マニアックなものに目を向けるようになったというのだ。ゲームソフトを買いに行っても、当時爆発的人気となっていた「ドラゴンクエストⅢ」（１９８８年）が目の前にあるにも関わらず、セガ・マークⅢ※7のソフト「赤い光弾ジリオン」（１９８７年）を選んだりした。

また、理工学部に通っていたこともあって、「ファミコン改造マニュアル」※8などを片手にゲーム機の改造も始めた。

「研究室に、いろいろな機材が揃っていたので、好き勝手にいじれたんです。例えば、ファミコンでRGB出力ができるようにするとか。今ならきっとデータを吸い出すとか、エミュレータ（模倣ソフト）的なことをやっていたかもしれません（笑）」

そんな生活を謳歌した結果、4年時の成績は150人中148位になるも、小山は無事に大学を卒業。就職先の第1希望はバンダイ、第2希望はセガ、第3希望はナムコだったというが、見事ナムコに内定した。

※6　ハイテクセガ…江戸川区西葛西にあったセガのゲームセンター。現在はGENDAの経営に依りGIGO西葛西になっている
※7　セガ・マークⅢ…1985年10月20日発売されたセガの家庭用ゲーム機。従来のSCやSGシリーズと互換性を保ちつつグラフィック機能を向上させた
※8　ファミコン改造マニュアル…三才ブックス「ラジオライフ」別冊。ファミコンを高性能化するという内容

小山本人は「バブル期だったので、誰でも入れた」と謙遜するが、その頃のナムコはアーケードやコンシューマゲームでヒットを連発し、東証2部上場も控えるなど、まさに急成長の真っ只中であり、そう簡単に入れる会社ではなかっただろう。

しかし、ナムコの内定を知った親戚や友人、教授からは「ゲーム会社なんて、明日をも知れない、いつなくなるかも分からない」と、入社を思いとどまるよう説得されたという。当時はまだゲームやゲーム業界の社会的地位が低く、こういった反応もそう珍しいものではなかったのだ。

小山は悩んだ末に、「これからは社会人として、自分の力で生きていかなければならない。ならば好きなことをやろう」と決心し、ナムコへ入社した。

新人、小山を鍛えた恩師と「ギャラクシアン3」

小山がナムコ入社後に配属されたのは、28人プレイ仕様のものが国際花と緑の博覧会（通称「花博」「花の万博」・1990年開催）へ出展された「ギャラクシアン3[※9]」や、マツダとの共同開発によって生まれた「ユーノスロードスター・ドライビングシミュレーター[※10]」といった、大型の筐体を手がけていたチームだった。理工学部精密機械工学科卒の小山には、メカエンジニアとしての役割が期待されていたようなのだが……。

「『理工学部卒なのに図面も引けないのか』って、ほぼ毎日、先輩方から叱られていました。大

※9　ギャラクシアン3…1990年に導入。ナムコが開発した遊園地・テーマパーク向けアトラクション。プレイヤーはUGSFの一員として重戦闘艇ドラグーンに乗り、人類を脅かす機械生命体など、さまざまな敵と戦う3DCGガンシューティングゲーム

※10　ユーノスロードスター・ドライビングシミュレーター…1989年に導入されたドライビングシミュレーター。コースは「ウイニングラン」のものを利用しており、ハンドル、シフト、シートなどのコックピット周りはユーノスロードスターの純正パーツで仕上げられたもの

学ではあまり勉強していなくて……。課題を出されたときに、ほかの人の図面をコピーして提出するようなこともありましたから」

当時はまだＣＡＤが普及しておらず、筐体の設計も製図台を使って行われた。慣れない作業に苦しむ中で、小山は恩師と呼べる人物に出会う。

「メカエンジニアの大杉《おおすぎ》（章《あきら》）さんに手取り足取り教えてもらううちに、仕事が楽しくなってきたんですよ。ホント、あれがターニングポイントでしたね」

大杉は、１９７２年にナムコの前身である中村製作所へ入社し、「シュータウェイ」、「Ｆ-１」、「ファイナルラップ」[※11]など、大型のアーケード向けゲームを多数手がけた開発者である。周囲の手を借りながら、なんとか社会人として歩き出した小山が最初に手がけたタイトルは、ガンシューティングゲーム「スティールガンナー」[※12]（１９９１年）だった。

「筐体に入っているゲーム基板システム２の『シールドケース』や、ボタン配置の設計を担当しましたが、それよりもメカエンジニア１年生でありながら、企画会議に参加できたのが良かったと思っています。

『スティールガンナー』は、ナムコのガンシューティングゲーム初参入作品でした。遠山茂樹さんたちベテラン企画マンが他社さんのガンシューティングを研究して、どんな内容にしようと侃々諤々《かんかんがくがく》の議論をやっている中で、私の発言も許されたのです。自分が思いついた案を率直に伝えられる風土があって、素晴らしい経験ができました」

Chapter 03でも登場した遠山は、ナムコではダ・ヴィンチと呼ばれる人物で、詳細は後述す

※11　ファイナルラップ…1987年に導入されたレースゲーム。「ポールポジション」（1982年）の流れを汲むレース。8人までの同時対戦が可能だった

※12　スティールガンナー…1991年に導入されたガンシューティングゲーム。警察特殊部隊とテロリストの設定で展開する

写真の中央、アタッシュケースの上に手を乗せているのが大杉

ちなみにこれらの写真は、大杉たちが銀座の路上で行っていた“ ロケテスト ”を撮影したもの。アーケードゲーム黎明期の風景を伝える貴重な写真だ

るが、小山に大きな影響を与えた。

「そのとき、遠山さんはデザイナーで、『スティールガンナー』の筐体デザインも手がけていました。『絵がうまい人だなぁ』と感服したのを覚えています。

遠山さんは、ゲーム内容についてもアイデアを出していました。銃座が2つある赤い複葉機で空を飛びながら、ガーゴイルのようなモンスターを倒していくというものでしたが、岩崎《いわさき》吾朗《ごろう》さんや菊地《きくち》秀行《ひでゆき》さんたちの案が通って、『スティールガンナー』になりました」

小山は「スティールガンナー」の後しばらくして、大がかりなプロジェクトに関わることとなる。

「花博が終わったあと、『ギャラクシアン3』は、その後、当時、二子玉川で建設中だったナムコ・ワンダーエッグに移送されたんですが、それとは別に、もう一基作って、横浜市鶴見区の国道1

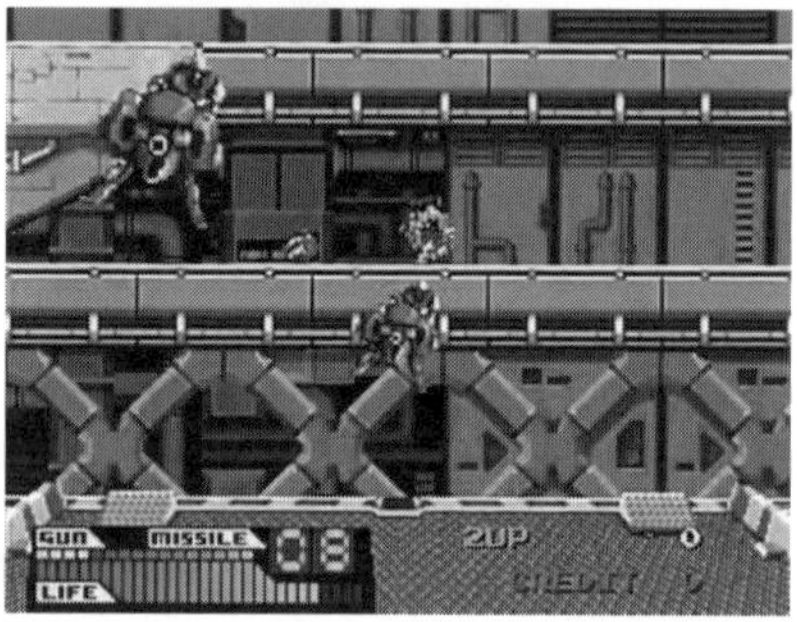

「スティールガンナー」のゲーム画面

号線沿いにオープンを予定していた『プラボ鶴見』の目玉にしようということになったんです。いわば2号機の開発です」

「ギャラクシアン3」には、最終的にいくつかの仕様が用意されたが、前述したように花博のものは最大28人がプレイ可能で、同心円状にプレイヤーの席と360度スクリーンが配置される巨大なものだった。大きさや設置場所の問題もあり、同じ28人用の2号機とは言っても、まったく同じものを作ればいいというわけではなかった。

建物の図面を確認しつつ設計を始めた小山は、このゲームならではの問題に直面する。

「花博会場や、ワンダーエッグと違ってロードサイドの店舗ですから、搬入もかなり難しいことが分かったんです。そこで発想を逆転させて、ギャラクシアン3を入れてから、建物を作っていくような進め方をしました。

これがすごく勉強になったんです。先輩方の作った大型体感ゲームの心臓部に、新人だった自分が触れられたのは貴重な体験でした」

[左上] プラボ鶴見は1993年12月10日にオープンし、2009年1月15日に閉店
[上]「ギャラクシアン3」は、各プレイヤーのシートが設置された“土台”ごと動く、大がかりなものだった
[左]「ギャラクシアン3」の商談用パンフレット

〝筐体が走る〟レースゲーム「エースドライバー」

これがきっかけになって、小山はアーケード向け体感ゲームの企画開発に誘われ、3DCGのレースゲーム「エースドライバー」(1994年)を開発することになった。

「3DCGのレースゲームとしては、すでに『リッジレーサー』(1993年)の開発が進行していましたが、そちらはスポーツカータイプの車を運転するもので、筐体は動かない仕様でした。自分が関わる『エースドライバー』は、『リッジレーサー』と同じシステム22基板向けではありますが、F1を題材として、筐体は動くものとして作ることになったんです。私はその可動部分、心臓部を担当することになりました」

開発チームのメンバーが最初に行ったのは、〝取材〟だった。

「まずは、フォーミュラカーに近いレーシングカートを体験してみようということで、チームのメンバーで乗りに行ったんです。そうしたら本当に驚きまして……。普段乗っている車のようなステアリングの遊びがなくてクイックに反応しますし、ヘタすればスピンもするわけです。本物のF1はもっと敏感なんでしょうが」

この感覚を、筐体の動きで表現することが小山の命題となったのだが、既存の手法で実現するのは非常に困難だった。

「一般的な体感型レースゲームだと、ステアリングを切った信号を検出してモーターを回し、シートを動かします。ですが、それだとフォーミュラカーの挙動を再現するにはタイムラグが大きすぎるんです。そこで、実際に走らせることにしました」

〝走らせる〟とはどういう意味だろうか。私も今まで多くのゲームをプレイし、開発現場にいたこともあるが、実際に車を走らせるゲームなど聞いたことがない。

「簡単に説明すると、『エースドライバー』の筐体はシートの下にタイヤが付いた本物の車のような構造になっていて、それが道路に見立てたローラーの上を走るんです」

自転車競技の選手が、トレーニングで使うローラーを知っている人なら、あれをイメージすると分かりやすいかもしれない。ローラーの上とはいえ実際に走っているわけだから、ステアリング操作に対する反応や、シートに伝わる振動はリアルになるというわけだ。

読者の方も想像がつくと思うが、ここにたどり着くまでに小山はさまざまな試行錯誤を重ねたそうだ。

「フォーミュラカーの乗り味を再現するために、とにかくいろいろなものを試したのはよく覚えています。モーター屋さんを回って、『ボールねじ』というものを使ってみたりしましたが、うまくいきませんでした。当時求めていたものに、技術が追いついていなかったんです」

だが、ヒントは身近なところに隠れていた。

「いろいろと試している中で、遠山茂樹さんが手がけた、実寸大の車を操作するエレメカの構造を応用できないかと思いついたんです」

それは、コースが描かれたベルトが回転する上で車を左右に操作するもので、ステアリングを

「エースドライバー」

切ったぶんだけタイヤの方向が変わり、移動する仕組みだった。

もちろん、そのまま持ってきただけでは、画面に表示されている車と筐体の動きが合わなかったりして、ゲームとして成立しなくなるシーンが出てくる。小山は遠山のアドバイスも受けながら、さらに工夫を重ねた。

「試作の段階では、車体が端まで動くとカムとレールの仕組みで強制的にタイヤとハンドルをまっすぐに戻していましたが、ステアリングを切った後、普通の車の挙動と同じようにタイヤが動いて自動的に直進状態になる『三角リンク』という機構を考えました。それで特許を取ったんです」

さらに小山は、プレイヤーの錯覚も利用した。かつて「エースドライバー」をプレイした人の中には、「アクセルを踏み込むとシートの振動が激しくなる」、「コースの縁石に乗り上げるとシートが浮く」といった記憶を持つ人がいるのではないかと思うが、実際のところ、そのような「仕組み」は入っていなかったという。

「ローラーは、同じ速度で回っているだけなんですが、それでもリアルな疾走感が出たんです。縁石に乗り上げたときには、ステアリングをコツンと振動させているだけなのに、シートまで動いているように感じられたんですよ」

そういった工夫の末、小山たちは『エースドライバー』の筐体を完成させた。最大の目標としたクイックな反応に加えて、BOSE社と共同開発したサウンドシステムなどにより、全身でレースの醍醐味を味わえるものに仕上がったのだ。ただ、ローラーや転倒防止用の重りなどを搭載した結果、総重量は約1トンにもなり、左右のライドユニットと29インチブラウン管2台を搭載したユニットの計3ユニット構成になった。

「遠山さんをはじめとした諸先輩からのアドバイス、そして社内にあった技術を使った成果です。10人くらいの開発メンバーで作り上げました」

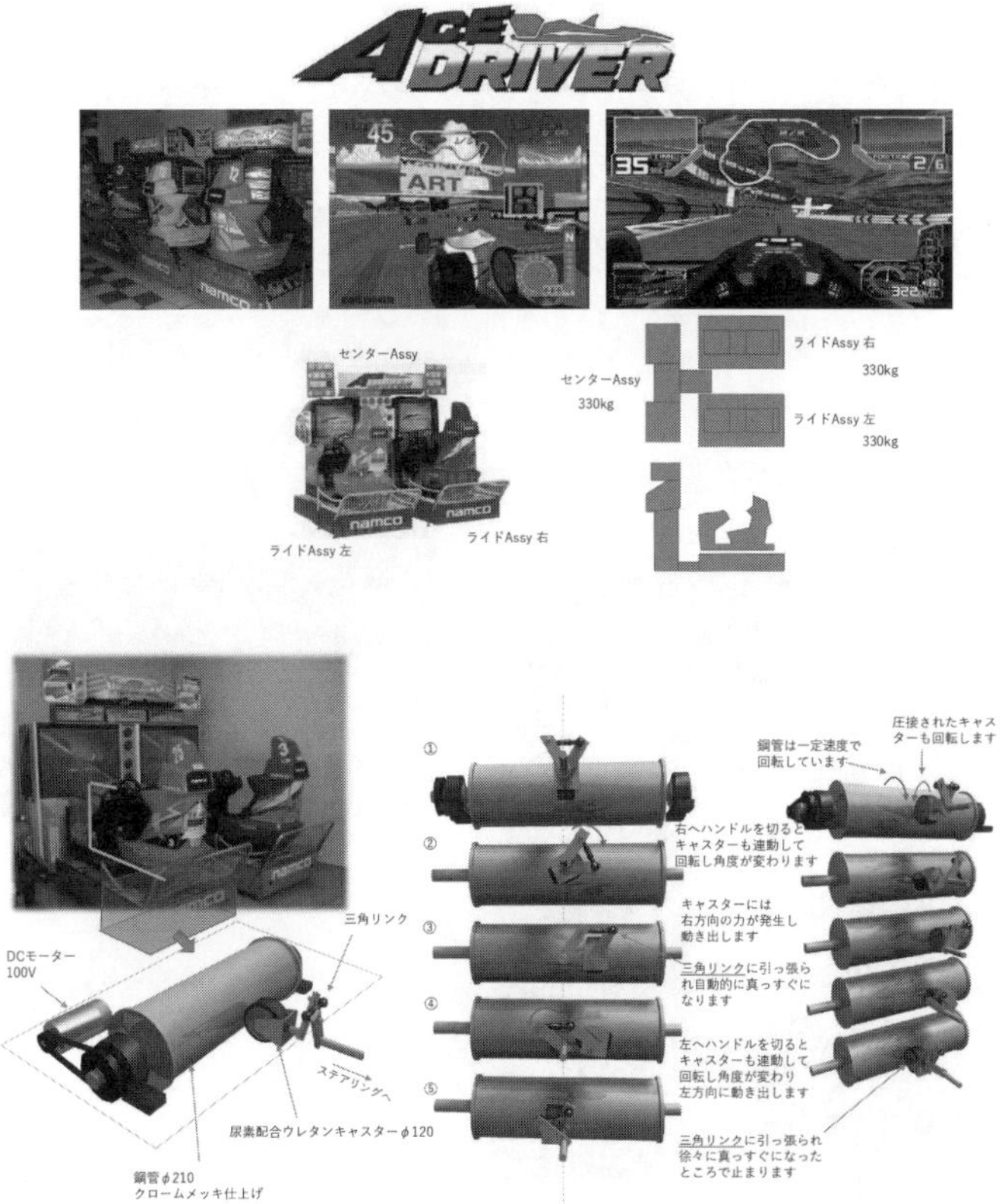

「エースドライバー」の筐体の開設資料

まさに自信作であったが、そうなると小山はソフトの出来が気になり始めたという。ソフトも筐体と同じように、フォーミュラカーの再現を目指していたのだが、その再現度合いがアーケードゲームとしては度が過ぎていたようだ。物理シミュレーションに凝りすぎて、まっすぐ走らせるのにも気を使うような操作性だったという。

「突き詰めてはいるんですけど、お客さんのことを考えているのか？と感じました。ゲームがスティックすぎると、プレイヤーがついて来られないんですよ。

『ウイニングラン』（1988年）がセガさんの『バーチャレーシング』（1992年）に勝てなかったのは、その部分だったと思っていたので、なおさらでした」

「ウイニングラン」は、ナムコが日本初のアーケード向け3DCGレースゲームとしてリリースしたタイトルだ。F1マシンのドライビングを再現した操作性はそれ以前のレースゲームと一線を画していたが、大ヒットには至らなかった。初期の3DCGレースゲームとしては、「バーチャレーシング」を思い浮かべる人のほうが多いように思う。

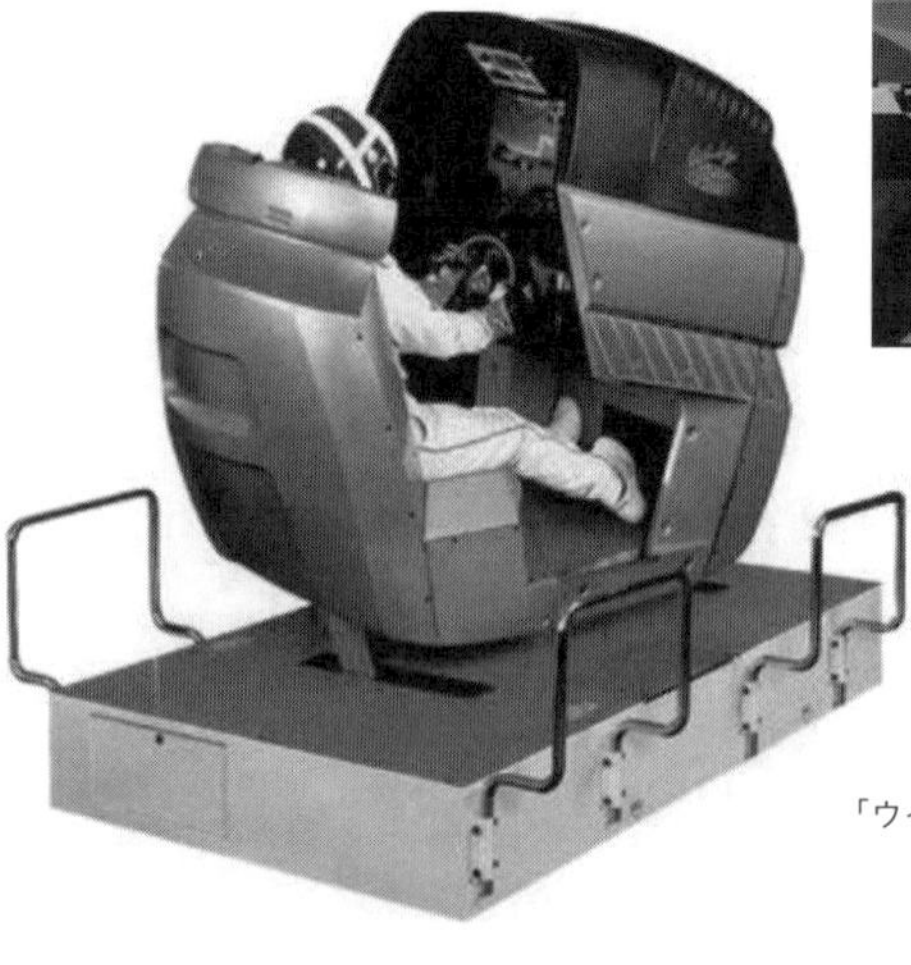

「ウイニングラン」（左）とゲーム画面（上）

ゲームセンターを訪れる客層には、時間つぶしが目的のサラリーマン、デート中のカップル、わずかなお小遣いしか持っていない子供といった、じっくりと腰を据えてプレイするわけではない（できない）層がけっこうな割合でいる。

そういった人たちに満足感を与え、次の来店を促進するのがアーケードゲームの目指すところなのだが、あまりにシビアでストイックなゲームにすると、プレイヤーは満足感を得る前にゲームをやめてしまう。

このあたりは、最初にまとまったお金を払ってじっくり遊ぶ家庭用ゲーム機向けとの大きな違いでもある。実際、この数年後には〝リアルドライビングシミュレータ〟を謳うPlayStation用ソフト「グランツーリスモ」（1997年）がソニー・コンピュータエンタテインメント（現・ソニー・インタラクティブエンタテインメント）からリリースされ、大ヒットした。同じゲームでも、遊び方や遊ばれる場所が変われば、その評価も大きく変わるのだ。

話が少しそれてしまったので、「エースドライバー」の開発に戻ろう。ソフトの出来に不満があった小山は、驚きの行動に出る。

「自分が作った筐体、しかも特によくできた筐体でしたから、それに見合うソフト、レースゲームが必要だと思っていました。それで『こんなソフトを、この筐体に入れてほしくない！』って、ソフト開発チームに主張しちゃったんですよ。

それだけじゃないんです。ナムコ社内に『このソフトは面白いのか？　筐体を活かしているのか？　インストールしていいのか？』と意見を問うアンケートを撒いたり、ほかのチームに開発を持ちかけたりしました」

このとき小山は、入社4年目のまだまだ若手、さらに上司への根回しなどもない、単独での行動だったという。本人も「今考えると命知らず」と振り返ったが、結果的にはソフト開発に小山の意見が取り入れられ、「エースドライバー」は完成にこぎ着ける。

当時のナムコが自由でざっくばらん、風通しのいい社風だったことが窺えるエピソードだ。

「そんな〝開発殺し〟みたいなことをやったので、みんなに覚えられて、後々までことあるごとに『地獄のアンケート』とか言われることになりましたけどね（笑）。でも、ナムコにはいいソフトを作れる力があると思ったから、そういう行動に出たんです。すでに『リッジレーサー』とか、すごく面白いものがありましたから」

小山を含む「エースドライバー」開発チームの苦労が最初に報われたのは、アメリカで開催された業務用ゲームの展示会、Amusement and Music Operators Association Show（AMOAショー）だった。そこに出展された「エースドライバー」が大きな反響を呼び、賞を受賞したのだ。

「プレイしたバイヤーたちが、『おお、これは今までのレースゲームと違うぞ』などと驚いていたのを覚えています。極め付きは『まるでGフォースを与えられているような気がする！』っていう感想でしたね。僕も『そうです！ Gフォースです！』と一緒に喜んでいました（笑）。あまり英語が得意じゃなくて細かい説明ができなかったから、相手の言っていることに合わせたんですけどね（笑）」

暴走と迷走の末に行き着いた先

小山のエンジニアとしてのキャリアは「エースドライバー」から始まったと言っても差し支えない。この勢いに乗って、小山は数々の体感型アーケードゲームを手がけていくことになる。

「中村雅哉社長の『スキーゲームをやりたい』という一声から始まった『アルペンレーサー』[※13]（1995年）や、マリンスポーツがテーマの『アクアジェット』[※14]（1996年）など、体感ゲームをずいぶんと作りました。すごく楽しかったですね」

「アルペンレーサー」は、プレイヤーが筐体に取り付けてある2本のストックを握りつつ、足下に用意されたステップ状のデバイスを左右にスライドさせて操作するもの。「アクアジェット」は、リアルサイズの水上バイクのような筐体で、いずれもプレイの様子が〝絵になる〟こともあり、人気を博した。

これらに代表されるユニークなゲームがナムコから生まれた理由の1つに、やはり前述した「自由で風通しのいい社風」があったことは間違いないだろう。

しかし、自由な環境にいる者たちは、モラルを失いやすくもある。個人の〝暴走〟で、完成度の低いゲームがリリースされることもあったようだ。

本来なら、そのようなゲームは販売が伸び悩み、問題になるはずなのだが、幸か不幸か、アーケードゲーム全盛期という時代がそれを覆い隠していた。

※13　アルペンレーサー…1995年導入のアーケードゲーム。スキー競技を題材にした3DCGのレースゲームで、専用の大型筐体を用いた「スポーツ体感ゲームシリーズ」

※14　アクアジェット…1996年に導入。水上バイクを操縦する体感レースゲーム。「スポーツ体感ゲームシリーズ」

「当時は、アーケードゲームの新作を出せば売れる時代でした。買い付ける側も『とりあえずいくつか買ってみよう。外れだったら別に捨ててもいいんだし』といった感覚があったのではないでしょうか。実際、そのやり方で外れを引いてしまっても、ほかのタイトルで売り上げをカバーできていたんです」

しかし、そんないい時代が長く続かなかったのは、多くの読者がご存じの通りだ。

「アルペンレーサー」（左）とゲーム画面（下）

「アクアジェット」（上）とゲーム画面（右）

「2000年に、PlayStation 2※15が発売される頃には、アーケードゲーム市場の冷え込みが始まっていました。ただ、僕はPlayStation 2の影響ではなくて、売れないもの、お客さんが求めていないアーケードゲームを出しすぎた結果だったと思っていますが……。」

確かに、1990年代の終盤になるとアーケードの対戦格闘ゲームが徐々に沈静化していったこともあり、さらに、企画開発、製造ラインは簡単に止めることができないため、アーケードゲームシーンが新機種で溢れかえっていたこともその背景になるだろう。また、PlayStation 2のグラフィック機能向上に伴い「コンシューマゲームでいいじゃん」という風潮もあったと考えられる、ただし、2004年前後に登場したシステムとして、アーケードにインターネットを導入することにより、通信対戦、全国ランキング、プレイヤーデータを保存できるようになり、アーケード需要は再び復活した。

「会社の方針も、コンシューマゲームにシフトしようということになって、先進的な開発部隊は新しいビルに移ることになりました。プログラマー、デザイナー、サウンドエンジニアといった人の多くが、そちらに移ってしまったんです」

残されたのは、小山らメカエンジニア、電気系技術者、筐体デザイナー、ハード系のプログラマーといった面々だった。

「まぁ、島に置き去りの状態です（苦笑）。いる人たちだけで、なんとかゲームを開発して、食べていかなくちゃいけない。企画の人間がいないなら、自分たちでゲームを企画するしかなくなるわけです」

※15　PlayStation 2…2000年3月4日発売、PlayStationの後継機。当時のアーケードゲーム並みのグラフィックス機能を持った高機能家庭用ゲーム機。DVDを再生用メディアとして搭載したため、DVD再生機としても人気を呼び、2021年度時点で世界で1億5500万台を販売。史上最も売れたゲーム機と称された

こうして、小山は企画やプロデュースといった未知の仕事に足を踏み出す。だが、経験もなければ予算もなく、技術を持った社員もいない状況で、〝正攻法〟は使えなかった。

「『あの家庭用ゲームが面白いから、うちでアーケード向けの体感型ゲームにアレンジしよう!』といった感じでした。開発のパートナー企業を探す必要もあったので、会社四季報の『あ』から順に調べて『体感ゲーム開発のナムコですが、一緒にゲームを作りませんか?』と電話していました。

そうしてつながった会社の1つが、大阪にある株式会社メトロ[※16]さんで、後に『アイドルマスター[※17]』を一緒に作ることになるんです」

そのメトロと開発したのは、奇抜な設定のゲームだった。

「PlayStationの『バスト ア ムーブ Dance&Rhythm Action』[※18]を手がけたスタッフさんたちと『トラック狂走曲[※19]』というデコトラのレースゲームを作りました。BGMを(演歌歌手の)冠二郎《かんむりじろう》さんの曲にして、AOUショーではご本人に歌ってもらったんです。司会は大木凡人《おおきぼんど》さんでした(笑)」

かつて、小山が手がけた「エースドライバー」とはまったく異なるアプローチで生まれたレースゲームである本作は、当時のプレイヤーに強烈なインパクトを与えた。

「まあ、企画職としてはやりたい放題でした。アイデア勝負というか……。『ゴルゴ13』(1999年)もそんな作品でしたね」

「ゴルゴ13」は、さいとう・たかをによる同名の劇画を題材としたガンシューティングだ。

※16　株式会社メトロ…1987年創業。アーケードゲーム、家庭用ゲーム、携帯電話用コンテンツの企画・開発、アミューズメント施設の運営を行っている。「バスト ア ムーブ」シリーズ、アーケード版「THE IDOLM@STER(アイドルマスター)」などがある。

※17　アイドルマスター(THE IDOLM@STER)…2005年導入。アーケード用アイドルプロデュース体験ゲーム

※18　バスト ア ムーブ Dance&Rhythm Action… 1998年1月29日発売。株式会社メトロが開発し、エニックス(現・スクウェア・エニックス)から発売されたリズムアクションゲーム

「あれは、コナミさんの『サイレントスコープ』[※20]を見た中村社長が『うちでもガンもの（スナイパーゲーム）を作れ！』って檄を飛ばしたことから始まったんです。そんなこと急に言われても……と思ったんですが、ゴルゴが大好きだからゴルゴのゲームにしようと。

最初は、自社の『タイムクライシス』[※21]や、セガさんの『バーチャコップ』[※22]（1994年）みたいに、リッチなビジュアルで、モーションがいっぱいあって、場面もどんどん展開していくものをイメージしていたんです。ただ、そんなものを作れる予算も技術もないわけで……」

悩む中で、小山はあるアイデアを思いつく。

ナムコの直営ゲームセンターなどに置かれたPR誌「NOURS」で紹介された「トラック狂走曲」

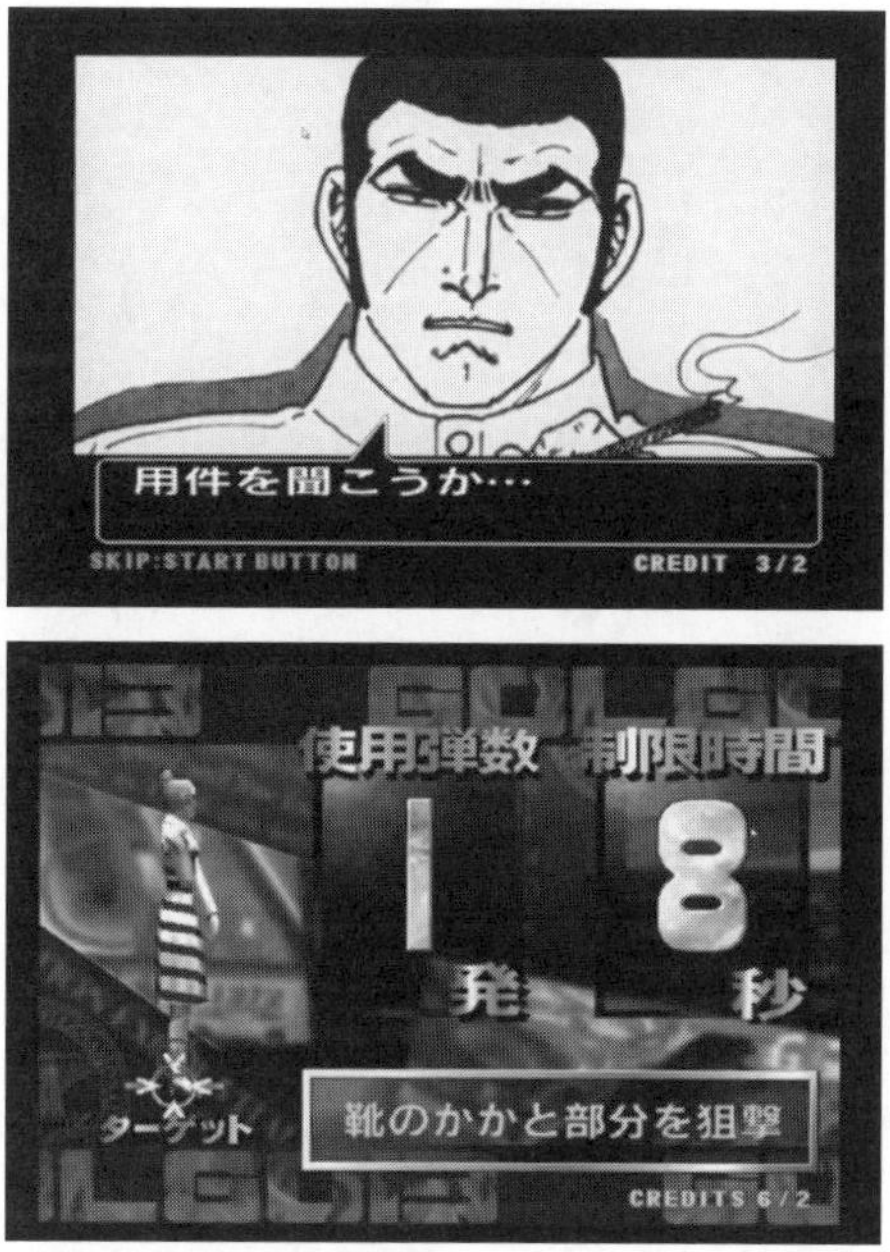

「ゴルゴ13」のゲーム画面

※19　トラック狂走曲…株式会社メトロが開発し、ナムコ（現・バンダイナムコアミューズメント）で2000年に導入されたアーケードゲーム。トラックレース・ゲーム

※20　サイレントスコープ…1999年にコナミから導入された、スナイパー（狙撃手）・ガン・シューティングゲーム

※21　タイムクライシス…1996年に導入されたアーケード向けガンシューティングゲーム

※22　バーチャコップ…セガ・第2AM研究開発部（AM 2研）が導入したガンシューティングゲーム

「ゴルゴ13のコミックをスキャンして画面に映して、ガンスコープで覗いてみたら、『なんか、面白いかも』と感じたんです。漫画の世界に人間が入っていくような。それで、ストーリー部分は漫画の一枚絵にしちゃおうと」

これには、人物や背景の３Ｄモデル作成や、モーション付けといった作業が省けるメリットもあった。そもそも、ゴルゴ13は漫画なのだから、漫画でストーリーが展開したところで違和感はない。

さらに小山は、ゴルゴ13の主人公が凄腕のスナイパーであるという設定を活かし、ゲーム内容もシンプルにした。各ステージでシーンの展開はほとんどなく、撃てる銃弾も基本的に1発だけにして〝独房のわずかな隙間から囚人を狙撃する〟〝階段を上る女性のヒールを撃ち抜く〟といったミッションに挑むシステムにしたのだ。

「『ゴルゴ13』は、8ing[※23]（エイティング）さんと一緒に開発しました。100円入れたら、ずーっとマンガを読ませて、結局一発しか撃たないシューティングゲームなので、開発中は『お客さんが怒るかもしれない』という不安もありましたが、『ハイヒールに一発か！』と笑っていただけました」

小山の〝アイデア勝負〟から生まれたタイトルはほかにもある。

「漫才をテーマにした『ナイス★ツッコミ』（つっこみ養成ギプス　ナイス★ツッコミ。２００２年）って知りませんか？　画面に流れる漫才のボケに合わせて、筐体の前に置かれた人形に『なんでやねん！』ってツッコむゲームです。

※23　8ing…株式会社8ing。ハードやプラットフォームを問わず、各種ゲームコンテンツの開発や運用運営を行う企業

モサド（イスラエル諜報特務庁）が開発したという触れ込みのチップを使って、声で心理状態を分析する『ホンネ発見キ』（２００１年）も大変な作品でした。開発メンバーにデバッグしてもらったんですが、奥さんとの仲が悪くなってしまった人が多くて……」

このように、小山が企画したのはなんとも楽しそうなゲームばかりなのだが、「商品」としては必ずしもうまくいったわけではなかった。

ヒット作品が生まれないことで、予算の総額だけでなく、製品化の最終判断を行う時点までに使える額まで指定されたという。その結果、開発は〝数撃ちゃ当たる〟の方向性になり、５人ほどのチームが1年で20ものタイトルをリリースすることになった。そして、製品化の承認を得る

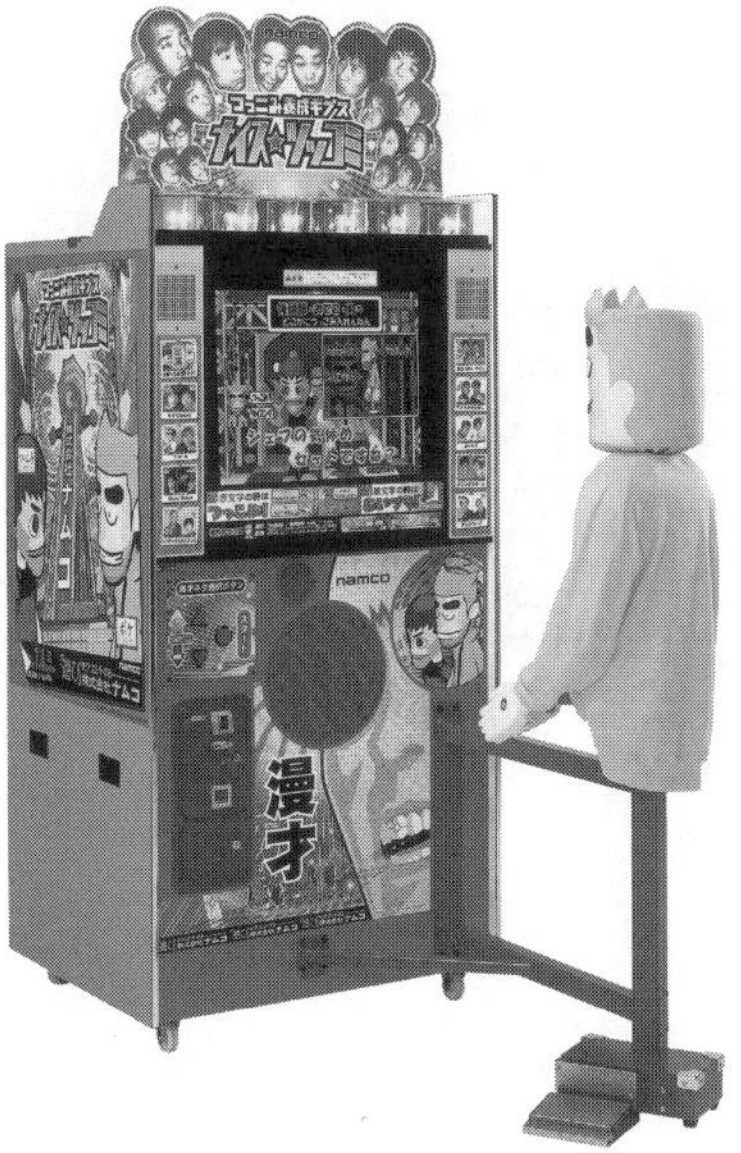

「つっこみ養成ギプス ナイス★ツッコミ」

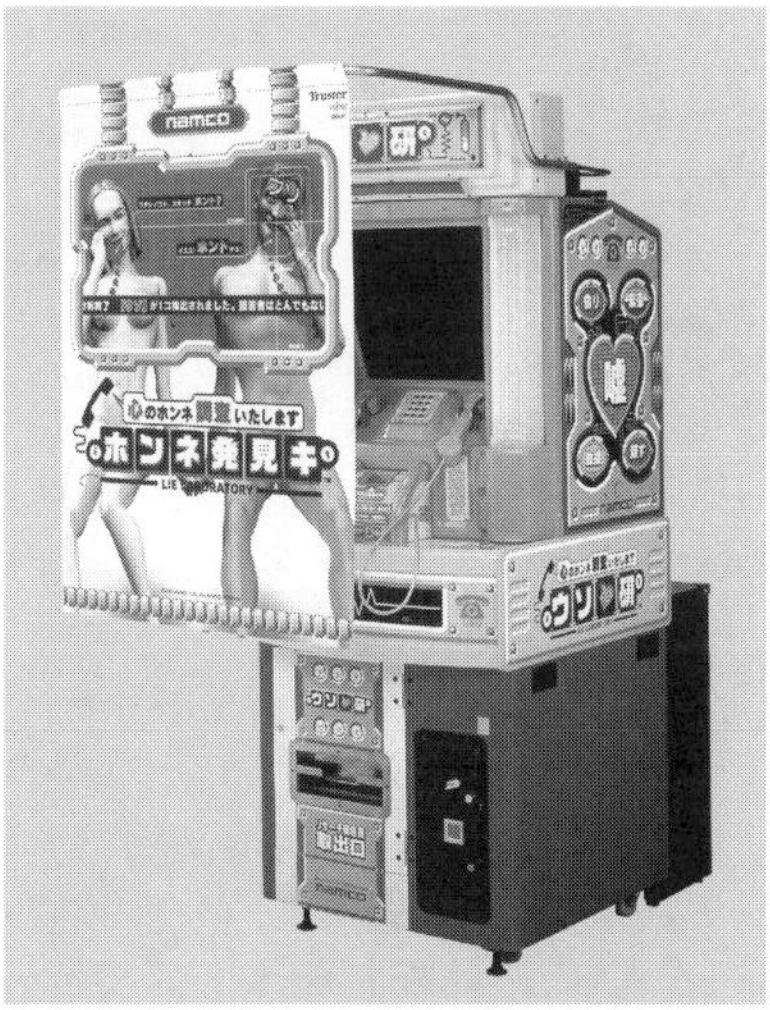

「ホンネ発見キ」

ための〝悪知恵〟も生まれる。

「ゲームのロケテストで、自分たちが遊びまくって『売り上げがいいから出しましょう!』とやったこともありました。そうするとセールス部署も『こんなのが?』とか首を傾げながら了解してくれるんですが、……当然ながら、実際には、やっぱり売れないいんですよ。そんなことをやっているうちに、アーケードゲームの業績はさらに落ち込んでいきました」

そして、小山が忘れられない出来事が訪れる。

「おい小山、筐体、燃やしてるぞ。これがお前の作った筐体が燃える音だ」という営業社員からの電話だ。不良在庫になったアーケードマシンが処分されている現場からだった。

メキメキと音を立てて押しつぶされ、バチバチと燃え盛る炎の中に消えていくゲーム筐体たち。生みの親である小山らにとっては、我が身を燃やされるような感覚だったに違いない。

すべてを失った小山が掴んだもの

筐体を燃やされるという衝撃的な出来事と同じ時期に、社内では構造改革プロジェクトなるものが始まり、小山とともに働いていた人の多くが退社。それと並行して〝役職がないフラットな組織〟が導入されるなどした。

それまでに築き上げたものが一気に崩れ去るような経験をした小山は途方に暮れたが、これを機に自身の作品や、その開発を振り返ったという。そしてある決断に至った。

「商品を作るにあたっては、消費者の心を知って、それに応えるものを作らないとダメなんだと反省しました。そして、マーケティングのことをイチから勉強し直すことにしたんです。ゲーム開発に限った話ではないですが、物事がうまく進んでいるときは、『自分たちだけででき る』と、新しい考え方の導入には否定的になりがちです。でも、そのときの僕たちには何もなくなっていましたから、藁にもすがる思いでした。『その力を取り入れたら、うまくできるんじゃないのか?』ということです」

その必死な思いは少しずつ実を結び始めた。ただ、それは小山が直接手がけていた作品ではなかったという。

「同僚が、日立ソフトさんと組んで全身プリントシール機の開発を始めました。その時に初めてキチンとマーケティング手法を持ち込んだのです。そうして生まれた『美肌惑星』(2002年)がヒットしまして、〝美肌プロジェクト〟というシリーズになって『花鳥風月』(2003年)などにつながるんです」

プリントシール機のヒットを間近で見て、マーケティングの導入は正しかったと確信した小山は、新作ゲームの開発に着手する。これが大ヒット作品「機動戦士ガンダム 戦場の絆」(2006年)になるのだが、これも開発のきっかけは、小山とは別のチームが手がけた作品にあった。

「〝プラネタリウムに、実写映像を投影したらすごい世界が見えた〟という話から、そのアイデアを使って何かを作ろうということになったと聞きました。

それで『スターブレード』（１９９１年）を半球型ドームスクリーン搭載の密閉型筐体を使ったものにアレンジした『スターブレード オペレーションブループラネット』が、２００１年のＡＭショーに出展されて、コアなファンから高い評価を得ました。

ですが、一本道のガンシューティングゲームですし、『これで、オペレーターがいくら儲かるの？』とか『そんな、でっかい筐体を店に置けないよ』という意見が出て、お蔵入りしていたんです。でも、あのスクリーンと筐体を見たら、『機動戦士Ｚガンダム』の球体コックピットを連想しますよね。それで『ガンダム』ができないかと思い始めました」

さっそく、バンダイや創通、サンライズなどからライセンス許諾を取り付けて、開発に入ろうとした小山だったが、会社のコンシューマゲーム重視の姿勢は変わっておらず、チーム作りは難航した。そこで小山は一計を案じる。

「アーケードゲームの技術デモを見せる社内向けの展示会を実施したんです。本当の目的は人集めだったんですが（笑）。それを見に来た人に『アーケードの仕事に興味ありますか？』みたいなアンケートを配って、そこから声を掛けていきました。来てくれたのは、コンシューマ向けタイトルで細々とした仕事を担当していた若手の人が主でしたが、とても優秀で驚いたことを覚えています」

こうして確保した社員に、他社を辞めたばかりの人、あるいはフリーランスの人たちが加わって、８人ほどのチームで開発がスタートした。

その中には、天才プログラマーとしてその名を知られる松島徹《まつしまとおる》※24もいた。小山は松島とともに

※24　松島徹…14歳にして、ナムコの「ゼビウス」をPC-6001にプログラム移植し「マイコンBASICマガジン」に投稿し話題となる。その後、二次創作として「タイニーゼビウス」として市販化される。90年代以降はアーケードゲーム開発を主として行っている

「ゴルゴ13」を開発した縁があったのだ。

松島の天才ぶりが窺えるエピソードがある。「戦場の絆」のグラフィックスは魚眼レンズを使って球面スクリーンに映し出されるため、通常のディスプレイを使うゲームよりも複雑な処理が必要となる。兵庫県姫路市在住の松島は、概要を小山から電話で聞くと、わずか3日間でサンプルを作り上げたという（それはニンテンドーDSで動くものだった）。

そうして試作が進み、本格的な開発体制が整った時点で、社内向けのキックオフプレゼンテーションが開かれることになった。集まった社員や役員30〜40人を前に、小山はチームの誰にも話していなかった「戦場の絆」の〝仕様〟を明らかにする。

「『これはリアルタイム店舗間通信対戦が可能です！』と宣言したんです。当時の店舗間通信対戦ゲームは、コナミさんの『麻雀格闘倶楽部《マージャンファイトクラブ》』※25のよ

オリジナルの「スターブレード」

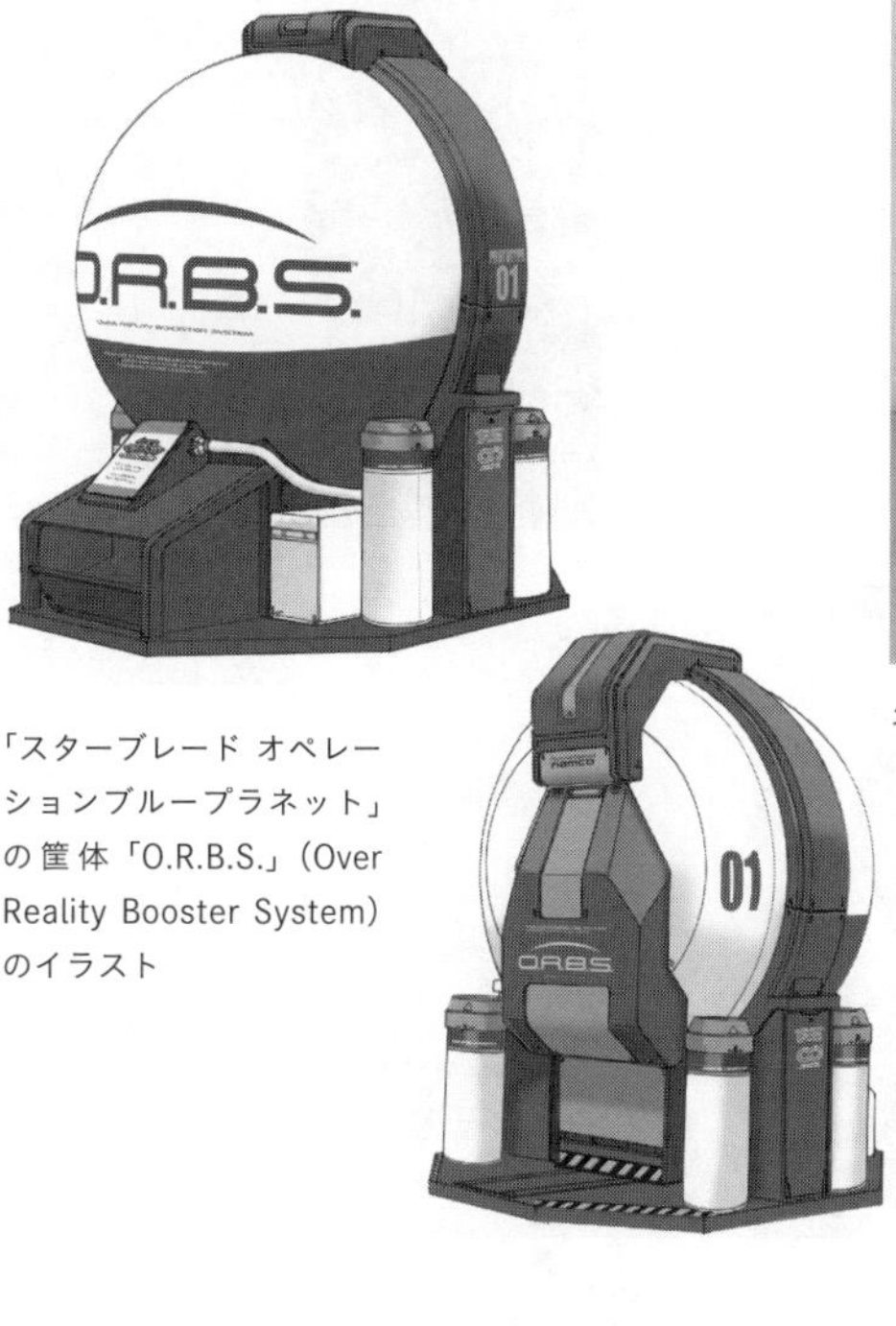

「スターブレード オペレーションブループラネット」の筐体「O.R.B.S.」（Over Reality Booster System）のイラスト

バンダイナムコゲームス（当時）の本社に設置されていた「戦場の絆」

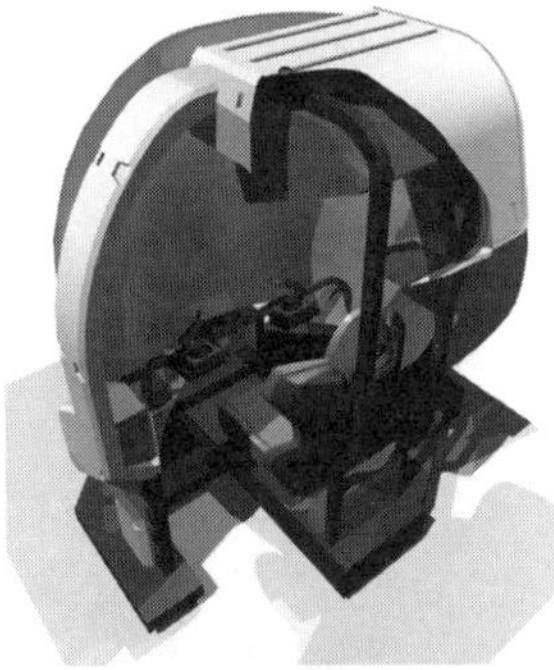

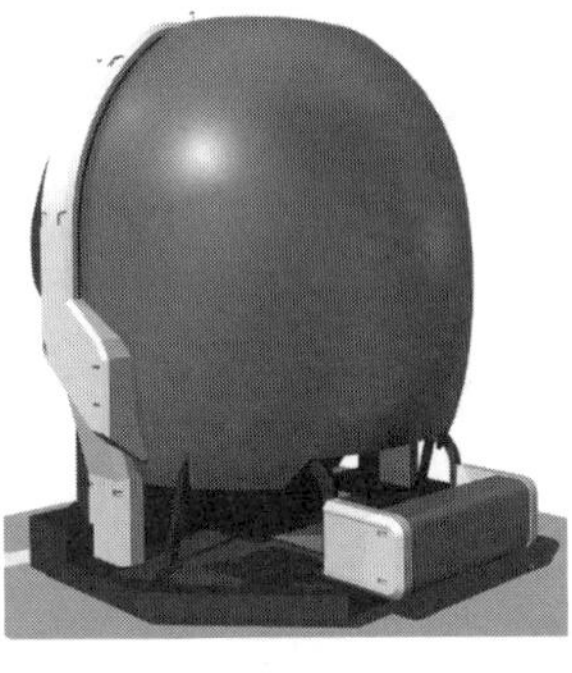

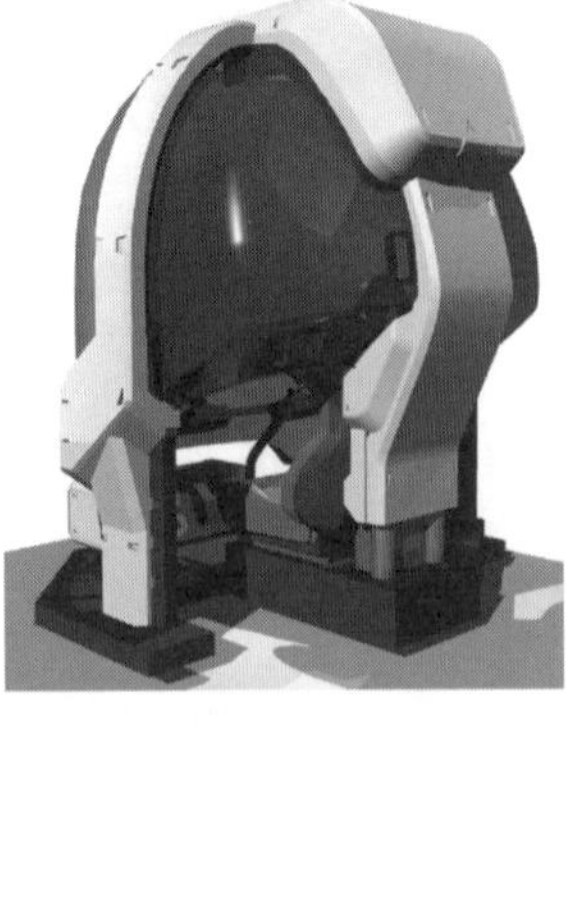

「戦場の絆」の筐体（ポッド）の
最終デザイン案

ドームスクリーンに映し出される未体験の迫力!
本物のモビルスーツを操縦する興奮!
視界全てに戦場が映し出される
モビルスーツのコクピットそのものに乗り込み、上下左右あらゆる方向から迫り来る敵と戦う、リアルな興奮を楽しむことができます。
誌面では伝えられない未体験の臨場感
P.O.D.(パノラミック・オプティカル・ディスプレイ)に搭載された新開発ドームスクリーン技術により、従来の平面ディスプレイでは不可能だった、映像の中に入り込む体験を誰もが楽しむことができます。
「戦場の絆」の商談会用資料

うな非同期通信対戦ものしかありませんでしたから、同席していたプログラマーたちは『はぁぁ?』『なんてこと言うんだよ!』という反応ですよ。今考えると、ゾッとするようなやり方ですけど……(笑)」

確かに、プログラマーからすれば、たまったものではないが、小山にはリアルタイム店舗間通信対戦を実現しなければならない信念のようなものがあった。

「筐体の大きさがネックでした。『戦場の絆』のポッド1台は、当時好調だったレースゲーム『湾岸ミッドナイト』[※26]シリーズの1シートタイプ筐体2台半分のスペースを占めるんです。『湾岸』を2台置けば1日2万円の売り上げになりましたから、オペレーターさんたちから『『湾岸』みたいに稼げるのか?』と言われるのは想像できました。

最初は、店舗内での対戦のみにしようと思いましたが、そうなると8台置く必要があります。そんなに置ける店は限られますよね。だからリアルタイム店舗間通信プレイしかないと思ったんです。でも、言えばできるもので

※25　麻雀格闘倶楽部(マージャンファイトクラブ)2002年にコナミアミューズメントにより導入され、初心者から上級者までが楽しめる麻雀ゲーム

※26　湾岸ミッドナイト…楠みちはる原作の漫画をベースにしたレースゲーム。2004年に導入され「湾岸ミッドナイト Maximum Tune」としてシリーズ化

すね。やらなきゃいけなくなると、考え始めるんですよ」

もちろん、リアルタイム店舗間通信対戦の実現までにはさまざまな困難があった。評価される仕事には困難がつきものだ。ゆえに実現したとき、成功したときの嬉しさは大きくなる。「戦場の絆」もそんなプロジェクトだった。

「サービス開始間もないBフレッツ[※27]の回線を使って、やりとりする情報は『各プレイヤーがどんな操作をしたか』だけというシンプルなものにしました。このプレイヤーがレバーを入れた、このプレイヤーはトリガーを引いた……といった情報だけをサーバーに集めて、同期を取って戻すだけなんです」

つまり、攻撃の当たり判定などは各筐体で処理しているわけだ。すべてのプレイヤーが同じコンピュータを使用しているわけだから、同期さえ取れていれば「あちらの筐体では当たったが、こちらの筐体では外れた」といった問題は起こらない。

「ただ、それゆえ1台の通信状況が悪くなると、全員のゲームが『ガクガク』したんですよ。特に初期は多かったです。

でも、少しくらいガクガクしても、モビルスーツに乗って全国のプレイヤーと戦える魅力を前に、みなさんからのクレームは出なかったですね。ありがたいことです」

そして小山は、「戦場の絆」のさらに大きな魅力を説明してくれた。

「このゲームのベネフィットは、仲間と一緒に戦場に出て、勝った嬉しさ、負けた悔しさを共有できることなんです。何ものにも代えがたいことですよね。だから名前も『戦場の絆』にしたん

※27　Bフレッツ…NTT東日本が提供する、光回線を使ったインターネット接続サービス

です。絆の確かめ合いですね」

確かに、胸を高ぶらせてそれぞれのモビルスーツ（筐体）に乗り込み、戦いが終わった後、ほかのプレイヤーと顔を合わせて感想を話し合えるのは、「戦場の絆」だけの魅力だろう。

「ＣＧモデリングやアニメーション、エフェクト、物量表示といった映像表現技術では、ほかのゲームに先を行かれていましたが、それは伸び代になると思っていました。もっと快適に、もっと綺麗にというバージョンアップができるんです。

ヒットタイトルの続編が〝何とかシステム搭載〟みたいにドンドン難しくなっていくことがありますよね。でも、『戦場の絆』はゲームをコテコテと変化させなくてよかったんです」

これは小山の苦い経験から生まれたものと言っていいだろう。

「一番のコアプレイヤーって、実は開発者本人なんです。なので、新しいシステムを導入したら、一部のトッププレイヤーが喜ぶ一方で、多くの声なきプレイヤーは消えていく……ということがよくあるんです。だから、中心価値には手を加えないほうがいい。

『戦場の絆』のように、ほかのゲームにない、プレイヤーが味わったことのない中心価値を作れば、少しくらい粗削りであっても楽しんでくれ

「戦場の絆」のポスター

ますし、粗削りの部分を整えるだけで、どんどん良くなっていくんです」

小山が語ったように、「戦場の絆」はゲームシステムを大きく変えることがなくても支持され続け、ロングランタイトルとなった。

そしてリリースから13年以上が経った2020年2月8日、バンダイナムコアミューズメントは新作となる「機動戦士ガンダム 戦場の絆Ⅱ」を、アーケードゲームの展示会JAEPO 2020で発表した。

小山は同作について、どのような思いを抱いているのだろうか。

「長い年月にわたり遊び続けていただいたお客様に感謝しかありません。特に『戦場の絆』によって仲間が増え、人生が楽しくなったというエピソードを聞けるのは、作り手冥利に尽きます。

アーケード市場で、15年もソフトやハードが変わらない現役タイトルはなく、『戦場の絆』にも

「戦場の絆」は「REV.4」まで進化し、写真のVR版も開発された

随所に老朽化を感じるようになりました。そこで、現在のテクノロジーを駆使して、面白さの中心はしっかり担保しつつ、より遊びやすくして、素晴らしい驚きと感動を提供したいと考えました。また、『戦場の絆』が稼働していた歳月は、ファンが作り手となって開発チームに参加するのに十分な時間でもありました。『戦場の絆Ⅱ』は、戦場の絆が大好きな人たちが一丸となって制作しました」

常に「驚いてほしい」と思っている

「アイドルマスター」、「戦場の絆」以降も、小山はユニークなコンテンツを世に送り出し続けてきた。特にここ数年、「VR ZONE」[※28]「MAZARIA」[※29]など、バーチャルリアリティ系アミューズメント施設の〝コヤ所長〟として活躍してきた。

小山は、その原動力を「お客さんが潜在的に欲しいと思っているものを具現化して、驚かせたい」という思いだと語る。客が自分でも気づいていない「欲しいもの」を生み出したいというわけだ。

「アーケードだと、お客さんの反応がよく見えるんですよ。ロケテストの間とかに、ちょっと話したりするだけでも、お客さんとの距離が縮まって盛り上がりますし、『こんなすごいもの作ってくれてありがとう』と言われたときは感動しました。その快感は、やっぱり忘れられないんです。はやっているものをアーケードに持ってくるだけとか、ライバル商品をアレンジするとかで

※28　VR ZONE（ヴイアールゾーン）…バンダイナムコ開発による VR アクティビティが体験できる屋内型施設。運営はバンダイナムコアミューズメント

※29　MAZARIA（マザリア）…2019 年 7 月 12 日に開園。「アニメとゲームに入る場所」として、VR などの最新技術を活用したアクティビティ施設。2020 年 8 月 31 日に閉園

は、そんな喜び方をしてもらえませんからね」

ゲームセンターという〝戦場〟で生まれた絆が、小山を突き動かしている。

「自分も、お客さんの1人ではありますが、みんなが自分と同じではないので、市場を調べて、そこで得た仮説をぶつけると『わぁ、すごい!』と返ってくる。これでモノづくりをしようと、あのときから切り替えました」

〝あのとき〟というのは、業績不振で筐体が処分され、社内の構造改革が行われた時期だ。それ以前でも、小山は客を無視していたわけではないだろうし、奇抜な設定の作品で人々を驚かせていたはずだ。その頃との違いは何だろうか。

「お客さんの反応は『なんだこりゃ?』ではなくて、『こんなすごいものができたんだ!』とならなくてはいけないんです。

僕らが子供の頃、『王様のアイディア』[※30]というお店がありましたよね。なんだか面白い物、珍しい物が並んでいて、入った人は『なんだこりゃ?』と驚いてくれるけど、何も買わないで出ていくっていう(笑)。昔の自分はあんな感じだったんですよ。

そういう、ビックリ箱みたいなものが評価された時代もあったんですが、今はそうじゃないなと。発想の原点は、お客さんの『こんなものが遊べて嬉しい!』じゃないと、ダメだなと学んだんです」

これからのゲームやエンターテインメントのビジョンに関しても、小山は前向きに語った。

「ゲームセンターには、まだやれることがたくさんあると思います。そのために変わり続けるこ

※30　王様のアイディア…プレゼントやギフトに適した面白グッズを、世界から取りそろえた店舗だったが、現在はネット販売に業態を転換

とが大事です。今のゲームセンターが商売として厳しいのは、あまり変わっていないからかもしれません。

ショッピングセンターの中にあって、プライズ機、メダル落とし、キッズゲーム、カード機、プリントシール機が並んでいる……という、どこもみんな同じようなラインナップだと思うんですよ。それぞれの店舗固有のラインナップ展開があるべきじゃないかと思うんです。それを手助けできるよう、商品やサービスを研究開発していきます」

小山の話しぶりは非常にエネルギッシュで、彼の情熱やモチベーションが血流のように体を駆け巡っていることを感じた。多くの成功と、それを上回る失敗を経験し、その失敗すら次なる成功への方程式に変えてしまった小山の情熱は、この先も果てることなくアーケードゲーム、エンターテイメントに注がれることだろう。

〝斜陽〟と呼ばれて久しいゲームセンターだが、そこに再び朝日が昇れば、人々はみな驚き、その美しさに「こんな光景が見られたんだ!」と思うはずだ。その日が訪れることを楽しみにしたい。

Chapter 11

Mr. ドットマンこと小野浩が、制約の中で追求したクリエイティブ

語り部

小野浩

（おの・ひろし）

ビデオゲームの語り部たち

1957年、東京都生まれ。専門学校日本デザイナー学院卒業。1979年に株式会社ナムコにグラフィックデザイナーとして入社。「ギャラクシアン」、「ゼビウス」、「ギャラガ」、「ギャプラス」、「マッピー」など数多くのタイトルのドット絵制作、ゲーム開発に従事した。「ドットの神様」「Mr.ドットマン」と呼ばれる。その後、エレメカ開発、携帯電話向けコンテンツ開発などを行う。2013年に退職し、フリーランスとして活動を行う。「Mr.ドットマン」ブランドの立ち上げや、ドット絵のワークショップ開催、ゲーム開発などを行っていたが、2021年10月16日、難病のため逝去。享年64歳。

小伝馬町で過ごした幼少時代、ドットアートの原点に触れる

小野浩《おのひろし》は、1957年6月24日、東京都中央区小伝馬町で生を享けた。北は岩本町、南は人形町、東は馬喰町、西は日本橋本町と隣り合う下町である。オフィス街に姿を変えた今も、1本裏通りに入れば、静かな佇まいが目に入ってくる。

「小伝馬町の交差点のところに、私の生家がありました。当時は都電が走っていたので、毎日それを眺めていて、当然のように将来の夢は『都電の運転手』でしたね」

小野は、自宅からほど近い中央区立十思《じっし》保育園に通い、その隣にある十思小学校（現在は十思スクエアという福祉施設になっている）へと進学した。ちなみにこの界隈は、池波正太郎や藤沢周平の時代小説に登場する、伝馬町牢屋敷《てんまちょうろうやしき》があった場所である。

幼い頃の小野は、テレビのプロレス中継に夢中だったという。また、試合の合間に、スポンサーの三菱電機が発売したばかりの掃除機「風神」を使ってリング上を掃除するパフォーマンスが、子ども心にある種の驚きをもたらしたそうだ。

そして、そんな幼少期に、小野にとっての「ドットアートの原点」があった。

「きっかけは銭湯のタイルなんですよ。当時、家に風呂がなかったので銭湯に行っていたんですが、そこの壁面にタイル画があったんです」

銭湯の絵というと、ペンキで描いたものを思い浮かべる人もいるかもしれないが、小野が見た

故・小野浩

小野少年が見たタイル画は、このようなものだったと思われる
（撮影協力：台東区 六龍鉱泉）

のは、男湯と女湯の間にある壁に、タイルを並べて描かれたものだった。

「そのタイル画は、湖や森、西洋風のお城を描いたものだったんですが、湖に浮いている白鳥のくちばしが、三角のタイルでできていたんです。

四角いものを並べていると思っていたのに、なぜくちばしだけ三角なんだろうって……。後になって、四角いタイルを切って三角にしたものを貼っているんだと分かったんですが、当時は不思議だなと思うと同時に、そこだけルールが違うのはズルいよなぁと思っていました」

筆者は、いきなり銭湯の話が出てきて面食らったが、言われてみれば確かにタイル画はドットアートそのものだ。

「家の近くには銭湯がいくつもあったんですが、タイル画が気になって、その銭湯によく行っていました。タイル模様がずっと頭の中にあって、自分が作るドット絵の原点になっているんじゃないかと思うんです。マス目というか、制限がある中で絵を描こうみたいなところが」

親しくしていた教師の紹介でナムコへ

小野は小学3年生になるとき、国分寺に引っ越した。

「僕が小児喘息を患っていたので、空気のいいところに移ろうかということになったんです。郵政省勤務だった父親が社宅に申し込み、幸いにして当選したようです」

国分寺での思い出は、緑が多い環境、そして学校の校庭が広かったことだという。遅刻しそうなときは校門をくぐっても安心できず、教室に入るまでにチャイムが鳴ってしまうのでは……と気が気でなかったそうだ。

「当時は、国分寺のことを田舎だと思っていました。そして、これはのちに就職してから気づいたんですが、都心へ通勤するのには大変な場所なのに、よく引っ越しを決めてくれたなと。両親に感謝ですね」

国分寺で成長した小野は、渋谷区にある日本デザイナー学院のグラフィックデザイン科に進学する。

当時好きだったアーティストは、福田繁雄《ふくだしげお》※1。「日本のエッシャー」とも称されるトリックアート的な手法が気に入っていて、福田が日本デザイナー学院で行った特別講義には、いたく感銘を受けたそうだ。

また、岡本太郎《おかもとたろう》※2の型にはまらない、自由な発想で作られたグラフィックも好みで、時代を遡れば、竹久夢二《たけひさゆめじ》※3の作品にはグラフィックデザイナーの原点を感じるという。

日本デザイナー学院でグラフィックデザインを学んだ小野が卒業制作として手がけた作品は、記憶の中にあったタイル画に影響されたものだった。

作品自体はタイルではなかったが、タイル状の四角形を組み合わせたもので、彩色に「四角すべてベタ塗り」、「半分だけベタ塗り」といったいくつかのルールを決めて、日本地図を背景に蒸気機関車を描いたという。

※1　福田繁雄…1932年2月4日 - 2009年1月11日。日本のグラフィックデザイナー。単純化された形態とトリックアートを融合させたシニカルなデザインが特徴

※2　岡本太郎…1911年2月26日 - 1996年1月7日）芸術家。抽象美術運動やシュルレアリスム運動にも関わる。代表作品は1970年に開催された万国博覧会の会場に制作された「太陽の塔」

※3　竹久夢二…1884年9月16日 - 1934年9月1日。大正ロマンを体現した独特な美人画で知られる日本の画家であり詩人として知られる

多感な時期に出会った自由奔放な芸術家たちの作品と、幼少時に心動かされたタイル画が小野の中で結実したのかもしれない。ドット絵という制限のあるアートでありながら、おおらかさを感じさせる小野の作品独特の雰囲気は、すでにこのときからあったようだ。

小野は、日本デザイナー学院を卒業後、1979年にナムコ（現・バンダイナムコエンターテインメント）に入社した。ナムコは、すでにある程度の規模を持つ会社になっていたが、小野は最初からナムコを希望していたわけではなかったという。

「最初に、トミー（現・タカラトミー）の試験を受けたんですが、落ちてしまいました。結果が分かった頃は卒業制作が佳境で、卒業作品展の実行委員もやっていたので、そっちにかかりきりになってしまって。それらが無事に終わって『うわ、就職活動何もしてねーじゃん……』って慌てだしたら、教務課の先生に呼ばれて、『ナムコから募集がきているんだが、どうだ』って」

小野は普段からその先生と親しくしていて、絵だけではなく、趣味で物を作ることが好きだといったことをよく話していたという。それもあってナムコの募集を知らせてもらえたようだ。

「この先、どうしようと思っていたので、当然、渡りに船って感じで受けました。ちょうど『スペースインベーダー』ブームで、その前には、ATARI のブロック崩し『BREAKOUT』もはやっていましたから、面白そうだなと。

ただ、僕自身ゲームは好きでしたが、学生時代はあまりやらなかったんです。お金があるならゲームより画材！って思っていましたし……。

なので、内定をもらったあと、東急文化会館（2003年に閉館。現在は渋谷ヒカリエが建つ）のゲームセンターで『ジービー』を見たのが、自社製品を意識した最初ですね。入ってからも、昔遊んだゲームがナムコ製だっていうのが分かって、『そうだったんだ。すごいな、ナムコ』と、その度に思いました」

ナムコのデザイン課は〝なんでもやる課〟

ナムコに入社した小野は、開発部デザイン課に配属された。

「デザイン課には、ビデオゲームのキャラクターや画面に加えて製品ロゴや印刷物のデザインを担当するグラフィックデザインと、筐体などのデザインを担当するインダストリアルデザインの、2チームがあったんですが、僕はグラフィックデザインチームに配属されました。入社したときには『ボムビー』※4が完成済みで、ちょうど開発中だった『ギャラクシアン』に登場するエイリアンの色塗りをやったのをよく覚えています。まだドットの仕事はしていなくて、上司が描いたロゴデザインのクリーンアップ（清書）とか、インストラクションカード（アーケードゲームの説明書的なもの）の版下作りが中心でした」

その頃のゲーム開発は現在に比べれば非常に小規模で、分業化もされておらず、関わっている人たちはある意味、何でもやらないといけない状態だった。それだけに、職場には「足りないものは自分たちで作る」という雰囲気があったようだ。

※4　ボムビー…1979年に導入。ヒット作「ジービー」のデザインが踏襲されたブロック崩し系アーケードゲーム

「デザインと名のつくものは何でもやった、という感じです。ショーに出すカタログのデザインとか、『アミューズメントマシン』(業界紙)の広告版下もやっていました。『タンクバタリアン』[※5]の開発くらいから、1人で仕事を任されてくるようになったと思います。グラフィックデザインチームとインダストリアルデザインチームの上長は兼任だったので、実際のところ、うちのチームは主任と先輩と僕の3人で仕事を回していました。1年間でリリースするゲームの数がそんなに多くなかったから、その人数でもできたんです」

「小野さん、もしかしてあの絵描いたんですか?」

そんな少人数の開発を経験してきた小野からすると、現在(2018年、インタビュー時)のゲーム開発は別世界のことに思えるようだ。

「今は関係する人が多すぎて……。ひとつのプロジェクトに何十人、何百人という規模じゃないですか。知り合いに聞いたら絵描きだけで何十人、それも特定のエフェクトだけに数人とか……。『うそだろ』という感じです。僕たちの頃は、1人で何タイトルか掛け持ちで開発やデザインをするのが普通でしたから。そもそも、プロジェクトっていう言い方すらなかったですよね。タイトルごとに集まっているんじゃないんです。なので、そのタイトルの開発に関わっているメンバーを完全に把握しているのは、中心になる企画の人間くらいだったんじゃないかな(笑)。

※5 タンクバタリアン…1980年に導入。戦車を操作して敵を倒していくアーケードゲーム

ついこの間も、昔の同僚と話をしていて『え?お前、あれの音楽やってたの?』、『小野さん、もしかしてあの絵描いたんですか?』なんて言われて、それくらい横のお付き合いがなかった感じですね」

スカジャンの背中にナスカの地上絵

小野の普段着はカジュアルだ。小野が羽織っていたのは、鮮やかなレッドとイエローゴールドのサテン生地を使ったスカジャン。背中には、なんとナスカの地上絵のハチドリが刺繍されていた。ゲームに詳しいかたならば、ピンと来る人も多いだろうが、このハチドリは「ゼビウス」に登場するもので、同作のアイコン的存在となっている。おそらく小野のこだわりなのだろう。

「もう有名な話ですけれど、会社の昼休みに大森でレコードを買ったら、その店のレコード袋にナスカの地上絵が描かれていて、これ、何かいいなあと思ったんです。

ちょうど、その日に『ゼビウス』の打ち合わせがあったので、背景の砂漠が茶色一色で淋しいから何か入れたいと話して、ハチドリの地上絵を使いました。

あの日、あのレコード店に行かなかったら、砂漠は茶色のベタ面のままだったかもしれませんね。あの頃は、雑談でポロっと言ったことが割とあっさり採用されちゃう時代だったんですよ」

中村雅哉の思い出

筆者は、旧ナムコの関係者を取材するとき、創業者である故・中村雅哉がどのような人物で、どのような経営ポリシーを持っていたのかを聞くことにしている。これは故人を取材できない無念さ、そして、ひとつの時代を築いた経営者の人間性を垣間見たいという好奇心によるものである。故人の周辺にいた人たちから、生前の想いと、その活躍を探り出したいと思っているのだ。

筆者が会ったことのあるナムコのOBは口を揃えて、中村は仕事が好きだったと語る。

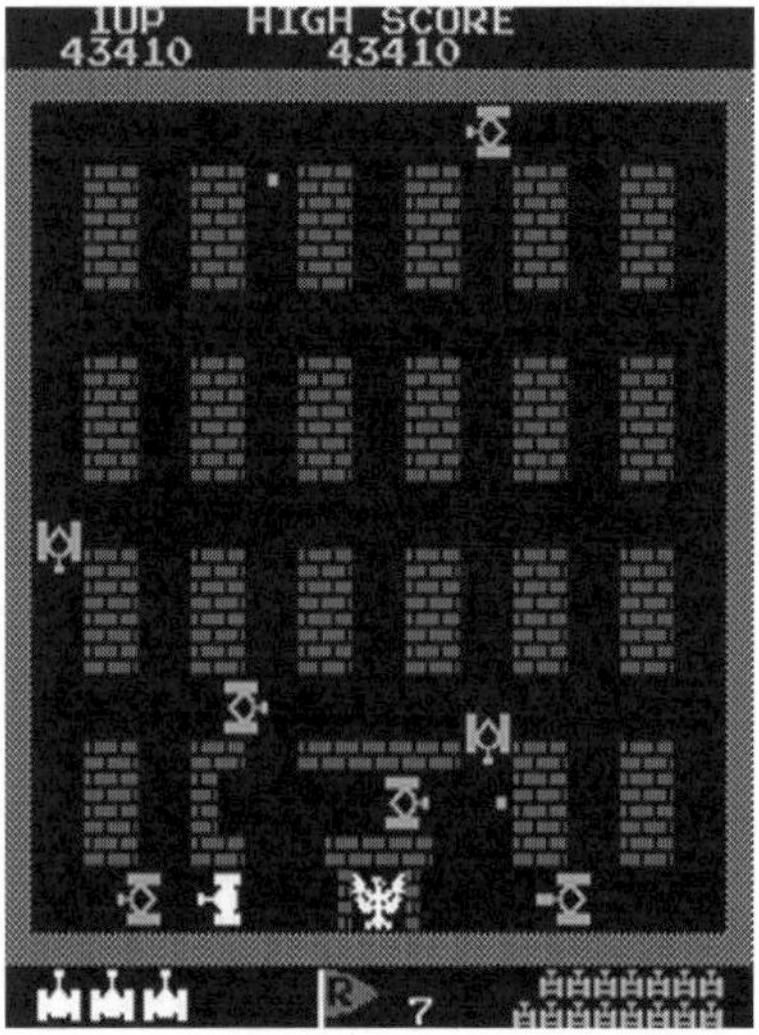

「タンクバタリアン」

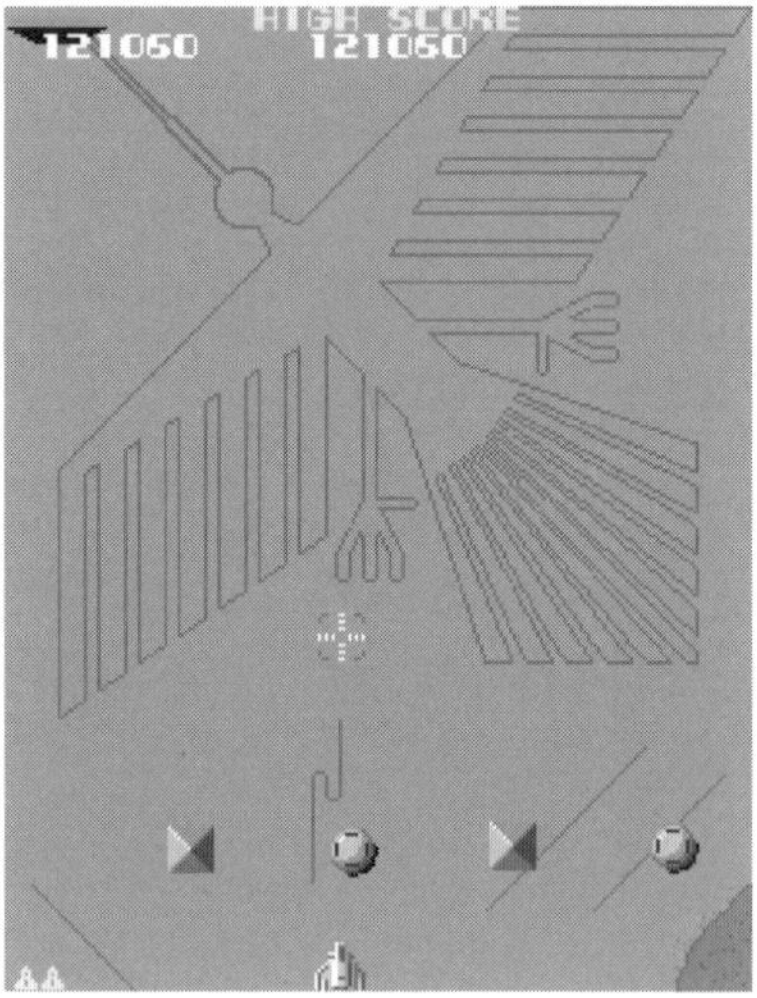

「ゼビウス」

休日も自宅でくつろぐことなく、まして長い夏休みなども取らず、オフィスにいることが多かったという。

また、デスクで開発作業をしていると、いつの間にか中村が後ろに立っていて、「どうだ、調子は？」、「それは何をやっているのか？」などと、気さくに尋ねてくることがよくあったという。

小野もそのような経験があったようだ。

「中村社長は、うちの部署の上司と仲が良かったので、気がつくとデザイン室にいらしていて、僕の後ろに立って作業を見ていた、ということはありました。

その頃、ロゴデザインの承認などは全部社長決裁だったので、デザインしたものをお見せするときや、開発製品の発表を試作室でやるときにもお会いしましたが、そんなに親しくお話をさせていただいたという記憶はないんですよ。今、思うと残念です」

〝普通に〟仕事をしていたら、ヒットに恵まれた

ナムコの、ビデオゲーム黄金期を彩るヒットタイトルの数々に関わった小野には、さまざまなメディアがインタビュー取材を行っている。

それはもちろん、奇跡のようなタイトルがどのように作り上げられたのかという興味や、歴史を明らかにしたいという衝動があるからだろう。だが、当の小野にとって、ヒットタイトルの開

発作業はあくまで〝普通の仕事〟であったようだ。

「僕としては、特別、何かをしたわけではないんです。普通に仕事をやっていたら、たまたまそのゲームがヒットしたという印象なんですよ。

『ゼビウス』はもちろん、『ポールポジション』も、あの時代のドライブゲームでは斬新でヒットしましたし、『ギャラガ[※6]』、『ギャラクシアン』から続くシリーズは、今でも映画に出るなど、海外で結構人気があると聞いていますが、たまたまそういう作品に当たったというか……」

小野は謙遜するが、「特別に何をしたわけでもない」という割に、その仕事ぶりはなかなかハードなものに思える。

「当時は、誰もやり方とかを教えてくれませんでしたから、自分で編み出すしかなかったんです。ドット絵なんて、誰もやったことがないので、教えようがないということなんですけど。だから、自分で工夫して描いていました」

それはまさに、手探りの作業だったようだ。

「例えば、ガクガクした線を綺麗に見せるにはどうしたらいいか……となったときも、中間色を置けばボケる、ということを誰も教えてくれません。

しばらく後になって、アンチエイリアス（ギザギザを抑える処理）って、自分がやっていたことと同じことじゃないか、って気づいたりしました。

使える色数も少なかったんですが、そうも言っていられないから、何とかしなきゃならないわけで、ドットを市松模様にすれば、2色を混ぜた色に見えるかな……とか。

※6　ギャラガ…1981年に導入された「ギャラクシアン」（1979年）の後継的なシューティングゲーム

『こうしたらこう見えるのかな』って考えて、とりあえずやってみたら、それなりに見えて正解だった、みたいな感じですね」

そういった姿勢は、『ギャプラス』[※7]でのエピソードにも現れている。

「『ギャプラス』では、敵キャラクターが回転するだけでなく、ヒネリが入るんです。これを描くには、やっぱり立体で確認するしかないなと思って、粘土で形を作って、焼き鳥みたいに串をさして、回転させながらスケッチして、ドット絵を描いたんです」

すべてが手探り、やってみるしかない、という環境のなかで個人が成長し、その結果、企業も大きく成長する、当時はそんな時代だった。

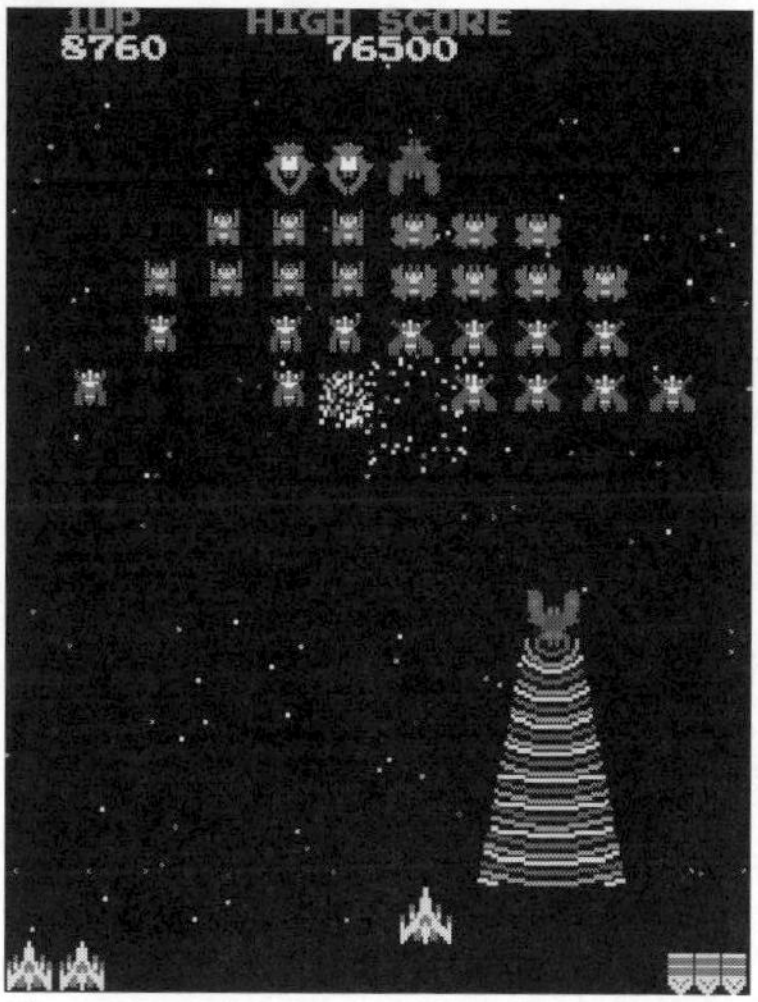

「ギャラガ」

※7　ギャプラス…1984年に導入された「ギャラガ」の後継的なシューティングゲーム

制限があるから面白い

現在のビデオゲーム開発は、ハードウェアの進化に加え、ソフトウェアの共有化や簡易化による技術水準の引き上げがあり、クオリティが目覚ましく向上した。しかし、1980年代から1990年にかけて全盛を誇ったドット絵のキャラクターに今なお魅力を感じる人は多い。

それはおそらく、最終的なグラフィックスがプレイヤーのイマジネーションに託されているからではないだろうか。

当時、ドット絵での制作には、ドットや色の数をはじめとした厳しい制限があった。にもかかわらず、なぜ小野はそこに限りない可能性を見出し、キャラクターや世界観を見事に表現できたのだろうか。

「何でも与えられ、何でもできるというのはつまらない、という思いはあります。最初は1色で、キャラクターを描かなくてはならず、それは結局フォルムだけの表現でした。3色になると少しは楽になって、その次は8色……とやっていると、ある程度縛りがあったほうが面白いと感じるようになったんです」

近年のスマホゲームでよく見かける、制限がないドット絵には、思うところもあるようだ。

「たとえば、著名なゲームのキャラクターをドット絵にするといった企画がありますけど、あれはサイズの割に色を使いすぎだと個人的には思うんですよ。3ドットしかない幅の顔に3色使うってどうなんだろう、1色でもいいんじゃないかって。省くところは思い切って省くと、スッキリ見えると思うんですよね」

エレメカの部署へ異動となっても、〝何でも自分で〟

小野が、主な仕事としていたアーケードゲームは、1990年代に入ると3DCGの時代に突入する。それによって、ゲームのリッチ化、リアル化が進み、インパクトは増大したが、そんな時代を小野はどのように見て、どのように生きたのだろうか。

「3DCGを否定するわけではありませんし、実際素晴らしいものですが、私のいる世界とは違うなと……。ビデオゲームが、そっちに行っちゃうのかと寂しい気がしていました」

だが、小野は3DCG時代が本格的に到来する直前の1989年頃に、ビデオゲームの部署からエレメカを手がける部署へと異動になっていた。アーケードのリッチ化やリアル化は実感できないままだったというが、エレメカの開発は非常に楽しかったようだ。

「勉強になったし、面白かったですね。ナムコって、もともとエレメカの会社ですから。僕が入社してからは、徐々に、ビデオゲームが主流になりましたが、ずっと、エレメカの開発も経験しなくちゃと思っていたんです」

小野が、そこで初めて担当したのは、「ばーがーしょっぷ」という子ども向けのライド（乗り物）だった。

「車体は、そのままでギミックや外装を変え、将来的に何種類かのシリーズものを作るというコンセプトだったと思います。その企画設計を任されたんですが、それまで設計図面を描いたことがなかったんです。

筐体のデザインをすれば、専門の人が図面に起こしてくれると思っていたんですが、『お前がやるんだよ』って言われて、『マジっすか』って。結局描きましたけど（苦笑）。

当時は、CAD（コンピュータを用いる設計）なんてなかったんで、製図台で描いたんですけどね。でも逆に考えれば、そうやって何でも自分でやれたので、楽しかったですよ」

携帯電話向けコンテンツで、再びドット絵を手がける

エレメカの部署に移って10年が経った頃、小野は石村繁一（Chapter 03参照）から、ナムコの新規事業である携帯電話向けコンテンツの仕事を頼まれた。

「その頃の携帯（ガラケー）はモノクロ液晶だったので、イメージを1色で表現できる人材が部内にはいない、手伝ってくれと言われて、『はい、いいですよ』って（笑）。

ちょうどその頃、新人がいっぱい入ってきたんですが、みんなスケッチなどがうまくて、自身の存在感を考えると、少しモヤモヤしていたんです。このままでいいのかなあ、みたいな感じで

しょうか」

石村の誘いは渡りに船だったというわけだ。

「だから、携帯コンテンツは自分の強みを活かせる仕事だと思って、ワクワクしながらやっていました。新人のみんなは絵がうまくても、1色のドットで絵が描ける人なんていませんでしたからね。

ドットの仕事は楽しかったですよ。エレメカの仕事では、ドット絵を描かなかったので、10年ぶりくらいでしたから。お手伝いさせてもらってよかったです
当時の携帯の画面解像度は低くて、96×96ドットというものもありました。今のスマホアプリのアイコン以下なんですけど、やっているうちに感覚って不思議と戻ってくるんです」

小野は、10年以上にわたって携帯電話向けコンテンツを手がけることになったが、その時代をこう振り返っている。

「ビデオゲーム、エレメカ、そして携帯ゲームと、約10年のサイクルで異動がありましたが、結果的にはその携帯ゲームの仕事が一番長くなりましたね。

僕は、世間の流れに合わせて自分を変えていこうという気持ちがなくて、常に独自の路線を進みたいと思っているんです。

ナムコでは、たまたま時代の流れがうまく合って、いろいろなお手伝いができました。そういった形で新しいことができるのはいいと思うんですが、自分のやってきたことを変えてまでっていうのはどうなんだろう、と感じています」

「もうドット絵の需要はないよ」

小野は、2013年にバンダイナムコスタジオを退職した（ナムコは2006年にバンダイナムコゲームスとなり、その開発部門が2012年4月にバンダイナムコスタジオとして分社化）。

「2012年の終わり頃でしょうか、面談で当時の上司から『ゲーム業界では、もうドット絵の需要はないよ』みたいなことを言われたんです。

そうなのかと受け止めましたが、自分がやりたいのはドット絵ですし、ドット絵しか描けませんから、それを使っていろいろ新しいことを生み出していきたいと思いました。結局、2013年に早期退職制度を使って退職したんです。

振り返れば、はっきりとそう言われたことがよかったなと。自分としては区切りがつきましたし、退職後にこうしていろいろなこともできているし、結果オーライだったと思いますね」

意外なところからドット絵の依頼が届く

「もう、ドット絵の需要はない」と言われて会社を辞めた小野だが、すぐにドット絵の仕事が舞い込んできた。

「退職して1年も経たないうちに、バンダイナムコから『アイドルマスターに登場するキャラクターのドット絵バージョンをお願いしたい』と依頼があったんです。需要はないって、言われてからちょっとしか経ってないじゃん、あるじゃん……って思いましたけど（笑）」

その仕事は、PlayStation 3用ソフト「アイドルマスター ワンフォーオール」※8のロード画面でかわいく動くキャラクターを作るものだった。

「実は『アイドルマスター』というコンテンツがどんなものか、ほとんど知らなかったんです。女の子が出てくる育成ゲーム、くらいの認識でしたかね。

まず資料を見ながらサイズを決めて、16×16ドットで作ってみたんですが、正面向きで顔の表情を付けることを考えると小さい、さらに輪郭もつけなくてはならなかったので、32×32ドットに決定しました。

色はなるべく少なくしたかったんですが、キャラクターの大きさを考えると単調になりそうだったので、結局15色にしました。立ちポーズを作ってから、歩きポーズ、アクションポーズと段階的に作って全14体、それぞれ可愛くできたと思っています」

最近のゲーム開発では、当初想定した仕様が実機で満足に動かず、グラフィックスのクオリティを落とすといったことがよくあるようだが、最初に厳しい制限を設け、様子を見ながら徐々に緩めていくのは、それと対照的だ。実に小野らしい手法と言えるだろう。

※7　アイドルマスター ワンフォーオール…2014年5月15日にバンダイナムコゲームスから発売されたPlayStation 3用アイドル育成ゲーム

“ドット絵人口”は意外に多い

ドット絵には、余計なものを極限まで削ぎ落としたシンプルな美の追求、様式美があるように思う。

インディーズゲームには、いまだにドット絵であることを謳うものが多いが、それは作りやすいからだけでなく、前述したようにプレイヤーのイマジネーションを借りることで、ゲームに奥行きを持たせられるからではないだろうか。

そんな魅力があるとはいえ、やはりゲームをはじめとするグラフィックスの主流は3DCGであり、ドット絵技術の継承が気になるところではある。そのあたりを小野に聞いてみた。

「僕のドット絵、ドットアートは、再現するサイズや色数を制限したなかで展開しているものです。そういう面白さを多くの人に知ってもらいたいと思います。

これまでは、古いとか言われていましたが、最近レトロゲームがブームになっていますよね。だから、ドット絵を描く人や描きたい人って、結構いるんですよ。イベントも盛んで、『Pixel Art Park』[※9]も、開催ごとに規模が大きくなってきていて、とても嬉しいことですね」

※9　Pixel Art Park…日本最大級のドット絵イベント。多くのクリエイターや企業がそれぞれのドット絵作品を展開するもの

ドット絵はアートになっていく

小野のドットアートでも出色の作品は、世界の名画をドットで再現したものだ。それらは、一目見ただけで、あの有名画家の、あの名作と気づけるほどの再現性を持っている（もちろん、オリジナルとなる作品の知識がなければ難しいが）。あらゆる色や技法を使って描かれた名画作品の特徴を残しつつ、極限まで削ぎ落とすという、ドットアートの極みが感じられるものばかりだ。

「ドットアートの絵画シリーズは、『マッピー』[※10]の開発で『モナ・リザ』をドットで表現したことが原点なんです。こういうテクニックも後世に残したいと思うんですが、今のところ、どこからも声はかかっていないですね（苦笑）。

個人的には、ゲームよりもアートのカテゴリーで『ドットアート』として広がっていけばいいと思っています。自分も、まだゲームというところを若干引きずっている気がしますが、それを払拭したいですね。

ですから、『Pixel Art Park』のような展示会への出展はいい機会だと思っています。トークショーなどをやる機会もありますが、なるべくゲームに偏らないようにしているんです。まぁ、なかなかそうもいかないんですが……。

今でもゲームは作りたいですね。自身の作品展である『ドットアートの世界展』でも、来場し

10　マッピー…1983年に導入されたナムコのアーケードゲーム。ネズミの警官マッピーを操りアイテムを回収するタイプのゲーム

ドットアートのモナ・リザ

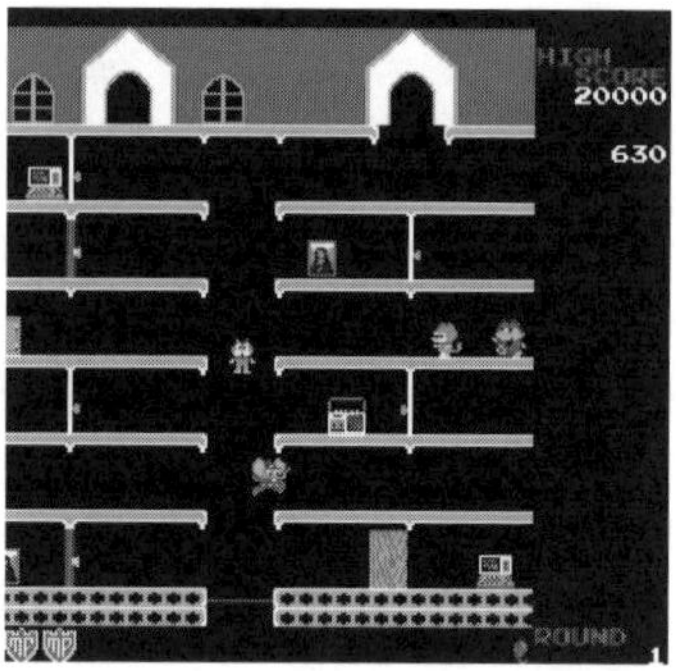

「マッピー」

た子供たちがドットアートを見て『マインクラフトだ』[※11]って言うんですよ。ドット絵というものが、今また新しく感じられるようになったんでしょうね」

小野は、「ドット」という響きをとても気に入っているという。「ピクセル」ではなく、あえて「ドット」だという。

そして、自らを「Mr.ドットマン」と称するに至った由来を小野に尋ねてみると……。

「当時、ナムコ直営のゲームセンターで配布していた『NG』という広報誌に、キャラクター制作講座を書くことになったんです。そこでは、なぜか僕が『ミスタードットマン』と紹介されていたんですよ。

そのページを構成していたのは、同じ部署にいた企画のスタッフらしいので、その人が名付け親じゃないかと思います。ただ、「ドット絵」というワードをナムコで最初に言ったのは私だったはずなので、そこから『Mr.ドットマン』という名前を思いついたのでしょう。

その人に会う機会があったら聞いてみようと思っているんですが、残念ながら分からないままなんです」

※11　マインクラフト…オープンワールド型のゲームで、特に目的は無く、自分自身が好きなように世界を構築できることが特徴である。登場するキャラクターやオブジェクトがブロックで生成されており、ドットアートに類似した世界観を奏でる

Mr.ドットマンの新たなチャレンジ

小野の話を訊いていて印象に残ったのは、「僕は世間の流れに合わせて自分を変えていこうという気持ちがなくて、常に独自の路線を進みたいと思っているんです」という小野の言葉だ。

この言葉を体現するかのように、小野のもとに、かつて共にゲーム開発に勤しんだ仲間が再び集結した。

そうして生まれたのが、PC向け格闘ゲーム「ドットの拳GIGA」だ。

小野が、16×16ドットで描いた「蛙」、「兎」、「風神」、「雷神」という登場キャラクターは「鳥獣人物戯画」にヒントを得ているという。

レバーと2ボタンの簡単な操作方法ながらも、コマンド技やキャンセル、コンボ、空中コンボ、目押しコンボ、超必殺技といった要素が取り入れられた本作は、複雑で高難度になった近年の格闘ゲームとは違い、初心者から上級者までが、格闘ゲーム本来の面白さ、楽しさである「駆け引き」を純粋に楽しめるものとなっている。

小野とともに、開発の中心となったのが、中潟憲雄（Chapter 08参照）だ。

中潟は、「源平討魔伝」、「サンダーセプター」、「超絶倫人ベラボーマン」

ナムコの広報誌「NG」（写真提供：アキハバラ@ BEEP）

などの楽曲を手がけ、小野と同じようにナムコの黄金期を支えた。そのサウンドの特徴は、「和」を感じさせながらも意外性に富む曲調である。

そして「ドットの拳GIGA」は、ナムコでのつながりが、小野の新たな一歩となる作品を生んだ。ナムコの元社員同士のつながりは強い。筆者は取材するたびにそう感じるし、誰かを取材すると、次の元ナムコ社員に話がつながることもよくある。

それは良き時代に、熱い時間を共有したからこそ生まれる絆が、脈々と息づいているからかもしれない。

小野も、その絆を感じているようだ。

「ナムコ卒業生同士のつながりは強いですね。今になって、当時とはまた別の交流が広がってきていて、楽しいですよ。裏交流というか……まあ別に裏じゃないんですけど（笑）。

普通は、一度別れちゃったら、なかなか会えないじゃないですか。やっぱりクリエイターとして、仲間としての連携みたいなものがあるんだろうと思います。おそらくナムコ独特の、モノを創るのが好きな者同士の、強い絆のようなもの、ということじゃないでしょうか」

目まぐるしく変わる時代の中でも、小野は必要以上に自分を変えず、古い仲間との絆を活かして、新たな作品を生み出し続けている。それは、あたかも幼少の頃に見たタイル画のように、制限、制約の中で、自分が持っているものを自由に組みあわせることを楽しんでいるようにも感じられる。

ドットを愛し、ドットに愛された小野。彼の無限のイマジネーション、好奇心、チャレンジ精神を象徴するドット画は、これからもつながり、広がっていくことだろう。

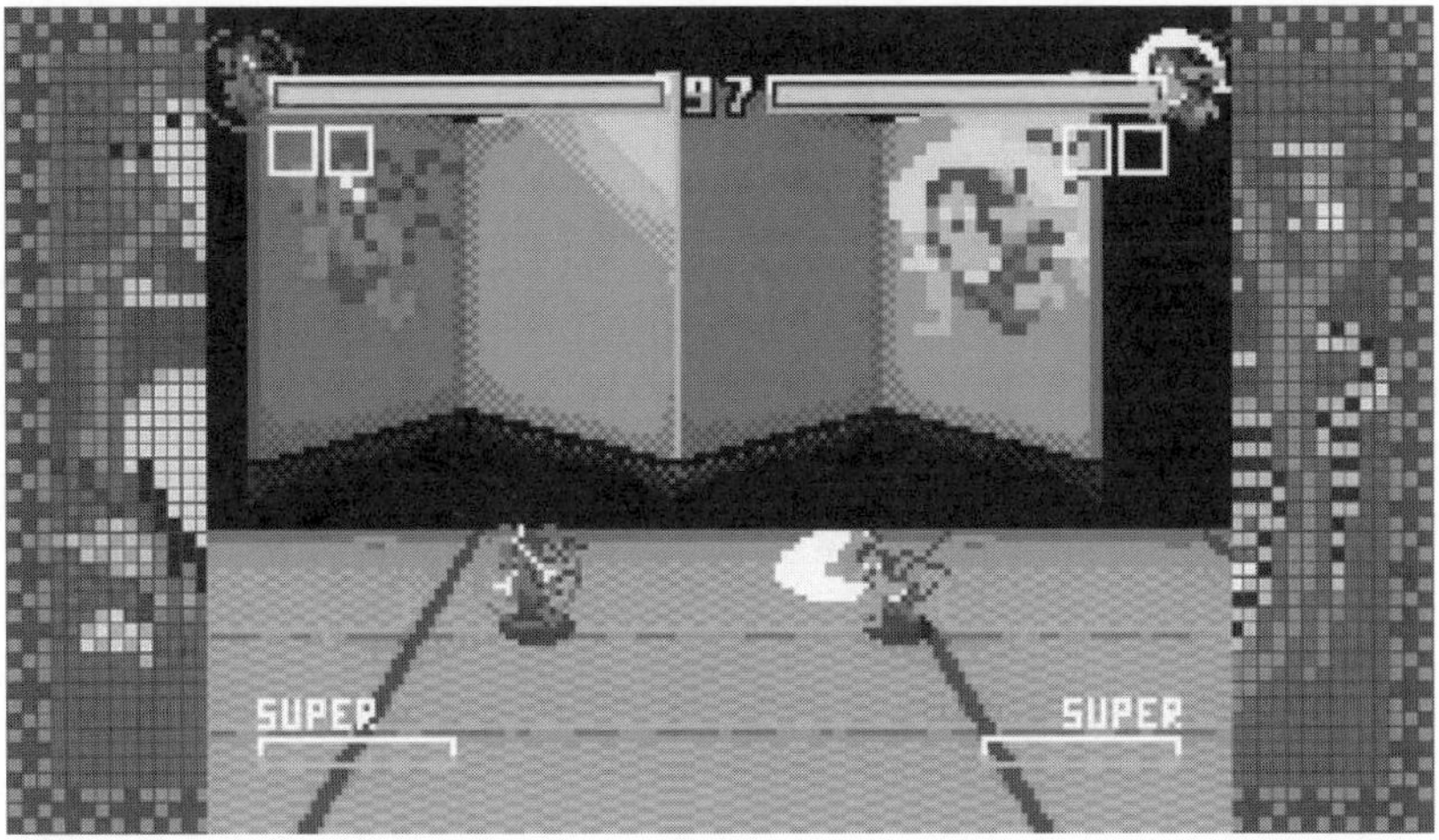

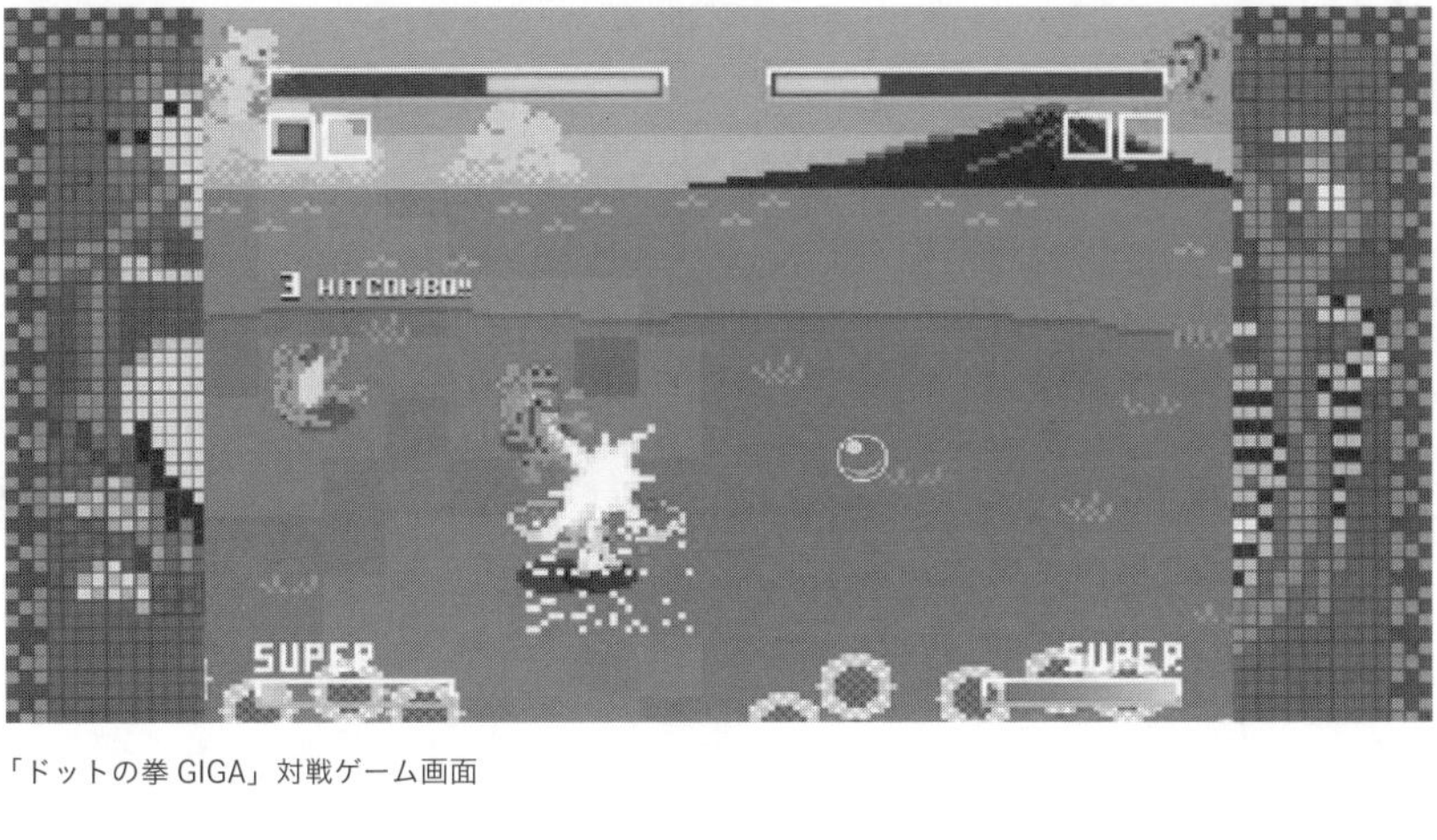

「ドットの拳 GIGA」対戦ゲーム画面

追悼

２０２１年、10月16日、小野浩氏は難病のため逝去されました。享年64歳。
２０２１年11月には有志による送る会が開催されました。ご冥福をお祈りします。

あとがき――
「スペースインベーダー」取材から始まった旅

まずは、ここまでお読みいただいた方々に御礼を申し上げたい。ありがとうございました。拙い文章と構成力ではあるが、ゲームやエンターテイメントに関わった人々の歴史を紐解くヒントになれば幸いである。

この連載記事が、ゲーム系ニュースメディアである4Gamerにて始まった経緯も書き止めておかねばならない。きっかけは２０１６年――日本のビデオゲーム史に残るコンテンツ開発の取材を行ったことである。

そのコンテンツとは、１９７８年に、株式会社タイトーからリリースされた「スペースインベーダー」だ。タイトーから正式に承認を受け、開発者に取材、開発者の生まれ故郷まで足を伸ばし、地元の声も拾った。人に歴史あり。地道な作業だったが、個人的には納得のゆくものになった。現在の連載記事でもそうだが、事前の資料集め、現地取材、関係者の声を拾うフィールドワークはこの頃から続けている。ある人は探偵のようだと言い、私自身、それは「ゲーム考古学」であり、私は「ゲーム考古学者」だと思っている。

「スペースインベーダー」に纏《まつ》わる取材記事は、ネットに公開、その後、書籍化を準備していた。しかし、最終的には予定された書籍化は適わぬものとなった。どうやら同時進行で、似たような書籍化の企画が動いていたようで、最終的にはそちらが選択されたようだ。

そのため、書き終えた「スペースインベーダー」原稿を違う形で活かすことになった。それが「ビデオゲームの語り部たち」の最初の原稿となった「池袋ロサ会館」の創業から、ビデオゲーム創成期に渡るエピソードにあたる。それは前述の「スペースインベーダー」の歴史から紐解いた、ロサ会館の歴史、日本のビデオゲームの黎明期の側面史と言っても過言ではないだろう。

この書籍の企画「ビデオゲームの語り部たち」もそんなめぐりあわせのなかで生まれたものである。

自身で書き直した「ロサ会館」の歴史にフォーカスした原稿を、ゲーム系ニュースメディア数社に持ち回り、掲載の交渉を行った。そのなかで、唯一、「連載としてやりましょう!」と即答してくれたのは4Gamerの編集長であり、株式会社Aetas代表取締役の岡田和久氏であった。つまり、失われた企画原稿を救い上げてくれたのである。

ライターとして実績があるわけでもない私の拙稿に価値を見出してくれたのか、それとも私の勢いに圧されたのかはわからないが、4Gamerがゲーム系ニュースサイトとして、その価値を評価してくれたこと、そして、現在も連載が続いていることは嬉しい限りである。それを編集者として支えてくれる荒井陽介氏、ライターの丸山文彦氏にも謝辞を申し述べたい。

そして、日本のビデオゲームのルーツを取材するうちに、本来の取材対象も興味深いが、その時代、その周囲にいてその状況を見ていた関係者たちの話のほうがもっと掘り下げるべきものではないかという思いに至った。時間経過の中で徐々に消えていく人々の記憶や、記録、歴史を書き留めておく必然性を強く感じたからだ。

残酷にも、時間は有限で平等、人生には限りがある。

本書のChapter 05で紹介した「人生を何人分も生きようとするな」という鈴木久司氏の言葉は重い。とはいえ、あのとき、あの人に話を聞いておけば、この人にもコンタクトすればよかったなどと思うことのないよう、これからも、この活動を続けていきたい。私にできることは、そのくらいだ。本書の取材にあたり協力をいただいたゲームメーカー各社様、関係者様にも感謝を申し上げたい。

なお、最後に、いつも何をやっているかよくわからない私の仕事と活動を支えてくれている家族、理解ある友人たち、仕事関係でお世話になっている方々、本書に素晴らしい装丁を施してくれた板倉洋氏、本書の出版、編集に尽力をいただいたDU BOOKSの稲葉将樹氏、中井真貴子氏に心からの感謝を申し上げたい。

エンターテイメント産業のさらなる発展と進化を祈念しつつ、この「ビデオゲームの語り部たち」連載、エンタメ勉強会の黒川塾などで、これからも個人的にエンターテイメント産業への貢献ができることを願う。

※2017年10月から連載が開始された「ビデオゲームの語り部たち」4Gamerの原稿に加筆修正を行いました。

協　力：4Gamer 編集部　岡田和久、荒井陽介、丸山文彦

取材協力：仁志睦、宮本博史

写真撮影：愛甲武司（吉本昌男編、矢木博編）
佐々木秀一（小山順一朗編）
永山亘（ＳＮＫ編）
黒川文雄

写真提供：池袋ロサ会館、木村進、@michsuzu、三船敏、熊谷美恵、Dreamrise !、
松野雅樹、吉本昌男、Sara Zielinski、Craig Wlaker, 中潟憲雄、矢木博、
小山順一朗、黒川文雄、アキハバラ@ＢＥＥＰ

各ゲームメーカーほか

参考資料：「それは『ポン』から始まった―アーケードＴＶゲームの成り立ち」
（２００５年・アミューズメント通信社）赤木真澄著
「アルゼ王国の闇――巨大アミューズメント業界の裏側」
（２００３年・鹿砦社）松岡利康著
「セガ・アーケード・ヒストリー」
（２００２年・エンターブレイン）ファミ通ＤＣ編集部編
「セガ ゲームの王国」
（１９９３年・講談社）大下英治著
英・ゲーム誌「RETRO GAMER」
ウェブサイト「Sega Retro」

黒川文雄（くろかわ・ふみお）

メディアコンテンツ研究家／黒川塾主宰／ゲーム考古学者

株式会社ジェミニエンタテインメント代表取締役

1960年東京都生まれ。アポロン音楽工業、ギャガ・コミュニケーションズ（現在のGAGA)、セガ・エンタープライゼス（現在のセガ)、デジキューブを経て、デックスエンタテインメント創業。その後、ブシロード、コナミデジタルエンタテインメント、NHN Japan（現在のLINE、NHN PlayArt）などにてゲームビジネスに携わる。現在はジェミニエンタテインメント代表取締役と黒川メディアコンテンツ研究所・所長を務め、メディアコンテンツ研究家として、エンタテインメント関連企業を中心にコンサルティング業務を行う。また、エンタテインメント系勉強会の黒川塾は2012年の開催から2023年で11周年を迎える。取材活動も精力的に行い、エンタテインメント系コラム連載、ゲーム考古学を中心としたインタビュー取材記事などを執筆する。映像プロデュース作品に「ANA747 FOREVER」「ATARI GAMEOVER」他、大手パブリッシャーとの協業ゲームコンテンツなども数多く手がけ現在に至る。「オンラインサロン黒川塾」も展開中。

書籍『プロゲーマー、業界のしくみからお金の話までeスポーツのすべてがわかる本』

X（元 Twitter）：　ku6kawa230

メールアドレス：　info @ gemini-et.com

著者ポートレイト撮影：武石早代

ビデオゲームの語り部たち

日本のゲーム産業を支えたクリエイターの創造と挑戦

初版発行　2023年9月8日

著　黒川文雄

装　丁　板倉洋

本文デザイン＆DTP　高橋力・布谷チエ（m.b.llc.）

制　作　稲葉将樹・中井真貴子（DU BOOKS）

発行者　広畑雅彦
発行元　DU BOOKS
発売元　株式会社ディスクユニオン
東京都千代田区九段南3-9-14
編集　TEL 03-3511-9970　FAX 03-3511-9938
営業　TEL 03-3511-2722　FAX 03-3511-9941
https://diskunion.net/dubooks/

印刷・製本　大日本印刷株式会社

ISBN978-4-86647-201-0
Printed in Japan

本書の感想をメールにて
お聞かせください。
dubooks@diskunion.co.jp